计算机应用基础

（第2版）

陆丽娜　丁凰　江帆　胡朋　赵彩　王梅　张媛　编

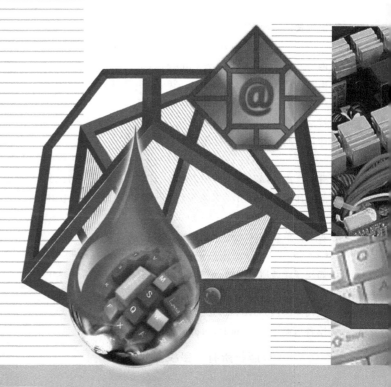

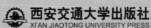

内容提要

"计算机应用基础"已经成为大学生必修的一门公共基础课程。本书以培养应用型人才为目的,根据当前流行的 Windows 7 操作系统和 Office 2007 办公软件,结合作者多年实践和教学经验编写本教材。在编写过程中,力求做到深入浅出,图文并茂,理论和应用并重,在各章安排了丰富的上机案例和习题。

图书在版编目(CIP)数据

计算机应用基础/陆丽娜等编.—2版.—西安:西安交通大学出版社,2013.8(2023.1重印)
ISBN 978-7-5605-5499-0

Ⅰ.①计… Ⅱ.①陆… Ⅲ.①电子计算机-高等学校-教材 Ⅳ.①TP3

中国版本图书馆 CIP 数据核字(2013)第 184337 号

书　　名	计算机应用基础(第2版)
编　　者	陆丽娜　丁凰　江帆　胡朋　赵彩　王梅　张媛
责任编辑	屈晓燕　毛帆
出版发行	西安交通大学出版社
	(西安市兴庆南路1号　邮政编码 710048)
网　　址	http://www.xjtupress.com
电　　话	(029)82668357　82667874(市场营销中心)
	(029)82668315(总编办)
传　　真	(029)82668280
印　　刷	西安日报社印务中心
开　　本	787 mm×1 092 mm　1/16　印张　17.25　字数　410千字
版次印次	2013年8月第1版　2023年1月第7次印刷
书　　号	ISBN 978-7-5605-5499-0
定　　价	28.00元

如发现印装质量问题,请与本社市场营销中心联系。
订购热线:(029)82665248　(029)82667874
投稿热线:(029)82664954
读者信箱:eibooks@163.com

版权所有　侵权必究

前　言

进入21世纪的信息社会，计算机技能已经成为新世纪的通行证。熟练使用计算机已成为当代大学生必须掌握的技能之一。在高等院校中，各专业都需要对学生进行计算机基础教育。"计算机应用基础"已经成为各专业大学生必修的一门公共基础课程。当然，计算机基础教育的观念应由"知识型"向"应用型"转变，与此相对应，高等院校的计算机基础教育必须紧跟计算机应用技术的发展，"计算机应用基础"课程的教材也需要及时吸纳计算机学科发展中出现的新技术、新成果和新应用。

"计算机应用基础"是一门操作性很强的课程。本书在编写过程中，力求把基本概念、软件功能、常用命令与实际的操作应用相结合，注重内容的实用性，努力做到语言简练、图文并茂、通俗易懂，在每章后还配有相应的习题和上机操作题，培养学生理论与实践相结合的能力。

本书在内容的选取上既考虑到大学新生计算机知识的起点明显提高这一现状，又兼顾了由于学生地区教育的不平衡性所引起的计算机基础知识与操作技能上的差异，根据计算机基础教学的基本要求和计算机基础知识结构而编写的。

为提高学生实际动手能力，本书通过案例和配套的《计算机应用基础实验》实践教材，指引学生了解和应用相关软件的功能、操作方法和相关处理过程，做到即学即用，即用即会，所学所得。读者在学习本书并经过练习后，可获得较强的计算机基本操作和初步应用的能力。

本书是集Windows 7操作系统应用、Office软件基本应用、互联网技术应用、多媒体技术应用于一体的综合教材。全书共10章：第1章计算机基础知识，第2章计算机数据表示方法，第3章Windows 7操作系统，第4章Word 2007文字编排，第5章Excel 2007电子表格应用，第6章PowerPoint 2007演示文稿软件，第7章Visio 2007图形设计与制作，第8章互联网基础及应用，第9章多媒体制作软件，第10章网页设计与制作。

本教程的编写人员有：陆丽娜、丁凰、赵彩、江帆、胡朋、王梅和张媛。其中陆丽娜主要负责第1章和第2章的编写和全书的统稿，王梅主要负责第3章的编写，丁凰主要负责第4章和第5章的编写,赵彩主要负责第6章的编写,张媛主要负责第7章的编写,胡朋主要负责第8章的编写,江帆主要负责第9章和第10章的编写。在本书编写过程中,许大炜、吕亚荣、杨恩宁、古忻艳、毕鹏等老师提出了许多宝贵的意见,并在电子课件制作过程中提供了热情帮助,在此表示衷心的感谢。

在本书的策划、编写和出版的过程中,得到了西安交通大学出版社屈晓燕、毛帆老师的大力支持,在此表示衷心的感谢。

本书中有些章节还引用了参考文献中列出的著作的一些内容,谨此向各位作者致以衷心的感谢和深深的敬意!

限于编者的水平,书中难免存在不妥之处,恳请广大读者批评指正,在此深表感谢。

编 者
于西安交通大学城市学院
2013年7月

目 录

第1章 计算机基础知识 (1)
  1.1 计算机系统概述 (1)
    1.1.1 计算机的产生 (1)
    1.1.2 计算机的发展历史 (2)
    1.1.3 计算机的特点 (3)
    1.1.4 计算机的应用 (4)
  1.2 计算机硬件系统基础 (5)
    1.2.1 计算机系统组成 (5)
    1.2.2 计算机基本工作原理 (6)
    1.2.3 计算机的硬件部件 (7)
    1.2.4 微型计算机的主要性能指标 (10)
  1.3 计算机软件系统基础 (12)
    1.3.1 软件系统概述 (12)
    1.3.2 计算机程序设计语言 (12)
    1.3.3 文件系统概念 (14)
  1.4 计算机安全与道德 (15)
    1.4.1 计算机病毒 (16)
    1.4.2 黑客入侵与网络安全 (19)
    1.4.3 计算机防范措施 (21)
    1.4.4 网络职业道德及政策法规 (22)
  案例 计算机常见故障排除指南 (23)
  习 题 (24)

第2章 计算机数据表示方法 (26)
  2.1 计算机中的数据表示 (26)
    2.1.1 计算机和二进制数据 (26)
    2.1.2 计算机中常见的数据单位 (27)
  2.2 数制与数制之间的转换 (27)
    2.2.1 数制的概念 (27)
    2.2.2 数制之间的转换 (29)
  2.3 计算机的定点数和浮点数 (32)

2.3.1　定点数和浮点数 …………………………………………………… (32)
　　2.3.2　原码、补码和反码 ………………………………………………… (33)
　2.4　计算机编码 ……………………………………………………………… (35)
　　2.4.1　西文信息编码 ……………………………………………………… (35)
　　2.4.2　中文信息编码 ……………………………………………………… (35)
　　2.4.3　多媒体信息编码 …………………………………………………… (39)
　案例　常见的数制转换工具 …………………………………………………… (39)
　习　题 …………………………………………………………………………… (40)

第3章　Windows 7 操作系统 ……………………………………………………… (43)
　3.1　Windows 7 操作系统 …………………………………………………… (43)
　　3.1.1　Windows 7 的运行环境和安装 …………………………………… (43)
　　3.1.2　Windows 7 的启动和退出 ………………………………………… (43)
　　3.1.3　Windows 7 的注销与睡眠 ………………………………………… (45)
　　3.1.4　Windows 7 的帮助系统 …………………………………………… (45)
　　3.1.5　Windows 7 的桌面 ………………………………………………… (45)
　　3.1.6　Windows 7 的操作 ………………………………………………… (50)
　3.2　Windows 7 文件和文件夹管理 ………………………………………… (54)
　　3.2.1　文件与文件夹的基本知识 ………………………………………… (54)
　　3.2.2　文件和文件夹的基本操作 ………………………………………… (56)
　3.3　打造个性化的 Windows 7 ……………………………………………… (60)
　　3.3.1　个性化显示 ………………………………………………………… (60)
　　3.3.2　音量与音效调整 …………………………………………………… (68)
　　3.3.3　区域和语言设置 …………………………………………………… (70)
　　3.3.4　日期和时间设置 …………………………………………………… (72)
　　3.3.5　电源设置 …………………………………………………………… (72)
　3.4　Windows 7 应用程序管理 ……………………………………………… (74)
　　3.4.1　应用程序的安装 …………………………………………………… (74)
　　3.4.2　应用程序的启动 …………………………………………………… (75)
　　3.4.3　应用程序的卸载 …………………………………………………… (75)
　　3.4.4　常用的 Windows 7 附件 …………………………………………… (77)
　案例1　设置个性化开机音乐 ………………………………………………… (79)
　案例2　备份与还原系统 ……………………………………………………… (80)
　习　题 …………………………………………………………………………… (81)

第4章　Word 2007 文字编排 …………………………………………………… (84)
　4.1　认识 Word 2007 ………………………………………………………… (84)
　　4.1.1　Word 2007 的启动 ………………………………………………… (84)
　　4.1.2　Word 2007 的退出 ………………………………………………… (84)

4.1.3　Word 2007 的窗口组成 ……………………………………………………… (84)
　　4.1.4　Word 2007 的帮助 …………………………………………………………… (86)
4.2　输入和编辑文档 ………………………………………………………………………… (87)
　　4.2.1　文档的创建与输入 …………………………………………………………… (87)
　　4.2.2　文档的编辑 …………………………………………………………………… (87)
　　4.2.3　文档的保存 …………………………………………………………………… (89)
4.3　文档的编排 ……………………………………………………………………………… (91)
　　4.3.1　字体的设置 …………………………………………………………………… (91)
　　4.3.2　字符间距的设置 ……………………………………………………………… (91)
　　4.3.3　段落格式的设置 ……………………………………………………………… (92)
　　4.3.4　项目符号和编号的设置 ……………………………………………………… (93)
　　4.3.5　边框和底纹的设置 …………………………………………………………… (93)
4.4　表格 ……………………………………………………………………………………… (94)
　　4.4.1　创建表格 ……………………………………………………………………… (94)
　　4.4.2　编辑表格 ……………………………………………………………………… (95)
　　4.4.3　表格格式化 …………………………………………………………………… (98)
　　4.4.4　表格的排版 …………………………………………………………………… (99)
4.5　图文混排复杂文本 ……………………………………………………………………… (100)
　　4.5.1　插入图片 ……………………………………………………………………… (100)
　　4.5.2　编辑图片 ……………………………………………………………………… (101)
　　4.5.3　图片的格式设置 ……………………………………………………………… (102)
　　4.5.4　插入艺术字 …………………………………………………………………… (102)
　　4.5.5　绘制图形 ……………………………………………………………………… (103)
　　4.5.6　编辑数学公式 ………………………………………………………………… (104)
4.6　样式和模板 ……………………………………………………………………………… (105)
　　4.6.1　样式 …………………………………………………………………………… (105)
　　4.6.2　模版 …………………………………………………………………………… (106)
案例1　个性台历制作 ………………………………………………………………………… (107)
案例2　印章的制作 …………………………………………………………………………… (108)
习　题 ………………………………………………………………………………………… (109)

第5章　Excel 2007 电子表格应用 ……………………………………………………… (112)
5.1　认识 Excel 2007 ………………………………………………………………………… (112)
　　5.1.1　Excel 2007 的启动和退出 …………………………………………………… (112)
　　5.1.2　Excel 2007 的窗口组成 ……………………………………………………… (112)
　　5.1.3　Excel 2007 的帮助 …………………………………………………………… (114)
5.2　操作工作簿与工作表 …………………………………………………………………… (115)
　　5.2.1　工作薄操作 …………………………………………………………………… (115)
　　5.2.2　工作表操作 …………………………………………………………………… (115)

5.3 单元格数据的操作 …………………………………………………………… (118)
    5.3.1 单元格的选定 …………………………………………………………… (118)
    5.3.2 单元格数据的输入 ……………………………………………………… (118)
    5.3.3 编辑与删除数据 ………………………………………………………… (121)
    5.3.4 复制与移动数据 ………………………………………………………… (121)
    5.3.5 查找与某种格式匹配的单元格 ………………………………………… (122)
    5.3.6 设置单元格格式 ………………………………………………………… (122)
  5.4 公式与函数 …………………………………………………………………… (127)
    5.4.1 公式计算 ………………………………………………………………… (127)
    5.4.2 运算符 …………………………………………………………………… (128)
    5.4.3 公式的编辑 ……………………………………………………………… (129)
    5.4.4 使用函数计算 …………………………………………………………… (130)
  5.5 图表绘制与数据管理 ………………………………………………………… (131)
    5.5.1 绘制图表 ………………………………………………………………… (131)
    5.5.2 数据排序 ………………………………………………………………… (132)
    5.5.3 数据筛选 ………………………………………………………………… (133)
  5.6 Excel 的高级应用 …………………………………………………………… (136)
    5.6.1 分类汇总与分级显示 …………………………………………………… (136)
    5.6.2 导入外部数据 …………………………………………………………… (137)
    5.6.3 数据透视表 ……………………………………………………………… (138)
    5.6.4 工作簿的密码保护 ……………………………………………………… (139)
  案例 1 员工工资单制作 …………………………………………………………… (139)
  案例 2 个人房贷还款计算器 ……………………………………………………… (141)
  习 题 ………………………………………………………………………………… (143)

第 6 章 PowerPoint 2007 演示文稿软件 …………………………………………… (145)
  6.1 认识 PowerPoint 2007 ……………………………………………………… (145)
    6.1.1 PowerPoint 2007 的启动和退出 ……………………………………… (145)
    6.1.2 PowerPoint 2007 的窗口组成 ………………………………………… (146)
  6.2 创建与编辑演示文稿 ………………………………………………………… (146)
    6.2.1 创建演示文稿 …………………………………………………………… (146)
    6.2.2 视图 ……………………………………………………………………… (148)
    6.2.3 编辑演示文稿 …………………………………………………………… (149)
  6.3 幻灯片的基本操作 …………………………………………………………… (153)
    6.3.1 幻灯片的选定与查找 …………………………………………………… (153)
    6.3.2 幻灯片的添加、删除与隐藏 …………………………………………… (154)
    6.3.3 幻灯片的移动和复制 …………………………………………………… (154)
  6.4 多媒体和动画效果 …………………………………………………………… (155)
    6.4.1 动画效果设置 …………………………………………………………… (155)

  6.4.2 设置幻灯片的切换效果 ·· (155)
  6.4.3 超链接 ·· (156)
  6.4.4 动作按钮 ·· (157)
 6.5 幻灯片的放映和打包 ··· (158)
  6.5.1 设置排练时间 ·· (158)
  6.5.2 幻灯片的放映 ·· (158)
  6.5.3 幻灯片的打包 ·· (159)
 案例 制作企业发展介绍演示文稿 ·· (161)
 习 题 ·· (163)

第 7 章 Visio 2007 图形设计与制作 ·· (165)

 7.1 认识 Visio 2007 ··· (165)
  7.1.1 Visio 2007 的启动 ··· (165)
  7.1.2 Visio 2007 的退出 ··· (166)
  7.1.3 Visio 2007 的工作界面 ··· (167)
  7.1.4 Visio 2007 的帮助 ··· (167)
 7.2 文档的基本操作 ··· (168)
  7.2.1 创建 Visio 文档 ·· (168)
  7.2.2 打开 Visio 文档 ·· (168)
  7.2.3 保存 Visio 文档 ·· (169)
  7.2.4 保护 Visio 文档 ·· (169)
 7.3 Visio 绘图基础 ·· (170)
  7.3.1 形状分类 ·· (170)
  7.3.2 形状手柄 ·· (171)
  7.3.3 添加形状 ·· (173)
  7.3.4 绘制形状 ·· (173)
  7.3.5 连接形状 ·· (174)
 7.4 添加文本 ·· (175)
  7.4.1 创建文本 ·· (175)
  7.4.2 编辑文本 ·· (176)
  7.4.3 设置文本格式 ·· (176)
 7.5 美化绘图 ·· (177)
  7.5.1 设置形状格式 ·· (177)
  7.5.2 使用 Visio 主题 ·· (178)
  7.5.3 使用 Visio 样式 ·· (179)
 案例 使用 Visio 2007 绘制网络结构图 ··· (180)
 习 题 ·· (183)

第 8 章 互联网基础及应用 (186)

8.1 计算机网络概述 (186)
- 8.1.1 计算机网络的发展史 (186)
- 8.1.2 计算机网络的功能 (187)
- 8.1.3 计算机网络的分类 (188)
- 8.1.4 计算机网络的基本组成 (188)
- 8.1.5 计算机网络协议 (191)

8.2 Internet 概述 (193)
- 8.2.1 Internet 的基本概念 (193)
- 8.2.2 Internet 提供的服务 (193)
- 8.2.3 Internet 的工作模式 (194)
- 8.2.4 Internet 的现状 (195)
- 8.2.5 中国的 Internet 网络形成 (195)

8.3 如何连入 Internet (195)
- 8.3.1 普通拨号上网 (195)
- 8.3.2 ADSL 拨号接入 (196)
- 8.3.3 园区局域网接入 (198)
- 8.3.4 IP 地址和域名 (198)

8.4 Internet 信息的获取 (200)
- 8.4.1 网页信息浏览和保存 (200)
- 8.4.2 信息的检索 (204)
- 8.4.3 网络资源的下载 (206)

8.5 电子邮件 (208)
- 8.5.1 电子邮件概述 (208)
- 8.5.2 电子邮箱的申请 (209)

8.6 互联网络安全使用基础 (211)
- 8.6.1 互联网络安全概述 (211)
- 8.6.2 来自互联网络的威胁 (211)
- 8.6.3 互联网络的安全使用 (213)

习 题 (214)

第 9 章 多媒体制作软件 (216)

9.1 多媒体光盘的介绍 (216)
- 9.1.1 多媒体光盘的基本概念 (216)
- 9.1.2 光盘的标准 (216)
- 9.1.3 多媒体光盘刻录 (217)

9.2 声音处理工具的介绍 (221)
- 9.2.1 Windows 自带"录音机"软件介绍 (221)
- 9.2.2 音频处理软件 Cool Edit Pro 的介绍 (221)

9.3 图像处理工具 Photoshop CS5 操作的介绍 ……………………………………………(223)
   9.3.1 Photoshop CS5 的界面和基本概念 …………………………………………(223)
   9.3.2 Photoshop CS5 的基本操作 …………………………………………………(225)
   9.3.3 图像处理实例——立体字的制作 ……………………………………………(229)
9.4 视频编辑工具绘声绘影操作的介绍 ………………………………………………(230)
   9.4.1 会声会影软件的界面介绍 ……………………………………………………(231)
   9.4.2 会声会影的基本操作 …………………………………………………………(231)
案例1 个人照片 MV 专辑的制作 ………………………………………………………(232)
案例2 个人 DV 的制作 …………………………………………………………………(236)
习 题 ……………………………………………………………………………………(237)

第10章 网页设计与制作 …………………………………………………………(238)

10.1 HTML 语言基础 …………………………………………………………………(238)
   10.1.1 网页基础知识 ………………………………………………………………(238)
   10.1.2 HTML 文档的基本结构 ……………………………………………………(239)
   10.1.3 正文及标题 …………………………………………………………………(241)
   10.1.4 超链接 ………………………………………………………………………(244)
   10.1.5 插入图像 ……………………………………………………………………(245)
10.2 网页布局设计 ……………………………………………………………………(245)
   10.2.1 表格的创建及编辑 …………………………………………………………(245)
   10.2.2 框架的创建及编辑 …………………………………………………………(246)
10.3 CSS 的使用 ………………………………………………………………………(247)
   10.3.1 CSS 样式定义 ………………………………………………………………(249)
   10.3.2 在网页中使用 CSS …………………………………………………………(250)
10.4 初识 Dreamweaver CS5 …………………………………………………………(252)
10.5 本地站点的搭建与管理 …………………………………………………………(255)
10.6 Dreamweaver CS5 的基本操作 …………………………………………………(255)
   10.6.1 文本的处理 …………………………………………………………………(255)
   10.6.2 页面属性设置 ………………………………………………………………(255)
   10.6.3 添加图像 ……………………………………………………………………(256)
   10.6.4 插入声音、视频 ……………………………………………………………(257)
   10.6.5 超链接的使用 ………………………………………………………………(258)
   10.6.6 表格的应用 …………………………………………………………………(259)
   10.6.7 使用 Dreamweave 创建框架网页 …………………………………………(261)
10.7 网页的发布与维护 ………………………………………………………………(262)
习 题 ……………………………………………………………………………………(262)

参考文献 ………………………………………………………………………………(263)

第 1 章 计算机基础知识

随着现代科技的日益更新,计算机以其崭新的姿态伴随人类迈入了新的世纪。它以快速、高效、准确的特性,成为人们日常生活与工作的最佳帮手,因而熟练地操作计算机,将是每个职业人员必备的技能。本章介绍计算机的产生和发展,计算机系统组成、工作原理及其各部分的特性等基本知识。

1.1 计算机系统概述

计算机的使用提高了人们工作、学习、生活的效率。在瞬息万变的信息社会中,要想自如地借助计算机的强大功能来解决实际问题,就要有意识地培养自己的计算机思维素养。本节介绍计算机的产生和发展。

1.1.1 计算机的产生

1946 年 2 月,第一台通用电子计算机 ENIAC(ENIAC 即"埃尼阿克")诞生,它是由美国宾夕法尼亚大学莫奇利和埃克特领导的研究小组研制的。这台计算机由 17468 个电子管、6 万个电阻器、1 万个电容器和 6 千个开关组成,重达 30 吨,占地 160 平方米,耗电 174 千瓦,耗资 45 万美元,如图 1.1 所示。ENIAC 采用十进制,每秒只能运行 5 千次加法运算,仅相当于一个电子数字积分计算机。当年的"埃尼阿克"和现在的计算机相比,还不如一些高级袖珍计算器,但它的诞生为人类开辟了一个崭新的信息时代,使人类社会发生了巨大的变化。

ENIAC 机本身存在两大缺点:
①没有存储器;
②它用布线接板进行控制,甚至要搭接几天,计算速度也就被这一工作抵消了。
ENIAC 机研制组的莫克利和埃克特显然是想到了这一点,他们也想尽快着手研制另一台计算机,以便改进。后来数学家冯·诺依曼提出了两个非常重要的思想:
①采用二进制表示数据和指令;
②采用存储器存储数据和指令序列(程序)。

根据这一原理制造的计算机被称为冯·诺依曼结构计算机。世界上第一台冯·诺依曼式计算机是 1949 年研制的 EDVAC(Electronic Discrete Variable Automatic Computer 的缩

图 1.1 ENIAC 实体图

写),由于他对现代计算机技术的突出贡献,因此冯·诺依曼又被称为"计算机之父"。现代计算机绝大多数都是采用冯·诺依曼计算机体系结构。

EDVAC 方案明确奠定了新机器由五个部分组成,包括:运算器、逻辑控制装置、存储器、输入和输出设备,并描述了这五部分的职能和相互关系。方案中,诺伊曼对 EDVAC 中的两大设计思想作了进一步的论证,为计算机的设计树立了一座里程碑。

1.1.2 计算机的发展历史

人类所使用的计算工具是随着生产的发展和社会的进步,从简单到复杂、从低级到高级的发展过程,计算工具相继出现了如算盘、计算尺、手摇机械计算机、电动机械计算机等。1946年,世界上第一台电子数字计算机(ENIAC)在美国诞生。

电子计算机在短短的 50 多年里经过了电子管、晶体管、集成电路(IC)和超大规模集成电路(VLSI)四个阶段的发展,使计算机的体积越来越小,功能越来越强,价格越来越低,应用越来越广泛,目前正朝着智能化(第五代)计算机方向发展。

1. 第一代电子计算机

第一代计算机又称为电子管计算机,是从 1946 年至 1958 年。它们体积较大,运算速度较低,存储容量不大,而且价格昂贵,使用也不方便。为了解决一个问题,所编制的程序的复杂程度难以表述。这一代计算机主要用于科学计算,只在重要部门或科学研究部门使用。

2. 第二代电子计算机

第二代计算机也称晶体管计算机,是从 1958 年到 1965 年。它们全部采用晶体管作为电子器件,其运算速度比第一代计算机的速度提高了近百倍,体积为原来的几十分之一。在软件方面开始使用计算机算法语言。这一代计算机不仅用于科学计算,还用于数据处理和事务处理及工业控制。

3. 第三代电子计算机

第三代计算机属于中小规模集成电路计算机,是从 1965 年到 1970 年。这一时期计算机的主要特征是以中、小规模集成电路为电子器件,并且出现操作系统,使计算机的功能越来越强,应用范围也越来越广。它们不仅用于科学计算,还用于文字处理、企业管理、自动控制等领域,出现了计算机技术与通信技术相结合的信息管理系统,可用于生产管理、交通管理、情报检索等领域。

4. 第四代电子计算机

第四代计算机属于大、超大、极大规模集成电路计算机,是从 1970 年以来采用大规模集成电路(LSI)和超大规模集成电路(VLSI)为主要电子器件制成的计算机。例如 80386 微处理器,在面积约为 10 mm ×10 mm 的单个芯片上,可以集成大约 32 万个晶体管。

第四代计算机的另一个重要分支是以大规模、超大规模集成电路为基础发展起来的微处理器和微型计算机。微型计算机大致经历了四个阶段:

• 第一阶段是 1971～1973 年,微处理器有 4004、4040、8008。1971 年 Intel 公司研制出 MCS-4 微型计算机(CPU 为 4040,四位机),后来又推出以 8008 为核心的 MCS-8 型。

• 第二阶段是 1973～1977 年,微型计算机的发展和改进阶段。微处理器有 8080、8085、M6800、Z80。初期产品有 Intel 公司的 MCS-80 型(CPU 为 8080,八位机),后期有 TRS-80 型(CPU 为 Z80)和 Apple-II 型(CPU 为 6502),在 80 年代初期曾一度风靡世界。

• 第三阶段是 1978～1983 年,十六位微型计算机的发展阶段,微处理器有 8086、8088、80186、80286、M68000、Z8000。微型计算机代表产品是 IBM-PC(CPU 为 8086)。本阶段的顶峰产品是 Apple 公司的 Macintosh(1984 年)和 IBM 公司的 PC/AT 286(1986 年)微型计算机。

• 第四阶段是从 1983 年至今,32 位微型计算机的发展阶段。微处理器相继推出 80386、80486。386、486 微型计算机是初期产品。1993 年,Intel 公司推出了 Pentium 或称 P5(中文译名为"奔腾")的微处理器,它具有 64 位的内部数据通道。现在酷睿第二代 CPU i5 微处理器已成为主流产品。

由此可见,微型计算机的性能主要取决于它的核心器件——微处理器(CPU)的性能。

1.1.3 计算机的特点

计算机的基本特点如下:

(1) 记忆能力强

在计算机中有容量很大的存储装置,它不仅可以长久性地存储大量的文字、图形、图像、声音等信息资料,还可以存储指挥计算机工作的程序。

(2) 计算精度高与逻辑判断准确

它具有人类无法达到的高精度控制或高速操作功能,也具有可靠的判断能力,以实现计算机工作的自动化,从而保证计算机控制的判断可靠、反应迅速、控制灵敏的特点。

(3) 高速的处理能力

它具有神奇的运算速度,其速度已达到每秒几十亿次乃至上百亿次。例如,为了将圆周率 π 的近似值计算到 707 位,一位数学家曾为此花十几年的时间,而如果用现代的计算机来计算,可能瞬间就能完成,同时可达到小数点后 200 万位。

(3) 自动完成各种操作

计算机是由内部控制和操作的,只要将事先编制好的应用程序输入计算机,计算机就能自动按照程序规定的步骤完成预定的处理任务。

1.1.4 计算机的应用

计算机的应用领域已渗透到社会的各行各业,计算机正在改变着传统的工作、学习和生活方式,推动着社会的发展。计算机的主要应用领域有如下几个方面。

1. 科学计算(或数值计算)

科学计算是指利用计算机来完成科学研究和工程技术中提出的数学问题的计算。在现代科学技术工作中,科学计算问题是大量的和复杂的。利用计算机的高速计算、大存储容量和连续运算的能力,可以实现人工无法解决的各种科学计算问题。如地震预测、气象预报、航天技术等。

2. 数据处理(或信息处理)

数据处理是指对各种数据进行收集、存储、整理、分类、统计、加工、利用、传播等一系列活动的统称。据统计,80%以上的计算机主要用于数据处理,这类工作量大、面宽,决定了计算机应用的主导方向。

如电子数据处理(Electronic Data Processing,简称 EDP),它是以文件系统为手段,实现一个部门内的单项管理;管理信息系统(Management Information System,简称 MIS),它是以数据库技术为工具,实现一个部门的全面管理,以提高工作效率;决策支持系统(Decision Support System,简称 DSS),它是以数据库、模型库和方法库为基础,帮助管理决策者提高决策水平,改善运营策略的正确性与有效性等。目前,数据处理已广泛地应用于办公自动化、企事业计算机辅助管理与决策、情报检索、图书管理、电影电视动画设计、会计电算化等各行各业。信息正在形成独立的产业,多媒体技术使信息展现在人们面前的不仅是数字和文字,也有声音和图像信息。

3. 辅助技术(或计算机辅助设计与制造)

计算机辅助技术包括 CAD、CAM 和 CAI 等。

(1)计算机辅助设计(Computer Aided Design,简称 CAD)

计算机辅助设计是利用计算机系统辅助设计人员进行工程或产品设计,以实现最佳设计效果的一种技术。它已广泛地应用于飞机、汽车、机械、电子、建筑和轻工等领域。

(2)计算机辅助制造(Computer Aided Manufacturing,简称 CAM)

计算机辅助制造是利用计算机系统进行生产设备的管理、控制和操作的过程。它将 CAD 和 CAM 技术集成,实现设计生产自动化,这种技术被称为计算机集成制造系统(CIMS)。它的实现将真正做到无人化工厂(或车间)。

(3)计算机辅助教学(Computer Aided Instruction,简称 CAI)

计算机辅助教学是在计算机辅助下进行的各种教学活动,以对话方式与学生讨论教学内容、安排教学进程、进行教学训练的方法与技术。CAI 为学生提供一个良好的个人化学习环境。综合应用多媒体、超文本、人工智能和知识库等计算机技术,克服了传统教学方式上单一、片面的缺点。它的使用能有效地缩短学习时间、提高教学质量和教学效率,实现最优化的教学目标。

4. 过程控制

过程控制是利用计算机及时采集检测数据,按最优值迅速地对控制对象进行自动调节或自动控制。采用计算机进行过程控制,不仅可以大大提高控制的自动化水平,而且可以保证控制的及时性和准确性,从而改善劳动条件、提高产品质量及合格率。因此,计算机过程控制已在机械、冶金、石油、化工、纺织、水电、航天等部门得到广泛的应用。

5. 人工智能

人工智能(Artificial Intelligence)是计算机模拟人类的智能活动,诸如感知、判断、理解、学习、问题求解和图像识别等。现在人工智能的研究已取得不少成果,有些已开始走向实用阶段。例如,能模拟高水平医学专家进行疾病诊疗的专家系统,具有一定思维能力的智能机器人等等。

6. 网络应用

计算机技术与现代通信技术的结合构成了计算机网络。计算机网络的建立,不仅解决了一个单位、一个地区、一个国家中计算机与计算机之间的通信,各种软、硬件资源的共享,也大大促进了国际间的文字、图像、视频和声音等各类数据的传输与处理。

1.2 计算机硬件系统基础

1.2.1 计算机系统组成

计算机系统由硬件系统和软件系统两大部分组成。计算机硬件系统由一系列电子元器件及有关设备按照一定逻辑关系连接而成,是计算机系统的物质基础。计算机软件系统由系统软件和应用软件组成,计算机软件指挥、控制计算机硬件系统,使之按照预定的程序运行。计算机硬件相当于计算机的躯体,计算机软件相当于计算机的灵魂。一台不装备任何软件的计算机称为裸机。计算机系统的组成如图 1.2 所示。

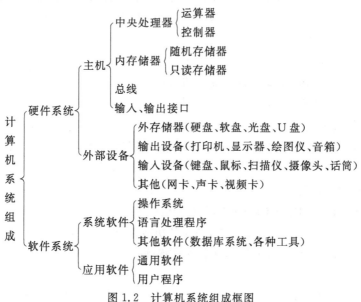

图 1.2 计算机系统组成框图

1.2.2 计算机基本工作原理

60多年来,计算机技术得到了长足的发展,计算机的类型已经多种多样,性能、结构、应用领域也都有很大变化。但为了叙述计算机的基本工作原理,我们仍以冯·诺依曼提出的模型为例介绍它的组成和各部分的功能。

1. 计算机系统的组成

诺依曼提出的计算机系统由运算器、控制器、存储器、输入设备和输出设备五大功能部件组成,计算机的系统结构如图1.3所示。

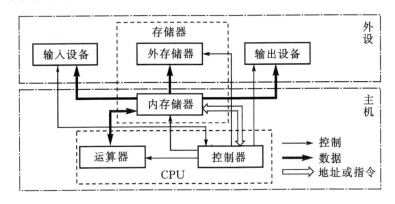

图1.3 计算机的系统结构

(1)运算器与控制器

运算器和控制器结合在一起,称为中央处理器(CPU),CPU和主存储器合称为主机。运算器是按照指令功能,在控制器作用下,对信息进行加工与处理的部件,可以进行算术运算和逻辑运算。运算器包括寄存器、执行部件和控制电路三个部分。运算器能执行多少种操作和多快的操作速度,标志着运算器能力的强弱,甚至标志着计算机本身的能力。运算器的基本操作包括加、减、乘、除四则运算,与、或、非、异或等逻辑操作,以及移位、比较和传送等操作。

①运算器的基本功能:

a. 对数值数据进行算术/逻辑运算;

b. 暂存参与运算的数据中间结果或最终结果;

c. 操作数据、数据单元的选择。

控制器是计算机中的控制部件,它用来协调和控制计算机各个部件的工作。控制器主要由程序计数器(PC)、指令寄存器(IR)、指令译码器、时序信号产生器、操作控制信号形成部件等部件组成。

②控制器的基本功能:

a. 取指令:从内存取出指令(码)送CPU;

b. 分析指令:对指令码进行分析译码,判断其功能、操作数寻址方式等;

c. 执行指令:根据指令分析的结果,执行相应操作。

(2)存储器

存储器是指具有记忆功能的物理器件,用于存储信息,分为内部存储器(内存)和辅助存储器(外存)。

内存是指半导体存储器,分为只读存储器(ROM)和随机存储器(RAM)。ROM 只可读出,不能写入,断电后内容还在;RAM 可随意写入读出,但断电后内容不存在。

辅助存储器是指磁性存储器(硬盘)和光电存储器(光盘)等,它是内存的扩充,可以作为永久性存储器。

(3)输入/输出设备

输入设备是用来接受用户输入的原始数据和程序,并将它们变为计算机能识别的形式(二进制数)存放到内存中的设备。常见的输入设备有键盘、鼠标、扫描仪、光笔、数字化仪等。

输出设备是用于将存放在内存中计算机处理的结果转化为人们所能接受的形式的设备。常见的输出设备有:显示器、打印机、绘图仪等。除此之外还有麦克风、录像机、录放机、影碟机、电视机、摄像机等。

2. 计算机的工作原理

各种各样的外部信息通过输入设备进入计算机,存储在外存储器内,然后控制器通过指令将外存储器中的信息导入内存储器(内存),计算机通过运算器对内存中的输入信息进行加工处理,最后将处理的结果通过输出设备输出,整个过程由控制器进行控制。

现代计算机是一个自动化的信息处理装置,它之所以能实现自动化信息处理,是由于采用了"存储程序"工作原理。这一原理是 1946 年由冯·诺依曼和他的同事们在一篇题为《关于电子计算机逻辑设计的初步讨论》的论文中提出并论证的。这一原理确立了现代计算机的基本组成和工作方式。

计算机工作的基本思想是:存储程序与程序控制。存储程序是指人们必须事先把计算机的执行步骤序列(即程序)及运行中所需的数据,通过一定方式输入并存储在计算机的存储器中。程序控制是指计算机运行时能自动地逐一取出程序中一条条指令,加以分析并执行规定的操作。到目前为止,尽管计算机发展了四代,但其基本工作原理仍然没有改变。根据存储程序和程序控制的概念,在计算机运行过程中,实际上有两种信息在流动:一种是数据流,这包括原始数据和指令,它们在程序运行前已经预先送至主存中,而且都是以二进制形式编码的,在运行程序时数据被送往运算器参与运算,指令被送往控制器;另一种是控制信号,它是由控制器根据指令的内容发出的,指挥计算机各部件执行指令规定的各种操作或运算,并对执行流程进行控制,这里的指令必须能够被计算机直接理解和执行的。

1.2.3 计算机的硬件部件

计算机的硬件系统主要由主机和外围设备组成。主机包括中央处理器(CPU)和内存储器等。外围设备主要包括输入设备和输出设备、辅助存储器及其他设备(如网卡、声卡等)。了解计算机各部件的基本功能特性,有助于更好地使用计算机,也可以帮助我们在选择计算机时做到心中有数。

1. 主板

主板(Mainboard 或 Motherboard)是电脑主机中最大的一块长方形电路板。主板是主机的躯干,CPU、内存、声卡、显卡等部件都以某种形式和它连接才能工作。所以说,主板是机箱内非常重要的一个部件。电脑运行时出现各种问题,很多都和它有关,所以主板一定要以性能稳定为第一。英特尔、精英、富士康这些品牌主板稳定性都很好。华硕、微星、技嘉等品牌的主板目前用得比较多。

2. 中央处理器

运算器与控制器一起称为中央处理器（Central Processing Unit，简称CPU），它们集成在一块芯片上。从计算机外观看不到CPU，它在计算机的机箱内部，插在主板上。

CPU是电脑中最核心、最重要的部件。目前市场上的CPU主要是由Intel和AMD两家公司生产的。Intel公司的代表产品就是奔腾和赛扬系列，如Pentium 3（奔腾3）、Pentium 4（奔腾4）处理器、奔腾双核与酷睿2双核。AMD公司的CPU产品主要有Athlon、Athlon Thunderbird、Ahtlon XP、Duron、炫龙双核等等。

3. 存储器

存储器通常分为内存储器和外存储器两大类。

（1）内存储器

内存储器又称主存储器，它插在主板上，它是电脑中数据存储和交换的部件。因为CPU工作时需要与外部存储器（如硬盘、软盘、光盘）进行数据交换，但外部存储器的速度却远远低于CPU的速度，所以就需要一种工作速度较快的设备在其中完成数据暂时存储和交换的工作，这就是内存的主要作用了。内存最常扮演的角色就是为硬盘与CPU传递数据。

内存根据基本功能分为随机存储器（Random Access Memory，RAM）、只读存储器（Read Only Memory，ROM）和高速缓冲存储器（简称高速缓冲，Cache）。

①RAM。RAM就是通常所说的主板上的内存条，计算机的内存性能主要取决于RAM。它的特点是其中存放的内容可随机供CPU读写，但断电后，存放的内容就会全部丢失。目前常见的RAM容量有4GB、8GB等，随着计算机的发展，RAM的容量也在不断增大。目前市场上的内存品牌主要有：金士顿、利屏、勤茂、胜创、金邦、宇瞻等。

②ROM。ROM是一种只能读出不能写入的存储器，断电后，其中的内容不会丢失。通常用于存放固定不变执行特殊任务的程序，以及计算机系统的初始化及操作系统引导程序，这些程序是由计算机厂家固化在ROM中。目前常用的ROM是可擦除可编写的只读存储器（EPROM）。

③Cache。在微型计算机中，RAM的存取速度一般会比CPU的速度慢一个等级，这一现象严重影响了微型计算机的运行速度。为此，引入了高速缓冲器（Cache），它的存取速度与CPU的速度相当。Cache在逻辑上位于内存和CPU之间，其作用是加快CPU与RAM之间的数据交换速率。Cache技术的原理是将当前急需执行及使用频率高的程序和数据复制到Cache中，CPU读写时，首先访问Cache。如果能在Cache中访问到较多的数据，这样就能大大提高系统执行的速度。Cache速度快，但其价格也比较高。

（2）外存储器

外存储器又称辅助存储器（简称辅存或外存）。相对内存来说，外存容量大，价格便宜，但存取速度慢。它是内存的后备和补充，主要用于存放待运行的信息，或需要永久保存的程序和数据。CPU不能直接访问外存的程序和数据，必须将这些程序和数据读入内存后，才可被CPU读取。目前常见的外存有硬盘、光盘、U盘、移动硬盘等。

①硬盘存储器。硬盘驱动器（Hard Disk Drive，HDD或HD）通常又被称为硬盘，它安装

在主机的里面,所以我们很少见到它。硬盘是电脑的主要外部存储设备,我们在电脑上的文件就是存在硬盘里的。硬盘的读写速度快,容量大,可靠性高、价格低。现在台式计算机上一般配置至少 320 GB 以上。选择硬盘还要考虑其转速,转速越快,硬盘的存取速度越快,价格相对也高些。

② 移动硬盘和 U 盘。移动硬盘和 U 盘(Flash Memory,闪存存储器)是两种可随身携带的外存储器,它通过 USB 接口(USB 是 Universal Serial Bus 缩写,是一种高速的通用接口)与主机相连,可以像在硬盘上一样读写。它无需驱动器和额外电源,可以热插拔。

目前移动硬盘容量可到 1~12 TB,U 盘容量可到 1~64 GB。U 盘体积小,轻巧精致,易于携带,且它读写速度快,有的 U 盘还带写保护开关,防病毒,安全可靠。

③ 光盘存储器。计算机常用的光盘存储器有 CD 光盘和 DVD 光盘两种类型。常用的光盘存储器可分为下列几种类型:

a. 只读型光盘存储器(CD-ROM:Compact Disk-Read Only Memory)。这种光盘存储器的盘片是由生产厂家预先写入程序或数据,用户只能读取而不能写入或修改。

b. 只写一次型光盘存储器(CD-WORM:Compact Disk-Write Once,Read Many)。这种光盘存储器的盘片可由用户写入信息,但只能写入一次。写入后,信息将永久地保存在光盘上,可以多次读出,但不能重写或修改。

c. 可重写型光盘存储器。这种光盘存储器类似于磁盘,可以重复读写,其写入和读出信息的原理随使用的介质材料不同而不同。例如,用磁光材料记录信息的原理是:利用激光束的热作用改变介质上局部磁场的方向来记录信息,再利用磁光效应来读出信息。

光盘存储器具有下列突出的优点:

第一,存储容量大,如一片 CD-ROM 格式的光盘可存储 600 MB 的信息,而采用一片 DVD 格式的光盘其容量可达 10 GB 的级别。因此,这类光盘特别适于多媒体的应用。如用一张 DVD 光盘就可以存放一整部电影。

第二,可靠性高,如不可重写的光盘(CD-ROM,CD-WORM)上的信息几乎不可能丢失,特别适用于档案资料管理。

第三,存取速度高。

由于光盘存储器的上述优点,现在已广泛地应用于计算机系统中。

4. 输入设备

输入设备的功能是将数据、程序或命令转换为计算机能够识别的形式送到计算机的存储器中。输入设备的种类很多,微型机上常用的设备有以下几种:

(1) 键盘

键盘是最常用的输入设备。它是通过电缆插入键盘接口与主机相连接。标准键盘共有 101 个按键,它可分为四个区域:主键盘区、小键盘区、功能键区和编辑键区。

(2) 鼠标

鼠标与计算机之间的接头目前常见有 PS/2(圆头)和 USB(扁头)两种。鼠标一般有 2 个键(左、右键)或 3 个键(左、中、右键)。当鼠标与计算机连接好后,在计算机屏幕上会出现一个"指针光标",其形状一般为一个箭头,通常也把这个箭头叫做鼠标。

(3) 扫描仪

扫描仪是把已经拍好的照片、报刊杂志上的图像或影像通过扫描后保存到电脑里。近年来,扫描仪又加入了 OCR 功能,可以把书写在纸上的文字经扫描后自动转成电脑里可编辑的文本,这样,可以大大减轻打字时的文字录入量。

(4) 摄像头

它是一种数字视频的输入设备,利用光电技术采集影像,并通过内部的电路把这些代表像素的"点电流"转换成为能够被计算机所处理的数字信号的 0 和 1,而不像视频采集卡那样首先用模拟的采集工具采集影像,再通过专用的模数转换组件完成影像的输入。

5. 输出设备

输出设备的功能是将内存中经 CPU 处理的信息以人们能接受的形式输送出来。输出设备的种类很多,微型机上常用的输出设备有以下几种:

(1) 打印机

打印机是计算机常用的输出设备。目前常用的打印机有点阵打印机、喷墨打印机、激光打印机等。家用多为喷墨打印机,具体使用方法请参考打印机使用手册。

常用的喷墨打印机品牌有:HP、Canon 和 Epson。

(2) 显示器

显示器是计算机最基本的输出设备,也是必不可少的输出工具。其工作原理与电视机的工作原理基本相同。以前用得多的是 14 英寸和 15 英寸 CRT 显示器,17 英寸、19 寸、21 寸显示器主要用于图形和图像处理。分辨率是显示器的重要指标之一。

常用的显示器品牌有:三星、LG、优派、明基、飞利浦等。

其他多媒体输出设备还有投影仪、绘图仪、音箱、VCD 机、语音输出合成器和缩微胶片等。

1.2.4 微型计算机的主要性能指标

一台微型计算机功能的强弱或性能的好坏,不是由某项指标来决定的,而是由它的系统结构、指令系统、硬件组成、软件配置等多方面的因素综合决定的。但对于大多数普通用户来说,可以从以下几个指标来大体评价计算机的性能。

1. 字长

字长指计算机内部一次可以处理的二进制数的位数。字长越长,计算机所能表示的数据精度越高,在完成同样精度的运算时数据的处理速度越高。但字长越长,机器中的通用寄存器、存储器、ALU 的位数和数据总线的位数都要增加,硬件代价增大,因此应考虑精度、速度和成本兼顾的原则来决定微型计算机的字长。PC/XT 微机的字长为 16 位;386、486 微机的字长为 32 位;586 微机的字长为 32 位或 64 位。

目前微型计算机的字长以 32 位为主。小型机、网络服务器、大中型计算机以 64 位为主。

2. 运算速度

运算速度是衡量计算机性能的一项重要指标。通常所说的计算机运算速度(平均运算速度),是指每秒钟所能执行的指令条数,一般用"百万条指令/秒"(Million Instruction Per Second,简称 MIPS)来描述。同一台计算机,执行不同的运算所需时间可能不同,因而对运算速度的描述常采用不同的方法。常用的有 CPU 时钟频率(主频)、每秒平均执行指令数(ips)等。微型计算机一般采用主频来描述运算速度,例如,Pentium/133 的主频为 133 MHz,Pentium Ⅲ/800 的主频为 800 MHz,Pentium 4 2.0 GHz 的主频为 2 GHz。一般说来,主频越高,运算速度就越快。

计算机的运算速度以每秒钟能执行的指令条数来表示。由于不同类型的指令执行时所需的时间长度不同,因而有几种不同的衡量运算速度的方法。

①MIPS(百万条指令/秒)法,根据不同类型指令出现的频度,乘上不同的系数,求得统计平均值,得到平均运算速度,用 MIPS 作单位衡量。

②最短指令法,以执行时间最短的指令(如传送指令、加法指令)为标准来计算速度。

③直接计算,给出 CPU 的主频和每条指令执行所需要的时钟周期,可以直接计算出每条指令执行所需的时间。

3. 主频

CPU 的主频,即 CPU 内核工作的时钟频率(CPU Clock Speed)。很多人认为 CPU 的主频就是其运行速度,其实不然。CPU 的主频表示在 CPU 内数字脉冲信号震荡的速度,与 CPU 实际的运算能力并没有直接关系。主频和实际的运算速度存在一定的关系,但目前还没有一个确定的公式能够定量两者的数值关系。只有在提高主频的同时,各分系统运行速度和各分系统之间的数据传输速度都能得到提高后,电脑整体的运行速度才能真正得到提高。

4. 内存容量

内存的存储容量定义为:存储器能存放的二进制位数或字节数。

$$存储容量=存储单元个数×存储字长(位)$$

现代计算机中常以字节的个数来描述容量的大小,因为一个字节被定义为 8 位二进制代码,故用字节数便能反映主存容量。同理,辅存容量也可用字节数来表示,如某机辅存(如硬盘)容量为 4 GB(1 GB=2^{30} B,B 用来表示一个字节),单位的具体定义如表 1.1 所示。

表 1.1 内存单位定义

单位	通常意义	实际意义
K(Kilo)	10^3	2^{10}=1024
M(Mega 兆)	10^6	2^{20}=1024 KB=1,048,576
G(Giga 吉)	10^9	2^{30}=1024 MB=1,073,741,824
T(Tera 太)	10^{12}	2^{40}=1024 GB=1,099,511,627,776
P(Peta 皮)	10^{15}	2^{50}=1024 TB=1,125,899,906,842,624

通常,计算机的主存容量越大,存放的信息就越多,处理问题的能力就越强。

5. 存取速度

存储器完成一次读写操作所用时间称为存取时间,存储器连续进行读写操作所需最短的时间间隔称为存储周期,存储时间和存储周期越短,说明存取速度越快。

6. 磁盘容量

计算机的磁盘容量代表了硬盘的容量,它反映了一个计算机存取数据大小的能力,目前常用的计算机的硬盘容量为 320 G 以上,甚至更高。

7. 兼容性

所谓兼容性(compatibility)是指一台设备、一个程序或一个适配器在功能上能容纳或替代以前版本或型号的能力,它也意味着两个计算机系统之间存在着一定程度的通用性,这个性能指标往往与系列机联系在一起的。

1.3 计算机软件系统基础

1.3.1 软件系统概述

计算机软件系统是指计算机系统所使用的各种程序以及有关资料的集合,通常分为:系统软件和应用软件两大类,它的组织体系如图1.4所示。

图 1.4 计算机软件组织体系图

1. 系统软件

系统软件是指负责管理、监控、维护、开发计算机的软硬件资源,在用户与计算机之间提供一个友好的操作界面和开发应用软件的环境。常用的系统软件有操作系统、程序设计语言和语言编译程序、数据库管理系统、网络软件和系统服务程序等。这类软件是人与计算机联系的桥梁,其主要任务是简化计算机的操作,使得计算机硬件所提供的功能得到充分利用,有了这个桥梁,人们可以方便地使用计算机。

系统软件一般由计算机开发商提供的。在计算机上,系统软件配备的越丰富,机器发挥的功能就越充分,用户使用起来就越方便。因此,用户熟悉系统软件,就可以有效地使用和开发应用软件。

系统软件有如下特点:

①通用性。系统软件的功能不依赖于特定的用户,无论哪个应用领域的用户都要用到它。
②基础性。其他软件都要在系统软件的支持下编写和运行。

2. 应用软件

应用软件是为了解决某些具体问题而开发和研制的各种应用软件。应用软件可以是应用软件包,也可以是用户定制的程序。应用软件包括文字处理软件(如 Word、WPS)、电子表格软件(如 Excel、Lotus 1-2-3)、图形软件(Photoshop)等等。应用定制程序如某单位的信息管理系统,工资管理程序等。

1.3.2 计算机程序设计语言

现代计算机解题的一般过程是:用户用高级语言编写程序,与数据一起组成源程序送入计算机,然后由计算机将其翻译成机器语言,在计算机上运行后输出结果。计算机语言大致分为以下几种。

1. 机器语言

机器语言是指计算机能直接识别的语言,它由"0"和"1"组成的一组代码指令。例如,01001001 作为机器语言指令,表示将某两个数相加。机器语言程序是机器指令代码序列,其优点是执行效率高、速度快;主要缺点是机器语言比较难记,可读性差,给计算机的推广使用带来了极大的困难。

2. 汇编语言

汇编语言是由一组与机器语言指令一一对应的助记符号指令和简单语法组成的。例如,"ADD A,B"表示将 A 与 B 相加后存入 B 中,它可以与上例的机器语言指令直接对应。它比机器语言前进了一步,助记符比较容易记忆,可读性也好。但仍是一种面向机器的语言,是第二代语言。它常用于编写系统软件、实时控制程序、经常使用的标准子程序、直接控制计算机的外部设备或端口数据输入输出的程序。但编制程序的效率不高,难度较大,维护较困难,属低级语言。

3. 高级语言

几十年来,人们又创造出了一种更接近于人类自然语言和数学语言的语言,称为高级语言,也就是算法语言,是第三代语言。高级语言的特点是:与计算机的指令系统无关。它从根本上摆脱了语言对机器的依赖,使之独立于机器,由面向机器改为面向过程,所以也称为面向过程语言。目前,世界上有几百种计算机高级语言,常用的和流传较广的有几十种,它们的特点和适应范围也不相同,主要有:FORTRAN 语言用于科学计算,COBOL 语言用于商业事务,PASCAL 语言用于结构程序设计,C 语言用于系统软件设计等。

4. 非过程语言

这是第四代语言。使用这种语言,不必关心问题的解法和处理过程的描述,只要说明所要完成的加工和条件,指明输入数据以及输出形式,就能得到所要的结果,而其他的工作都由系统来完成。因此,它比第三代语言具有更多的优越性。

如果说第三代语言要求人们告诉计算机怎么做,那么第四代语言只要求人们告诉计算机做什么。因此,人们称第四代语言是面向目标(或对象)的语言,如 Visual C++、Java 语言等。Java 语言是面向网络的程序设计语言,具有面向对象、动态交互操作与控制、动画显示、多媒体支持及不受平台限制,并具有很强的安全性和可靠性等卓越优势,有着良好的前景。

5. 智能性语言

这是第五代语言。它具有第四代语言的基本特征,还具有一定的智能和许多新的功能。如 Prolog 语言,广泛应用于抽象问题求解、数据逻辑、自然语言理解、专家系统和人工智能的许多领域。

用汇编语言和各种高级语言各自规定使用的符号和语法规则,并按规定的规则编写的程序称为"源程序"。将计算机本身不能直接读懂的源程序翻译成相应的机器语言程序,称为"目标程序"。

计算机将源程序翻译成机器指令时,有编译方式和解释方式两种。编译方式与解释方式的工作过程如图 1.5 所示。

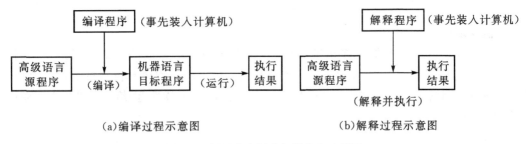

图 1.5 源程序翻译成机器指令过程图

1.3.3 文件系统概念

信息存储是指对所采集的信息进行科学有序地存放、保管,以便使用的过程。它包括三层含义:一是将所采集的信息按照一定的规则记录在相应的信息载体上;二是将这些信息载体按照一定的特征和内容性质组成系统有序的、可供检索的集合;三是应用计算机等先进技术和手段提高存储的效率和信息利用水平。

信息存储经历了以下四个发展阶段:

(1)手工信息存储

在计算机为发明之前,人们对信息的存储主要依赖于纸和笔,信息存储的表现形式是各种出版物、记录、报表、文件和报告等。

(2)文件方式的信息存储

使用计算机来存储信息。计算机主要以文件方式对数据进行存储。当然,文件中数据存储有多种不同的存储格式。

(3)数据库方式的信息存储

文件存储信息存在数据冗余、修改和并发控制困难、缺少数据与程序之间的独立性等问题。于是对信息的组织和管理,实现对大量数据的有效查询、修改等操作,可以通过专门的数据处理软件建立数据库进行信息存储。

(4)数据仓库方式的信息存储

数据库存储方式是从信息管理的角度来考虑信息存储科学化,而数据仓库存储方式则是从决策角度出发,按主题、属性(多维)等进行信息的组织,使信息方便地被高层决策者所利用。

1. 文件

存储器分为内存储器和外存储器。外存储器中的所有信息都是以文件的形式存储的。所谓文件,是指存放在磁盘、光盘等各种辅助存储器(外存储器)上的、具有唯一名字的一组相关信息的集合。例如,将一份报告输入到计算机中,给其命名一个名字存储到硬盘上就形成了一个文件。一段声音、一张照片等也可以存储到计算机辅助存储器中形成文件。总之,计算机辅助存储器中的所有信息都是以文件的形式存放的。

2. 文件夹

为了对辅助存储器中的文件进行组织和管理,操作系统引入了文件夹的概念。文件夹相当于图书馆中的书库或各级书架,文件相当于图书馆中的图书。为了查找、管理图书,可以给书库命名,给各级书架命名。计算机中的文件夹也必须有一个名称,而且文件夹中还可以包含文件夹或文件,但文件中不能包含文件夹。

通常将每个外存储器的第一层文件夹称之为根文件夹(根目录),套在根文件夹或其他文件夹中的文件夹称为子文件夹(子目录)。各层文件夹形成一个层次结构。一般不允许同一个文件夹中存在名称完全相同的文件。

3. 文件路径

查找文件夹中的某个文件时,必须先指明在哪个文件夹中查找,这就是路径,通过文件路径可以说明文件的存储位置。文件路径分为绝对路径和相对路径。绝对路径是从根文件夹开始到目标文件夹所经过的各级文件夹。若当前文件夹是 C 盘中某一个文件夹,则可从当前文件夹开始到目录文件夹所经过的各级文件夹,这称为相对路径。

4. 文件及文件夹命名

为了便于存取和管理文件,每个文件和文件夹都要有一个名字。文件名由主文件名和扩展名两部分组成,中间用"."分开。文件名表示文件的名称,扩展名表示文件的类型。

5. 文件的分类

通过文件的扩展名可以说明文件的类型,如表 1.2 所示。

表 1.2 常用文件类型和扩展名

文件类型	扩展名
文本与文档文件	.txt,.doc,.rbf,.pdf
可执行文件	.exe,.com
备份文件	.bak
图片文件	.bmp,.jpg,.gif
影音文件	.avi,.wav,.mp3,.mp4,.mid
压缩文件	.zip,.rar,.arj,.jar,.lzh
语言源程序文件	.c,.cpp,.java,.asm 等
二进制数据文件	.dat
帮助文件	.hlp
批处理文件	.bat
网页 浏览器文件	.htm,.html
暂存(临时)文件	.tmp

1.4 计算机安全与道德

计算机和互联网的发展,正在不断地改变着人们的生活和工作方式。现在人们的许多工作都离不开计算机和计算机网络,于是,计算机病毒和网络黑客也变得异常活跃。它们企图吞噬网络数据、破坏网络系统,致使人们无法在网络环境下工作,所以如何保护好计算机网络安全就显得非常重要。本节介绍计算机安全的基本知识和应对计算机病毒及网络黑客非法入侵的基本防护策略。通过本节的学习,读者应该了解如何防治计算机病毒的入侵,重点掌握当病毒入侵计算机后使用专用杀毒软件清除病毒的方法。

所谓计算机安全就是对计算机系统采取的安全保护措施,这些保护措施可以保护计算机系统中的硬件、软件和数据,防止因为偶然或者人为恶意破坏的原因导致系统或者信息遭到破坏、更改或泄露。

1.4.1 计算机病毒

"计算机病毒"一词最早是由美国计算机病毒研究专家 Fred. Cohen 博士在其论文《电脑病毒实验》中提出的。"计算机病毒"不是计算机自己产生的,是计算机用户利用计算机软硬件的漏洞编制的特殊程序。它由生物学上的病毒概念引申而来,因为它们都具有传染和破坏等特性。

1994年2月18日,我国正式颁布实施了《中华人民共和国计算机信息系统安全保护条例》,在第二十八条中明确指出:"计算机病毒,是指编制或者在计算机程序中插入的破坏计算机功能或者毁坏数据,影响计算机使用,并能自我复制的一组计算机指令或者程序代码",这是计算机病毒最具权威性和法律性的定义。

1. 计算机病毒的产生与发展

(1)病毒的产生

计算机病毒的产生是计算机技术和以计算机为核心的社会信息化进程发展到一定阶段的必然产物。其产生的过程可分为:程序设计→传播→潜伏→触发→运行→实行攻击。究其产生的原因不外乎以下几种:

① 一些计算机爱好者满足自己的表现欲,故意编制出一些特殊的计算机程序。而此种程序流传出去就演变成计算机病毒,此类病毒破坏性一般不大。

② 产生于个别人的报复心理。如台湾的学生陈盈豪亲自编写一个能避过各种杀毒软件的病毒 CIH,著名的 CIH 病毒也就因此而诞生。

③ 来源于软件加密。一些商业软件公司为了不让自己的软件被非法复制和使用,运用加密技术,编写一些特殊程序附在正版软件上,如遇到非法使用,则此类程序自动激活,于是就会产生一些新病毒,如巴基斯坦病毒。

④ 产生于游戏。编程人员在无聊时互相编制一些程序输入计算机,让程序去销毁对方的程序,如最早的"磁芯大战"。

⑤ 用于研究或实验而设计的"有用"程序。由于某种原因失去控制而扩散出来的程序。

⑥ 由于政治、经济和军事等特殊目的。一些组织或个人也会编制一些程序用于进攻对方电脑,给对方造成灾难或直接性的经济损失。

(2)病毒的发展

在病毒的发展史上,病毒的出现是有规律的,一般情况下一种新的病毒技术出现后会迅速发展,接着反病毒技术的发展会抑制其流传。它可划分为以下几个阶段:

① DOS 引导阶段。引导型病毒,具有代表性的是"小球"和"石头"病毒。引导型病毒利用软盘启动原理工作,修改系统启动扇区,在计算机启动时首先取得控制权,减少系统内存,修改磁盘读写中断,影响系统工作效率,在系统存取磁盘时进行传播。典型的代表有"石头2"。

②DOS可执行阶段。可执行文件型病毒利用DOS系统加载执行文件的机制工作,"耶路撒冷"和"星期天"病毒就是典型的代表。病毒代码在系统执行文件时取得控制权,修改DOS中断,在系统调用时进行传染,并将自己附加在可执行文件中,使文件长度增加。

③伴随、批次型阶段。1992年,伴随型病毒出现,它们利用DOS加载文件的优先顺序进行工作。具有代表性的是"金蝉"病毒,它感染exe文件时生成一个和exe同名的扩展名为com的伴随体;它感染com文件时,修改原来的com文件为同名的exe文件,再产生一个原名的伴随体,在DOS加载文件时,病毒就取得控制权。这类病毒的特点是不改变原来的文件内容、日期及属性,解除病毒时只要将其伴随体删除即可。典型代表的是"海盗旗"病毒。

④幽灵、多形型阶段。随着汇编语言的发展,实现同一功能可以用不同的方式进行完成,这些方式的组合使看似随机的代码产生相同的运算结果。幽灵病毒就是利用这个特点,每感染一次就产生不同的代码。例如"一半"病毒就是产生一段有上亿种可能的解码运算程序,病毒体被隐藏在解码前的数据中,查解这类病毒就必须能对这段数据进行解码,加大了查毒的难度。多形型病毒是一种综合性病毒,它既能感染引导区又能感染程序区,多数具有解码算法,一种病毒往往要两段以上的子程序方能解除。

⑤生成器、变体机阶段。在汇编语言中,一些数据的运算放在不同的通用寄存器中,可运算出同样的结果,随机地插入一些空操作和无关指令,也不影响运算的结果。这样,一段解码算法就可以由生成器生成。当生成的是病毒时,这种复杂的称之为病毒生成器和变体机就产生了。具有典型代表的是"病毒制造机"VCL,它可以在瞬间制造出成千上万种不同的病毒,查解时就不能使用传统的特征识别法,需要在宏观上分析指令,解码后查解病毒。

⑥网络、蠕虫阶段。随着网络的普及,病毒开始利用网络进行传播,它们只是以上几代病毒的改进。在非DOS操作系统中,"蠕虫"是典型的代表,它不占用除内存以外的任何资源,不修改磁盘文件,利用网络功能搜索网络地址,将自身向下一个地址进行传播。

⑦视窗阶段。随着Windows和Windows95的日益普及,利用Windows进行工作的病毒开始发展,它们修改(NE,PE)文件,典型的代表是DS.3873,这类病毒的机制更为复杂,它们利用保护模式和API调用接口工作,解除方法也比较复杂。

⑧宏病毒阶段。随着Office Word功能的增强,使用Word宏语言也可以编制病毒,这种病毒使用类Basic语言,编写容易,感染Word文档文件。在Excel和AmiPro出现的相同工作机制的病毒也归为此类。由于Word文档格式没有公开,这类病毒查解比较困难。

⑨互联网阶段。随着因特网的发展,各种病毒也开始利用因特网进行传播,一些携带病毒的数据包和邮件越来越多,如果不小心打开了这些邮件,机器就有可能中毒。

⑩Java、邮件炸弹阶段。随着互联网上的普及,利用Java语言进行传播和资料获取的病毒开始出现,典型的代表是Java Snake病毒。还有一些利用邮件服务器进行传播和破坏的病毒,例如Mail-Bomb病毒,严重影响互联网的效率。

2. 计算机病毒的种类与特点

(1)病毒的种类

在以前,人们用汇编语言来编写病毒以减小它的代码量,到了今天很多病毒是用高级编程语言Visual Basic、Java和ActiveX来编写的,常见的病毒种类有如下几种:

①文件病毒。此类病毒会将它自己的代码附在可执行文件(exe、com、bat)上。典型的代表是"黑色星期五"。

②引导型病毒。此类病毒在软硬磁盘的引导扇区、主引导记录或分区表中插入病毒指令。典型的代表是大麻病毒、磁盘杀手等。

③混合型病毒。此类病毒是前两种病毒的混种,并通过可执行文件在网上迅速传播。

④宏病毒。它主要感染日常广泛使用的字表处理软件所定义的宏,从而迅速漫延。"美丽莎"就是这方面的"突出"代表。

⑤网络病毒。网络病毒通过网站和电子邮件传播,它们隐藏在 Java 和 ActiveX 程序里面,如果用户下载了有这种病毒的程序,它们便立即开始破坏活动。

(2) 病毒的特点

计算机病毒是一种计算机程序,但与一般程序相比,具有以下几个主要的特点:

①传染性。传染性是指计算机病毒具有自我复制的能力。病毒通过某种渠道从一个文件或一台计算机传染到其他没有被感染病毒的文件或计算机,以达到自我繁殖。每一台被感染了病毒的计算机,本身既是一个受害者,又是计算机病毒的传播者。计算机病毒可通过各种渠道,如硬盘、光盘、U 盘、计算机网络去感染其他的计算机。

②隐蔽性。计算机病毒一般不易被人察觉,它们将自身附加在正常程序中或隐藏在磁盘中较隐蔽的地方,有些病毒还会将自己改名为系统文件名,不通过专门的杀毒软件,用户一般很难发现它们。另外,病毒程序的执行是在用户所不知的情况下进行的,不经过专门的代码分析,病毒程序与正常程序没有什么区别。正是由于这种隐蔽性,计算机病毒得以在用户没有觉察的情况下扩散传播。

③潜伏性。大部分的计算机病毒在感染计算机后,一般不马上发作,它可以长期隐藏在其中,可以是几周或者几个月,甚至是几年,只有在满足其特定条件后,对系统进行破坏。

④破坏性。计算机病毒一旦侵入系统,都会对系统及应用程序造成不同程度的影响。轻者会占用系统资源,降低计算机的性能,重者可以删除文件、格式化磁盘,导致系统崩溃,甚至使整个计算机网络瘫痪。病毒破坏的程度,取决于编写者的用心。

3. 计算机病毒的传播与防护

由于病毒对微机资源造成严重的破坏,所以必须从管理和技术两方面采取有效措施,以防止病毒的入侵。在日常工作中,防止病毒感染的主要措施有:

①首先选择并安装一个反病毒软件,由于新的病毒不断出现,很难做到一台计算机能够在如今高度共享、高度网络化的世界里不装反病毒软件的情况下躲过病毒的攻击,所以要定期对所用计算机进行检查,包括所使用的光盘和硬盘,以便及时发现病毒,防患于未然。

②减少向服务器写入信息的权力。把服务器中写的权力控制在尽量少的人手中,这样能避免不必要的麻烦和损失。

③防范来历不明的 U 盘和盗版光盘。应对来历不明的 U 盘和盗版光盘保持高度警惕,请先用反病毒软件对 U 盘和光盘进行检查,扫描盘中的每一个文件(不仅仅是可执行文件),包括压缩文件。

④在阅读电子邮件的附件前先进行扫描。关闭邮件接收软件的自动打开附件功能。

⑤下载的时候要保持警惕。

⑥把文件存为 RTF 或 ASCII 格式。如果你想在网络服务器上与别人共享一些数据,但又不愿了解更多的病毒知识,那你最好把文件存为 RTF 或 ASCII 格式,因为这两种文件格式都能避免宏病毒的攻击。

⑦用 Ghost(克隆)软件、备份硬盘,快速恢复系统。
⑧及时升级杀毒软件、提高防范能力。
⑨重要数据和重要文件一定要做备份。

1.4.2 黑客入侵与网络安全

1. 黑客入侵及防火墙使用

(1)黑客的含义及黑客入侵手段

黑客是英文"Hacker"的音译,原意为热衷于电脑程序的设计者,现在人们常说的黑客是指专门破坏计算机安全的软件,包括利用公共通信网路,如互联网或其他网络系统,在未经许可的情况下载入对方系统。

黑客入侵的手段主要有:

①获取口令。通过网络监听非法得到用户的账号和口令。

②放置特洛伊木马程序。特洛伊木马程序常被伪装成工具程序或者游戏等诱骗用户打开带有特洛伊木马程序的邮件附件或从网上直接下载。一旦用户打开了这些邮件的附件或者执行了这些程序之后,会在自己的计算机系统中隐藏一个可以在 Windows 启动时悄悄执行的程序。当用户连接到因特网上时,这个程序就会通知黑客,来报告用户的 IP 地址以及预先设定的端口。黑客在收到这些信息后,再利用这个潜伏在其中的程序,就可以任意地修改用户计算机的参数设定、复制文件、窥视整个硬盘中的内容等,从而达到控制用户计算机的目的。

③WWW 的欺骗技术。在网上用户可以利用 IE 等浏览器进行各种各样的 Web 站点的访问,如阅读新闻组、咨询产品价格、订阅报纸、电子商务等。由于访问的网页已经被黑客篡改过,例如黑客将用户要浏览的网页的 URL 改写为指向黑客自己的服务器,当用户浏览目标网页的时候,实际上是向黑客服务器发出请求,那么黑客就可以达到欺骗的目的了。

④电子邮件攻击。电子邮件攻击主要表现为两种方式,即电子邮件"轰炸"和邮件欺骗,所谓轰炸也就是通常所说的邮件炸弹,指的是用伪造的 IP 地址和电子邮件地址向同一信箱发送数以千计、万计甚至无穷多次的内容相同的垃圾邮件,致使受害人邮箱被"炸",严重者可能会给电子邮件服务器操作系统带来危险,甚至瘫痪。电子邮件欺骗是指攻击者佯称自己为系统管理员,给用户发送邮件要求用户修改口令或在貌似正常的附件中加载病毒或其他木马程序。

⑤通过一个节点来攻击其他节点。黑客在突破一台主机后,往往以此主机作为根据地,攻击其他主机。他们可以使用网络监听方法,尝试攻破同一网络内的其他主机;也可以通过 IP 欺骗和主机信任关系,攻击其他主机。这类攻击很狡猾,但由于某些技术很难掌握,如 IP 欺骗,因此较少被黑客使用。

⑥网络监听。网络监听是主机的一种工作模式,在这种模式下,主机可以接受到本网段在同一条物理通道上传输的所有信息,而不管这些信息的发送方和接受方是谁。此时,如果两台主机进行通信的信息没有加密,只要使用某些网络监听工具,就可以轻而易举地截取包括口令和帐号在内的信息资料。

⑦寻找系统漏洞。许多系统都有这样那样的安全漏洞,其中某些是操作系统或应用软件本身具有的,这些漏洞在补丁未被开发出来之前一般很难防御黑客的破坏;还有一些漏洞是由于系统管理员配置错误引起的,这都会给黑客带来可乘之机,应及时加以修正。

⑧利用 Guest 帐号进行攻击。有的黑客会利用操作系统提供的缺省账户和密码进行攻

击,例如许多 Unix 主机都有 FTP 和 Guest 等缺省账户(其密码和账户名同名),有的甚至没有口令。黑客用 Unix 操作系统提供的命令,不断提高自己的攻击能力。

⑨ 偷取特权。利用各种特洛伊木马程序、后门程序和黑客自己编写的导致缓冲区溢出的程序进行攻击,前者可使黑客非法获得对用户机器的完全控制权,后者可使黑客获得超级用户的权限,从而拥有对整个网络的绝对控制权。这种攻击手段危害性极大。

(2)防火墙的含义及其使用

网络安全中的防火墙是指在两个网络之间加强访问控制的一整套装置,实质上就是一个软件或软硬件设备的组合。防火墙也可以被看作是在内部网和外部网之间构造了一个保护层,如图 1.6 所示。它强制所有连接和访问都必须经过这一个保护层进行检查和连接,只有被允许的通信才能通过这个保护层,从而保护内部网络的资源免遭非法入侵的危害。此外,还可以用于监控进出内部网络或计算机的信息,保护内部网络或计算机的信息不被非授权访问、窃取或破坏,并记录内部网络或计算机与外部网络进行通信的安全日志,同时可以限制内部网络用户访问某些特殊站点,防止内部网络的重要数据发生外泄等,从而提高网络和计算机系统的安全性和可靠性。

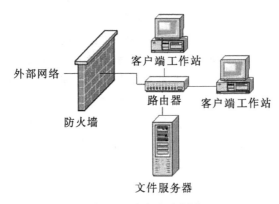

图 1.6 防火墙示意图

2. 病毒防治策略及杀毒软件的使用

一旦发现计算机出现有异常的情况,如机器速度特别慢,某些程序不能正常使用,可以使用杀毒软件进行检测,确认系统是否感染了病毒。若发现系统感染病毒,可以先使用杀毒软件进行杀毒,若杀不掉病毒,可以使用专业性的杀毒工具,或者把病毒特征向专业的杀毒公司汇报,让杀毒软件公司帮助解决。清除病毒可通过以下几种途径:

①使用杀毒软件检测和清除病毒。杀毒软件具有实时监控功能,能够监控所打开的任意文件和从网络上下载的文件等,一旦检测到病毒,杀毒软件就会报警。用户还可以根据需要对指定的文件和硬盘进行病毒检测。使用杀毒软件清除病毒很方便,但是由于病毒的防治技术总是滞后于病毒的创作,所以不是所有病毒都可以很顺利地清除,此时应先把病毒隔离起来,等病毒库升级后再清除病毒。常用的杀毒软件有瑞星杀毒软件、江民杀毒软件、卡巴斯基杀毒软件、诺顿防毒软件等。

②手动清除病毒。这种方法清除病毒,需要用户对计算机操作很熟悉,并具有一定专业的背景,它适合于专业人员杀毒。

③杀毒软件的升级。由于新的病毒和木马变异每天都会出现,因此定期更新病毒库可以

保护用户计算机免受病毒的侵入。例如,单击"软件升级"按钮,或者依次执行操作"开始"→"程序"→"瑞星杀毒软件"→"升级程序"命令,就可以及时升级病毒库。

1.4.3 计算机防范措施

目前,能够代表未来发展方向的计算机安全防范措施大致有以下几类:

(1)用户身份认证

这是安全的第一道大门,是各种安全措施可以发挥作用的前提。身份认证技术包括:静态密码、动态密码(短信密码、动态口令牌、手机令牌)、IC卡、数字证书、指纹虹膜等。

(2)防火墙

防火墙在某种意义上可以说是一种访问控制产品。它在内部网络与不安全的外部网络之间设置屏障,阻止外部对内部资源的非法访问,防止内部对外部的不安全访问。

(3)网络安全隔离

网络隔离有两种方式,一种是采用隔离卡来实现的,一种是采用网络安全隔离网闸来实现的。隔离卡主要用于对单台机器的隔离,网闸主要用于对于整个网络的隔离。

(4)安全路由器

由于WAN连接需要专用的路由器设备,因而可通过路由器来控制网络传输。通常采用访问控制列表技术来控制网络信息流。

(5)虚拟专用网

虚拟专用网是在公共数据网络上,通过采用数据加密技术和访问控制技术,实现两个或多个可信内部网之间的互联。它的构筑通常都要求采用具有加密功能的路由器或防火墙,以实现数据在公共信道上的可信传递。

(6)安全服务器

安全服务器主要是指对一个局域网内部信息存储、传输的安全保密问题,其实现功能包括对局域网资源的管理和控制,对局域网内用户的管理,以及局域网中与所有安全相关事件的审计和跟踪。

(7)电子签证机构CA

电子签证机构通常叫CA(Certificate Authority),作为第三方,为各种服务提供可信任的认证服务。CA可向用户发行电子签证证书,为用户提供成员身份验证和密钥管理等功能。

(8)安全管理中心

由于网上的安全产品较多,且分布在不同的位置,这就需要建立一套集中管理的机制和设备,即安全管理中心。它用来给各网络安全设备分发密钥,监控网络安全设备的运行状态,并负责收集网络安全设备的审计信息等。

(9)入侵检测系统

入侵检测系统作为传统的保护机制(比如访问控制,身份识别等)的有效补充,形成了信息系统中不可或缺的反馈链。

(10)入侵防御系统

入侵防御系统作为很好的补充,是信息安全发展过程中占据重要位置的计算机网络硬件。

(11)安全数据库

由于大量的信息存储在计算机数据库内,有些信息是有价值的,也是敏感的,需要保护。

安全数据库可以确保数据库的完整性、可靠性、有效性、机密性、可审计性及存取控制与用户身份识别等。

(12) 安全操作系统

安全操作系统给系统中的关键服务器提供安全运行平台,构成安全WWW服务,安全FTP服务,安全SMTP服务等,并作为各类网络安全产品的坚实底座,确保这些安全产品的自身安全。

(13) 图文加密

图文加密能够智能识别计算机所运行的涉密数据,并自动强制对所有涉密数据进行加密操作,而不需要人的参与。体现了安全面前人人平等,从根源上解决信息的泄密问题。

1.4.4 网络职业道德及政策法规

网络时代对人们的思想和行为产生了强烈的影响。因此,规范网民上网行为和促进社会和谐发展是新时期一个国家面前的一项重要而紧迫的任务。

1. 信息安全法律法规

我国自1937年以来先后制定了一系列信息网络方面法律和法规,虽然仍存在着立法滞后、笼统含糊、可操作性不强等方面的问题,但在信息网络领域并非无法可依。《电子签名法》、《计算机软件保护条例》、《计算机信息安全保护条例》、《出版管理条例》和《计算机信息网络国际联网管理暂行规定》等一系列法规的颁行,基本建立了我国的网络管理法体系。1997年修订的新《刑法》第2135条至第2137条还分别就入侵计算机系统、故意制作、传播计算机病毒等破坏程序和利用计算机实施金融诈骗、盗窃、贪污、挪用公款、窃取国家秘密或其他犯罪行为规定了相应的刑事责任。2001年新修订的《著作权法》也对网络侵权问题作了相应的规定。即将制定的计算机犯罪、网上知识产权保护等法律法规将进一步完善网络行为规范。另外,公安部、信息产业部、新闻出版署等部委也分别就自己管辖范围内的有关事项制定了相应规定。如《计算机信息网络国际联网管理暂行规定实施办法》、《计算机信息网络国际联网安全保护管理办法》和《计算机信息系统保密管理暂行规定》等等。

2. 网络道德规范

根据一项调查显示有53.7%的用户对我国网络管理方面的法规不了解,另有37.6%的大学生听说过相关的法规但不清楚细节。因此对网民进行网络法制教育是很有必要的,其目的如下:

一是要教育学生在学习计算机和网络知识的同时,也要注意学习有关计算机网络的法律和法规,以杜绝网络违法犯罪行为。要让普通网民认识到,人类社会的任何科技成果的运用都是有限制有底线的,这个底线就是法律。

二是要培养广大网络用户网上自我保护的意识和能力,网络法律规范是网上自我保护的重要武器,要帮助学生明辨在网络社会中由于主体的匿名隐形而导致的合法与非法、有罪与无罪等问题,提高对网络陷阱的识别能力,使学生掌握和正确运用基本的网络法律武器,以维护自己在网络空间的合法权益。

进行网络伦理道德教育,首先要求思想教育工作者要走进网络,了解普通网民上网情况,对网络规范行为进行认真分析,掌握基本规律,再结合传统道德规范要求,提炼和总结网络道德规范。积极倡导"爱国守法"、"诚信友善"和"文明自律"的道德规范,提高网民在网络空间明辨是非的能力和道德自律能力,使网民们认识到任何借助网络进行的恶意破坏行为都是不道德的或违法的,在网络活动中应当养成良好的道德习惯,自觉遵守网络规范,以道德理性来规范自己的网络行为,增强对网络毒素的抵抗力和免疫力。

案例　计算机常见故障排除指南

电脑在硬件部分出现的故障非常多,也非常复杂,例如我们日常所见到的黑屏现象,开机无显示现象,频繁死机现象,IDE 口、USB 口失灵现象,显示颜色不正常现象,显示器抖动、花屏现象,硬盘无法读写现象,系统无法启动现象,硬盘出现坏道现象等等,这些现象其实都是硬件上的故障产生的,只要我们认真分析,查清故障产生原因即可。查清故障的主要步骤有:

第一步:先外设后主机

由于外设上的故障比较容易发现和排除,我们首先根据系统上的报错信息先检查鼠标、键盘、显示器等外部设备和工作情况。排除完成后再来考虑复杂的主机部分。

第二步:先电源后部件

电源很容易被用户所忽视,一般电源功率不足,输出电流不正常很容易导致一些故障的产生,很多时候用户把主板、显卡、硬盘都检查遍了都还找不到原因,殊不知这是电源在作怪。

第三步:先简单后复杂

电脑发生故障时,首先从最简单的原因开始检查起。很多时候故障就是因为数据线松动,灰尘过多,插卡接触不良等引起的。在简单的方法测试完了后再考虑是否是硬件的损坏问题。

在排除故障时,日常情况下你可以用以下方法排除故障。

(1) 插拔替换验证法

插拔替换法是最古老最原始的一种方法,也是最直接最有效果的一种方法。很多硬件工程师目前都还是用此方法来排除电脑的大小故障。插拔替换法很简单,就是首先根据电脑上出现的问题,大致怀疑问题出在什么地方,譬如电脑的显示器上、显卡上、硬盘上、键盘上……将怀疑的对象拆下来安装到其他好的电脑上,如果另外一台电脑不能工作则可以直接知道是该对象出了问题。没有问题继续怀疑、替换下个对象,最终必将能找到问题所在。

(2) 直接观察法

直接观察法是根据 BIOS 的报警声、开机自检信息上的说明来判断硬件上的故障。依据各种声音和说明信息来排查故障,例如自检时显示硬盘一项有问题时,可以检查一下硬盘上的数据线和电源线有无松动。显示有问题时,检查显示器和显卡以及 VGA 接口,擦除上面的灰尘,看看接口有无断针等现象。

(3) 用专门的诊断软件检测

诊断软件是一种专门的硬件故障检查工具,可以帮助迅速地查出故障的原因。如 Norton Tools(诺顿工具箱)。该诊断软件不但能够检查整机系统内部各个部件(如 CPU、内存、主板、硬盘等)的运行状况,还能检查整个系统的稳定性和系统工作能力。如果发现问题会给出详尽的报告信息,便于我们寻找故障原因和排除故障。

(4)系统最小化检查

系统最小化检查的原理跟插拔替换法非常类似,就是采用最小系统来逐一诊断,例如只安装CPU、内存、显卡、主板。如果开机后不能正常工作,则将该四个部件用插拔替换法来排查。如果能正常工作,再接硬盘、显示器,以此类推,直到找出故障为止。

习 题

1. 选择题

(1)1946年2月,在美国诞生了世界上第一台计算机,它的名字叫( )。
  A. EDVAC   B. EDSAC   C. ENIAC   D. UNIVAC-I

(2)微机系统的核心是( )。
  A. CPU   B. 内存   C. 硬盘   D. 显示器

(3)一个完整的计算机系统应包括( )。
  A. 系统硬件和系统软件   B. 硬件系统和软件系统
  C. 主机和外部设备   D. 主机、键盘、显示器和辅助存储器

(4)下面不属于计算机外围设备的是( )。
  A. 键盘   B. 鼠标   C. 内存   D. 显示器

(5)运算器和控制器结合在一起,称为( )。
  A. CPU   B. 主机   C. 软件系统   D. 硬件系统

(6)存储器通常分为内存储器和( )。
  A. U盘   B. 硬盘   C. 外存储器   D. 移动硬盘

(7)计算机能识别的语言为( )。
  A. 机器语言   B. 汇编语言   C. 高级语言   D. 二进制

(8)外存储器中的所有信息都是以( )形式存储。
  A. 硬盘   B. 文件   C. 文档   D. 数据库

(9)计算机病毒是一种计算机程序,对否?( )
  A. 对   B. 否   C. 不确定

(10)计算机一旦断电后,( )设备中的信息会丢失。
  A. 硬盘   B. 文件   C. RAM   D. ROMA

(11)和辅助存储器相比,下面哪一个是主存储器(内存)的优点?( )
  A. 存取速度快   B. 价格比较便宜   C. 容量很大   D. 价格昂贵

(12)下列存储中,读写速度最快的是( )。
  A. RAM   B. 硬盘   C. 光盘   D. 软盘

(13)下列叙述正确的是( )。
  A. 计算机病毒只能传染给可执行文件
  B. 计算机软件是指存储在软盘中的程序

C. 计算机每次启动的过程之所以相同,是因为 RAM 中的所有信息在关机后不会丢失

D. 硬盘虽然装在主机箱内,但它属于外存

(14)下列说法正确的是( )。

A. 黑客技术在当今信息时代都具有一定破坏性,所以黑客都是坏的

B. 计算机网络世界是一个虚拟的世界,所以没有必要学习上网

C. 计算机的发展给现代社会带来了诸多方便,所以发展计算机产业很有必要

D. 学习计算机的目的是为了把所有的游戏玩精,不致在游戏里花费太多的钱

(15)所谓"裸机"是指( )。

A. 单片机 B. 单板机

C. 不装备任何软件的计算机 D. 只装备操作系统的计算机

2. 填空题

(1)计算机按照参与运算数据类型可分为_____和_____。

(2)1 K 字节＝_____字节,1 M 字节＝_____字节。

(3)现代计算机的基本结构是_____结构。

(4)CPU 是计算机的核心部件,该部件主要由控制器和_____组成。

(5)计算机软件由_____和_____组成。

(6)通常计算机主要的性能指标有字长、_____、内存容量、_____、存取速度_____和磁盘容量。

(7)文件名由主文件名和_____两部分组成。

(8)文件路径分为_____和_____。

(9)计算机病毒主要特点:传染性,_____,_____,破坏性。

(10)计算机将源程序翻译成机器指令时,有两种方法:编译方法和_____方法。

(11)用 MIPS 来衡量计算机指标的是_____。

(12)计算机必不可少的输入、输出设备是_____。

(13)计算机在处理数据时,首先把数据调入_____。

(14)既可作输入设备也可作输出设备的是_____。

(15)一台计算机要连入 Internet 必须安装的硬件是_____。

3. 简答题

(1)简述计算机的分类。

(2)计算机主要有哪些方面的应用?并举例说明。

(3)简述计算机的发展过程。

(4)计算机病毒主要有哪几种类型?经历了哪些发展阶段?

(5)常用的杀毒软件有哪些?

(6)一般的防火墙分为哪几类?主要有哪些功能?

第 2 章 计算机数据表示方法

要逐步深入地了解计算机如何工作的技术细节,就必须熟知计算机内部数据的表示方法。从计算机的组织结构和实现这种结构的电路器件可知,计算机只能处理由"0"和"1"组成的数据串,本章重点介绍数据和编码在计算机中的表示方法和相互转换的原理。通过本章的学习,读者应了解数据在计算机中的表示方法,重点掌握计算机如何处理由"0"和"1"组成的数据串的原理。

2.1 计算机中的数据表示

数据是信息的载体,各种各样的信息,如数字、文字、图像、声音和视频等,在计算机中都可以变成数据。人们在生活中常见的信息,不论是数字还是多媒体,计算机都不能直接进行处理,计算机只能识别由"0"和"1"组成的序列,通常称为二进制编码形式。采用二进制表示生活中的信息才能够被计算机所识别、处理和传输。

2.1.1 计算机和二进制数据

计算机是一种电器设备,内部采用的都是电子元件,用电子元件表示两种状态是最容易实现的,比如电路的通和断、电压高低等等,而且也稳定且容易控制。把两种状态用 0、1 来表示,就是用二进制数表示计算机内部的数据。因此,计算机是一个二进制数字世界。在二进制系统中只有两个数:"0"和"1"。不论是指令还是数据,在计算机中都采用了二进制编码形式。即便是图形、声音等这样的信息,也必须转换成二进制数编码形式,才能存入计算机中。

计算机存储器中存储的都是由"0"和"1"组成的信息,但它们却分别代表各自不同的含义。有的表示机器指令,有的表示二进制数据,有的表示英文字母,有的则表示汉字,还有的可能是表示色彩与声音。存储在计算机中的信息采用了各自不同的编码方案,就是同一类型的信息也可以采用不同的编码形式。

虽然计算机内部均用二进制数来表示各种信息,但计算机与外部交往仍采用人们熟悉和便于阅读的形式,如十进制数据、文字显示以及图形描述等。其间的转换,则由计算机系统的硬件和软件来实现。

计算机采用二进制表示的优点:数字装置简单可靠,所用元件少,只有两个数码 0 和 1,因此它的每一位数都可以用任何具有两个不同稳定状态的元件来表示;基本运算规则简单,运算操作方便。采用二进制表示存在的缺点:用二进制表示一个数时,位数太多。因此实际使用中,一般采用十进制将数字送入数字系统,然后由计算机将十进制数转换为二进制数进行处理。处理之后,再由计算机将二进制数转换为十进制数供人们阅读。

2.1.2 计算机中常见的数据单位

在计算机中能够直接表示和处理的数据有两大类,它们是数值数据和符号数据。数值数据用于表示数量的多少,可带有表示数值正负的符号位。日常所使用的十进制数要转换成等值的二进制数才能在计算机中存储和操作。符号数据又叫非数值数据,包括英文字母、汉字、数字、运算符号以及其他专用符号。它们在计算机中也要被转换成二进制编码的形式。

计算机中常见的数据单位为位、字节和字。

(1) 位(bit)

它是计算机中存储数据的最小单位,指二进制数中的一个位数,其值为"0"或"1",称为"比特"。一位二进制数有两种状态,两位二进制数可以表示四种状态,位数越多,能够表示的状态就越多。

(2) 字节(Byte)

它是计算机存储容量的基本单位,计算机存储容量的大小通常用字节的多少来衡量的。用"B"表示。一个字节通常可以表示为 8 位。

除了字节以外,还有 KB(千字节)、MB(兆字节)、GB(千兆字节)和 TB(万亿字节),它们的换算关系为:

$$1 \text{ Byte} = 8 \text{ bit}$$
$$1 \text{ KB} = 2^{10} \text{ Byte} = 1024 \text{ Byte}$$
$$1 \text{ MB} = 2^{10} \text{ KB} = 2^{20} \text{ Byte}$$
$$1 \text{ GB} = 2^{10} \text{ MB} = 2^{20} \text{ KB} = 2^{30} \text{ Byte}$$
$$1 \text{ TB} = 2^{10} \text{ GB} = 2^{40} \text{ Byte}$$

一张光盘容量为 600 MB≈600000000B(6 亿 B),可容纳 6 亿英文字符和 3 亿汉字长。

(3) 字(word)

它是中央处理器对数据进行处理的单位,字中所含的二进制位数称为字长。一个字通常由一个或若干个字节组成。计算机字的长度越长,则其精度和速度越高。字长通常有 8 位、16 位、32 位、64 位等等。如果一个计算机的字由 8 个字节组成,则字的长度为 64 位,通常被称为 64 位机。

2.2 数制与数制之间的转换

2.2.1 数制的概念

数制是人们利用符号进行计数的科学方法,用一组固定的数字和一套统一的规则来表示数目的方法称为数制。数制有很多种,在计算机中常用的数制有:二进制、八进制、十进制和十六进制。数制有进位计数制与非进位计数制之分,目前一般使用进位计数制。在日常生活中,人们习惯于用十进制计数。

1. 基数与位权

在进位计数制中有基数和位权两个基本概念。

(1) 基数

计数制允许选用的基本数字符号的个数叫基数。例如,十进制数的基数就是 10,基本数字符号有 10 个,它们是 0、1、2、3、4、5、6、7、8、9。在基数为 r 的计数制中,包含 r 个不同的数字符号,每当数位计满 r 就向高位进 1,即"逢 r 进 1",例如,在十进制中就是逢十进一。

(2) 位权

一个数字符号处在一个数的不同位时,它所代表的数值是不同的。每个数字符号所表示的数值等于该数字符号值乘以一个与数码所在位有关的常数,这个常数叫做"位权",简称"权"。位权的大小是以基数为底,数字符号所在位置的序号为指数的整数次幂(注意:序号=位号-1,整数部分的个位位置的序号是 0)。

(3) 常用的进位制

常用的进位制如表 2.1 所示。

表 2.1 常用进位制

	十进制	二进制	八进制	十六进制
基数	10	2	8	16
数字	0~9	0,1	0~7	0~9,A,B,C,D,E,F

2. 计算机常用的数制类型

(1) 十进制计数

在一个十进制数中,不同位置上的数字符号代表的值是不同的。如,十进制数 256.73 可以表示为:

$$(256.73)_{10} = 2 \times 10^2 + 5 \times 10^1 + 6 \times 10^0 + 7 \times 10^{-1} + 3 \times 10^{-2}$$
$$= 200 + 50 + 6 + 0.7 + 0.03$$
$$= 256.73$$

十进制数具有以下特点:

① 数字的个数等于基数 10,即 0、1、…、9 十个数字。

② 最大的数字比基数小 1,采用逢十进一。

③ 每个数字符号都带有暗含的"权",这个"权"是 10 的幂次,"权"的大小与该数字离小数点的位数及方向有关。

(2) 二进制计数

二进制数制,由 0 和 1 两个基本符号组成,其特点是"逢二进一",在二进制数中,当数字符号处于不同位置上时,所表示的数值也不同。如,二进制数 1110 可以表示为:

$$(1110)_2 = 1 \times 2^3 + 1 \times 2^2 + 1 \times 2^1 + 0 \times 2^0$$

二进制数具有以下特点:

① 数字的个数等于基数 2,即 0、1 两个数字。

② 最大的数字比基数小 1,采用逢二进一。

③ 每个数字符号都带有暗含的"权",这个"权"是 2 的幂次,"权"的大小与该数字离小数点的位数及方向有关。

二进制数的性质:

①移位性质:小数点左移一位,数值减小一半;小数点右移一位,数值扩大一倍。

②奇偶性质:最低位为 0,该数为偶数;最低位为 1,该数为奇数。

(3)八进制

在八进制计数系统中,基数为 8,有 0~7 共 8 个不同的数字符号,规则为"逢八进一"。对于一个八进制数,不同位置上的数字符号代表的值是不同的。如,八进制数 762.16 可以表示为:

$$(762.16)_8 = 7 \times 8^2 + 6 \times 8^1 + 2 \times 8^0 + 1 \times 8^{-1} + 6 \times 8^{-2}$$

(4)十六进制

在十六进制计数系统中,基数为 16,有 0~9、A、B、C、D、E、F 共 16 个不同数字符号,其中 A~F 分别对应十进制数的 10~15,规则为"逢十六进一"。在一个十六进制数中,不同位置上的数字符号代表的值是不同的。如,十六进制数 1BF3.A 可以表示为:

$$(1BF3.A)_{16} = 1 \times 16^3 + 11 \times 16^2 + 15 \times 16^1 + 3 \times 16^0 + 10 \times 16^{-1}$$

由以上可以看出,各种进位计数制中的权的值恰好是基数的某次幂。因此,对任何一种进位计数制表示的数都可以写出按其权展开的多项式之和。

几种进制之间的对应关系见表 2.2。

表 2.2 几种进制数之间的对应关系

十进制数	二进制数	八进制数	十六进制数
0	00000	0	0
1	00001	1	1
2	00010	2	2
3	00011	3	3
4	00100	4	4
5	00101	5	5
6	00110	6	6
7	00111	7	7
8	01000	10	8
9	01001	11	9
10	01010	12	A
11	01011	13	B
12	01100	14	C
13	01101	15	D
14	01110	16	E
15	01111	17	F

2.2.2 数制之间的转换

把一个数由一种进制转换为另一种进制称为进制之间的转换。虽然计算机通常采用二进制表示信息,但是二进制在实际的使用中不是很直观和方便,通常在操作中使用十进制数输入输出。假设我们要计算 A 和 B 两个数的加法运算,首先要将 A 和 B 两个十进制的数转化为二进制数,然后经计算机识别和处理,最终将和转化为十进制数输出,这个转换过程由计算机系统自动完成。

1. 二进制、八进制、十六进制数转化为十进制数

二进制、八进制、十六进制数转换为十进制数的规律是相同的。把二进制、八进制、十六进制数按位权形式展开多项式和的形式,求其最后的和,就是其对应的十进制数——简称"按权求和"。

例 2.1 把二进制数 $(11000.11)_2$ 转换为十进制数。

$$(11000.11)_2 = 1 \times 2^4 + 1 \times 2^3 + 0 \times 2^2 + 0 \times 2^1 + 0 \times 2^0 + 1 \times 2^{-1} + 1 \times 2^{-2}$$
$$= 16 + 8 + 0 + 0 + 0 + 0.5 + 0.25$$
$$= 24.75$$

例 2.2 把八进制数 $(237)_8$ 转换为十进制数。

$$(237)_8 = 2 \times 8^2 + 3 \times 8^1 + 7 \times 8^0$$
$$= 128 + 24 + 7$$
$$= 159$$

例 2.3 把十六进制数 $(23B.01)_{16}$ 转换为十进制数。

$$(23B.01)_{16} = 2 \times 16^2 + 3 \times 16^1 + 11 \times 16^0 + 0 \times 16^{-1} + 1 \times 16^{-2}$$
$$= 512 + 48 + 11 + 0.0039$$
$$= 571.0039$$

2. 十进制数转化为二进制、八进制、十六进制数

在进制转换中,整数部分和小数部分的转换规则不同,所以分为整数部分的转换和小数部分的转换。

(1)整数部分的换算

将已知的十进制数的整数部分反复除以 r(r 为基数,取值为 2、8、16,分别表示二进制、八进制和十六进制),直到商是 0 为止,并将每次相除之后所得到的余数倒排列,即第一次相除所得的余数为 r 进制数的最低位,最后一次相除所得余数为 r 进制数的最高位。

例 2.4 把十进制数 $(100)_{10}$ 转换为二进制数。

```
        除 2 取余           余数
    2 | 1 0 0     ……    0 (最低位)
    2 |  5 0      ……    0
    2 |   2 5     ……    1
    2 |    1 2    ……    0
    2 |     6     ……    0
    2 |     3     ……    1
    2 |     1     ……    1 (最高位)
            0
```

因此,$(100)_{10} = (1100100)_2$。

例 2.5 把十进制数 $(100)_{10}$ 转换为十六进制数。

```
        除 16 取余        余数
    16 | 1  0  0    ……    4  (最低位)
    16 |    6       ……    6  (最高位)
                0
```

因此，$(100)_{10} = (64)_{16}$。

(2) 小数部分的换算

将已知的十进制数的纯小数(不包括乘后所得整数部分)反复乘以 R，直到乘积的小数部分为 0 或小数点后的位数达到精度要求为止。第一次乘 R 所得的整数部分为 K_1，最后一次乘 n 所得的整数部分为 K_m，则所得 n 进制小数部分 $0.K_1 \cdots K_m$。

例 2.6 把十进制数 $(0.625)_{10}$ 转换为二进制数。

```
         乘 2 取整       整数部分
          0.625
        ×     2
        ─────────
          1.250         1(最高位)
        ×     2
        ─────────
          0.500         0
        ×     2
        ─────────
          1.000         1(最低位)
```

因此，$(0.625)_{10} = (0.101)_2$。

例 2.7 把十进制数 $(0.3125)_{10}$ 转化为八进制数。

```
         乘 8 取整       整数部分
          0.3125
        ×      8
        ─────────
          2.5           2(最高位)
        ×      8
        ─────────
          4.000         4(最低位)
```

因此，$(0.3125)_{10} = (0.24)_8$。

3. 二进制数与八进制数的相互换算

二进制数换算成八进制数的方法是：以小数点为基准，整数部分从右向左，三位一组，最高位不足三位时，左边添 0 补足三位；小数部分从左向右，三位一组，最低位不足三位时，右边添 0 补足三位。然后将每组的三位二进制数用相应的八进制数表示，即得到八进制数。

八进制数换算成二进制数：将每一位八进制数用三位对应的二进制数表示。

例 2.8 把二进制数 $(10110001.0101011)_2$ 转换成八进制数。

原始数据　10110001.0101011
分组数据　10 110 001 . 010 101 1
补 0 数据　010 110 001 . 010 101 100
八进制　　 2   6   1 . 2   5   4

因此，$(10110001.0101011)_2 = (261.254)_8$。

例 2.9 把八进制数$(2376.273)_8$转换成二进制数。

原始数据 2376.273

分组数据   2   3   7   6 .   2   7   3

二进制   010 011 111 110 . 010 111 011

去 0 数据   10 011 111 110 . 010 111 011

因此，$(2376.273)_8 = (10011111110.010111011)_2$。

4. 二进制数与十六进制数的相互换算

以小数点为基准，整数部分：从右向左，四位一组，最高位不足四位时，左边添 0 补足四位；小数部分：从左向右，四位一组，最低位不足四位时，右边添 0 补足四位。然后将每组的四位二进制数用相应的十六进制数表示，即可得到十六进制数。

十六进制数换算成二进制数：将每一位十六进制数用四位相应的二进制数表示。

例 2.10 将二进制数$(10110001.0101011)_2$转换成十六进制数。

原始数据 10110001.0101011

分组数据 1011 0001 . 0101 011

补 0 数据 1011 0001 . 0101 0110

十六进制   B   1 . 5   6

因此，$(10110001.0101011)_2 = (B1.56)_{16}$。

例 2.11 将十六进制数$(2376.283)_{16}$转换成二进制数。

原始数据 2376.283

分组数据   2   3   7   6 .   2   8   3

二进制   0010 0011 0111 0110 . 0010 1000 0011

去 0 数据   10 0011 0111 0110 . 0010 1000 0011

因此，$(2376.283)_{16} = (10001101110110.001010000011)_2$。

2.3 计算机的定点数和浮点数

2.3.1 定点数和浮点数

我们日常表示的数据类型主要有两种：第一种是一般的数据表示形式，如 125、98.6 等；第二种是科学记数法表示的数据形式，如 1.25×10^8 等。这两种数据类型对应在计算机中的表示形式就是定点数和浮点数。

1. 定点数的表示方法

作为一个一般的十进制数据，在计算机中除了要表示其数值外，还要表示其符号（正或负）和小数点。符号我们可以使用一位二进制表示，如"0"表示正号，"1"表示负号。而对于小数点则需要采取一些特殊的处理方法。

所谓定点数是指数据的小数点位置是固定不变的。由于定点数的小数点位置是固定的，因此小数点"."就不需要表示出来了。在计算机中,定点数主要分为两种:一是定点整数,即纯整数;二是定点小数,即纯小数。

假设用一个 $n+1$ 位二进制来表示一个定点数 x,其中一位 x_0 用来表示数的符号位,其余 n 位数代表它的数值。这样,对于任意定点数 $x=x_0x_1x_2\cdots x_n$,其在机器中的定点数表示如下:

| x_0 | x_1 | x | $\cdots$ | x_n |

符号 ← 数值 →

如果数 x 表示的是纯小数,那么小数点位于 x_0 和 x_1 之间,其数值范围为:
$$0 \leqslant |x| \leqslant 1-2^{-n}$$
如果数 x 表示的是纯整数,那么小数点位于最低位 x_n 的右边,其数值范围为:
$$0 \leqslant |x| \leqslant 2^{n+1}-1$$

在采用定点数表示的机器中,对于非纯整数或非纯小数的数据在处理前,必须先通过合适的比例因子转换成相应的纯整数或纯小数,运算结果再按比例转换回去。目前计算机中多采用定点纯整数表示,因此将定点数表示的运算简称为整数运算。

2. 浮点数的表示方法

由于在计算机中表示数据的二进制位数(称为字长)是有限的,因此定点数所表示的数据范围也是很有限的,对于一些很大的数据就无法表示。例如,使用 16 位二进制表示纯整数,其表示范围仅为:0~16383(正数)。为此,人们吸取生活中十进制数据的科学记数法的思想,采用一种称为浮点数的表示法来表示更大的数。

在浮点数表示中,数据被分为两部分:尾数和阶码。尾数表示数的有效数位,阶码则表示小数点的位置。加上符号位,浮点数据可以表示为:
$$N=(-1)S \times M \times RE$$

其中 M(mantissa)是浮点数的尾数,R(radix)是基数,E(exponent)是阶码,S(sign)是浮点数的符号位,在计算机中表示为:

| S | E_0 | $E_1\ E_2\cdots E_m$ | $M_1\ M_2\cdots M_n$ |

在计算机中,基数 R 取 2,是个常数,在系统中是约定的,不需要表示出来;阶码 E 用定点整数表示,它的位数越长,浮点数所能表示的数的范围越大;尾数 M 用定点小数表示,它的位数越长,浮点数所能表示的数的精度越高。

2.3.2 原码、补码和反码

1. 原码表示法

原码表示法是机器数的一种简单的表示法。其符号位用 0 表示正号,用 1 表示负号,数值一般用二进制形式表示。设有一数为 x,则原码表示可记作 $[x]_原$。

例如,$X_1=+1010110$,$X_2=-1001010$

其原码记作:
$$[X_1]_原=[+1010110]_原=01010110$$

$$[X_2]_{原} = [-1001010]_{原} = 11001010$$

原码表示数的范围与二进制位数有关。当用 8 位二进制来表示小数原码时,其表示范围:

最大值为 0.1111111,其真值约为 $(0.99)_{10}$

最小值为 1.1111111,其真值约为 $(-0.99)_{10}$

当用 8 位二进制来表示整数原码时,其表示范围:

最大值为 01111111,其真值为 $(127)_{10}$

最小值为 11111111,其真值为 $(-127)_{10}$

在原码表示法中,对 0 有两种表示形式:

$$[+0]_{原} = 00000000$$
$$[-0]_{原} = 10000000$$

2. 补码表示法

机器数的补码可由原码得到。如果机器数是正数,则该机器数的补码与原码一样;如果机器数是负数,则该机器数的补码是对它的原码(除符号位外)各位取反,并在末位加 1 而得到的。设有一数 X,则 X 的补码表示记作 $[X]_{补}$。

例如, $[X_1] = +1010110$, $[X_2] = -1001010$

$$[X_1]_{原} = 01010110, \quad [X_2]_{原} = 11001010$$
$$[X_1]_{补} = 01010110 \quad [X_2]_{补} = 10110101 + 1 = 10110110$$

即 $[X_1]_{原} = [X_1]_{补} = 01010110$

补码表示数的范围与二进制位数有关。当采用 8 位二进制表示时,小数补码的表示范围:

最大为 0.1111111,其真值为 $(0.99)_{10}$

最小为 1.0000000,其真值为 $(-1)_{10}$

采用 8 位二进制表示时,整数补码的表示范围:

最大为 01111111,其真值为 $(127)_{10}$

最小为 10000000,其真值为 $(-128)_{10}$

在补码表示法中,0 只有一种表示形式:

$$[+0]_{补} = 00000000$$
$$[-0]_{补} = 11111111 + 1 = 00000000(由于受设备字长的限制,最后的进位丢失)$$

所以有 $[+0]_{补} = [-0]_{补} = 00000000$。

3. 反码表示法

机器数的反码可由原码得到。如果机器数是正数,则该机器数的反码与原码一样;如果机器数是负数,则该机器数的反码是对它的原码(符号位除外)各位取反而得到的。设有一数 X,则 X 的反码表示记作 $[X]_{反}$。

例如:$X_1 = +1010110$, $X_2 = -1001010$

$$[X_1]_{原} = 01010110 \quad [X_2]_{原} = 11001010$$
$$[X_1]_{反} = [X_1]_{原} = 01010110 \quad [X_2]_{反} = 10110101$$

反码通常作为求补过程的中间形式,即在一个负数的反码的末位上加 1,就得到了该负数的补码。

例 2.12 已知 $[X]_{原} = 10011010$,求 $[X]_{补}$。

分析如下：

由$[X]_{原}$求$[X]_{补}$的原则是：若机器数为正数，则$[X]_{原}=[X]_{补}$；若机器数为负数，则该机器数的补码可对它的原码（符号位除外）所有位求反，再在末位加 1 而得到。现给定的机器数为负数，故有$[X]_{补}=[X]_{反}+1$，即

$[X]_{原}=10011010$，则$[X]_{反}=11100101$

$$[X]_{反}=11100101$$
$$+\qquad\qquad 1$$
$$\overline{[X]_{补}=11100110}$$

例 2.13 已知$[X]_{补}=11100110$，求$[X]_{原}$。

分析如下：

对于机器数为正数，则$[X]_{原}=[X]_{补}$；对于机器数为负数，则有$[X]_{原}=[[X]_{补}]_{补}$。

现给定的为负数，$[X]_{补}=11100110$，故有：

$$[[X]_{补}]_{反}=10011001$$
$$+\qquad\qquad 1$$
$$\overline{[[X]_{补}]_{补}=10011010=[X]_{原}}$$

2.4 计算机编码

2.4.1 西文信息编码

计算机不仅能进行数值数据数值，而且还能进行非数值数据处理，最常用的非数值数据处理是字符数据处理。字符在计算机中也是用二进制数表示，每个字符对应一个二进制数，称为二进制编码。

字符编码在不同的计算机上应该是一致的，以便于交换与交流。目前计算机普遍采用的是 ASCII(American Standard Code for Information Interchange)码，中文的含义是"美国标准信息交换代码"。ASCII 编码由美国国家标准局制定，后被国际标准化组织 ISO 采纳后，作为国际通用的信息交换标准代码。

ASCII 码有两个版本：7 位码版本和 8 位码版本。国际上通用的是 7 位码版本，即用 7 位二进制表示数字、英文字母、常用符号（如运算符、括号、标点符号等）及一些控制符等。7 位二进制数一共可以表示 $2^7=128$，即 128 个字符，其中包括：0~9 共 10 个数字，26 个小写英文字母，26 个大写英文字母，34 个通用控制符和 32 个专用字符，如表 2.3 所示。

表 2.4 简要给出了 ASCII 码中各种控制字符的功能。

2.4.2 中文信息编码

用计算机处理汉字时，必须先将汉字代码化，即对汉字进行编码。西方的基本字符比较少，编码比较容易，因此在一个计算机系统中，输入、内部处理、存储和输出都可以使用同一代码。汉字种类繁多，编码比较困难，因此在一个汉字处理系统中，输入、内部处理、存储和输出

表 2.3 基本 ASCII 码表

$D_3D_2D_1D_0$ \ $D_6D_5D_4$	000	001	010	011	100	101	110	111
0000	NUL	DLE	SP	0	@	P	`	p
0001	SOH	DC1	!	1	A	Q	a	q
0010	STX	DC2	"	2	B	R	b	r
0011	ETX	DC3	#	3	C	S	c	s
0100	EOT	DC4	$	4	D	T	d	t
0101	ENQ	NAK	%	5	E	U	e	u
0110	ACK	SYN	&	6	F	V	f	v
0111	BEL	ETB	'	7	G	W	g	w
1000	BS	CAN	(	8	H	X	h	x
1001	HT	EM	)	9	I	Y	i	y
1010	LF	SUB	*	:	J	Z	j	z
1011	VT	ESC	+	;	K	[	k	{
1100	FF	FS	,	<	L	\	l	|
1101	CR	GS	-	=	M	]	m	}
1110	SO	RS	.	>	N	^	n	~
1111	SI	US	/	?	O	_	o	DEL

表 2.4 特殊控制符

控制符	功能	控制符	功能	控制符	功能	控制符	功能
NUL	空	HT	横向列表	VT	垂直制表	DC1	设备控制1
SOH	标题开始	LF	换行	FF	走纸控制	DC2	设备控制2
STX	正文开始	US	单元分隔符	CR	回车	DC3	设备控制3
ETX	正文结束	SO	移位输出	DLE	数据链换码	DC4	设备控制4
EOT	传输结束	SI	移位输入	NAK	否定	ESC	换码
ENQ	询问	SP	空格	SYN	空转同步	SUB	减
ACK	承认	FS	文字分隔符	CAN	作废	DEL	删除
BEL	振铃	GS	组分隔符	ETB	信息组传递结束		
BS	退格	RS	记录分隔符	EM	纸尽		

的要求都不尽相同,所以用的代码也不尽相同。根据汉字处理过程中不同的要求,主要有以下四类编码:汉字输入编码、汉字交换码、汉字内码和汉字字形码,汉字输入编码含数字编码、字音编码和字形编码,它们之间的关系如图 2.1 所示。

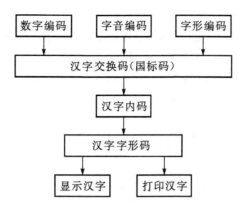

图 2.1 各种代码之间的逻辑关系

1. 输入码

中文的字数繁多,字形复杂,字音多变,常用汉字就有 7000 个左右。在计算机系统中使用汉字,首先遇到的问题就是如何把汉字输入到计算机中。

汉字输入码是用来将汉字输入到计算机中的一组键盘符号。英文字母只有 26 个,可以把所有的字符都放到键盘上,而使用这种办法把所有的汉字都放到键盘上,是不可能的。所以汉字系统需要有自己的输入码体系,使汉字与键盘能建立对应关系。目前常用的输入码有拼音码、五笔字型码、自然码、表形码、认知码、区位码和电报码等。

一个好的输入编码法应满足:

①编码短,击键次数少;

②重码少,可盲打;

③好学好记。

因此,尽管目前理论上的编码法有数百上千种,但常用的输入编码不外乎有以下几类:数字编码、字音编码和字形编码等。

2. 内部码

汉字内部码是汉字在设备或信息处理系统内部最基本的表示形式,是在设备和信息处理系统内部存储、处理、传输汉字用的代码。在西文计算机中,没有交换码和内部码之分。目前,世界各大计算机公司一般均以 ASCII 码为内部码来设计计算机系统。汉字数量多,用一个字节无法区分,一般用两个字节来存放汉字的内码。两个字节共有 16 位,可以表示 $2^{16}=65536$ 个可区别的码,如果两个字节各用 7 位,则可表示 $2^{14}=16384$ 个可区别的码。一般说来,这已经够用了。现在我国的汉字信息系统一般都采用这种与 ASCII 码相容的 8 位码方案,用两个 8 位码字符构成一个汉字内部码。

3. 汉字交换码

汉字信息在传递、交换中必须规定统一的编码才不会造成混乱。目前国内计算机常用汉字编码标准有 GB 2312—80、GBK、BIG5 等。汉字机内编码通常占用两个字节,第一个字节的最高位是 1,这样不会与存储 ASCII 码的字节混淆。

(1) GB 2312 字符集

GB 2312 又称为 GB 2312—80 字符集,全称为《信息交换用汉字编码字符集·基本集》,由原中国国家标准总局发布,1981年5月1日实施,是中国国家标准的简体中文字符集。它所收录的汉字已经覆盖99.75%的使用频率,基本满足了汉字的计算机处理需要。

GB 2312收录简化汉字及一般符号、序号、数字、拉丁字母、日文假名、希腊字母、俄文字母、汉语拼音符号、汉语注音字母,共7445个图形字符。其中包括6763个汉字,其中一级汉字3755个,二级汉字3008个;包括拉丁字母、希腊字母、日文平假名及片假名字母、俄语西里尔字母在内的682个全角字符。

GB 2312中对所收汉字进行了"分区"处理,每区含有94个汉字/符号。这种表示方式也称为区位码。

它是用双字节表示的,两个字节中前面的字节为第一字节,后面的字节为第二字节。习惯上称第一字节为"高位字节",而称第二字节为"低位字节"。"高位字节"使用了0xA1~0xF7(把01~87区的区号加上0xA0),"低位字节"使用了0xA1~0xFE(把01~94区的区号加上0xA0)。

以GB 2312字符集的第一个汉字"啊"字为例,它的区号16,位号01,则区位码是1601,在大多数计算机程序中,高字节和低字节分别加0xA0得到程序的汉字处理编码0xB0A1。计算公式是:0xB0=0xA0+16,0xA1=0xA0+1。

(2) GBK字符集

GBK字符集是GB 2312的扩展(K),GBK1.0收录了21886个符号,它分为汉字区和图形符号区,汉字区包括21003个字符。GBK字符集主要扩展了繁体中文字的支持。

(3) BIG5字符集

BIG5又称大五码或五大码,1984年由台湾财团法人信息工业策进会和五间软件公司宏碁(Acer)、神通(MiTAC)、佳佳、零壹(Zero One)、大众(FIC)创立,故称大五码。Big5码的产生,是因为当时台湾不同厂商各自推出不同的编码,如倚天码、IBM PS55、王安码等,彼此不能兼容;另一方面,台湾政府当时尚未推出官方的汉字编码,而中国大陆的GB 2312编码亦未有收录繁体中文字。

BIG5字符集共收录13053个中文字,该字符集在中国台湾使用。耐人寻味的是该字符集重复地收录了两个相同的字:"兀"(0xA461及0xC94A)、"殻"(0xDCD1及0xDDFC)。

BIG5码使用了双字节储存方法,以两个字节来编码一个字。第一个字节称为"高位字节",第二个字节称为"低位字节"。高位字节的编码范围0xA1~0xF9,低位字节的编码范围0x40~0x7E及0xA1~0xFE。

尽管BIG5码内包含一万多个字符,但是没有考虑社会上流通的人名、地名用字、方言用字、化学及生物科等用字,没有包含日文平假名及片假名字母。

例如台湾视"着"为"著"的异体字,故没有收录"着"字。康熙字典中的一些部首用字(如"亠"、"广"、"辵"、"癶"等)、常见的人名用字(如"堃"、"煊"、"栢"、"喆"等)也没有收录到BIG5之中。

(4) GB 18030字符集

GB 18030的全称是GB 18030—2000《信息交换用汉字编码字符集基本集的扩充》,是我国政府于2000年3月17日发布的新的汉字编码国家标准,2001年8月31日后在中国市场上发布的软件必须符合本标准。GB 18030字符集标准的出台经过广泛参与和论证,来自国内外知名信息技术行业的公司,信息产业部和原国家质量技术监督局联合实施。

GB 18030 字符集标准解决汉字、日文假名、朝鲜语和中国少数民族文字组成的大字符集计算机编码问题。该标准的字符总编码空间超过 150 万个编码位,收录了 27484 个汉字,覆盖中文、日文、朝鲜语和中国少数民族文字。它满足中国大陆、香港、台湾、日本和韩国等东亚地区信息交换多文种、大字量、多用途、统一编码格式的要求,并且与 Unicode 3.0 版本兼容,填补 Unicode 扩展字符字汇"统一汉字扩展 A"的内容,并且与以前的国家字符编码标准(GB 2312,GB 13000.1)兼容。

(5) ANSI 编码

不同的国家和地区制定了不同的标准,由此产生了 GB 2312,BIG5,JIS 等各自的编码标准。这些使用 2 个字节来代表一个字符的各种汉字延伸编码方式,称为 ANSI 编码。在简体中文系统下,ANSI 编码代表 GB 2312 编码,在日文操作系统下,ANSI 编码代表 JIS 编码。

(6) Unicode 字符集简称为 UCS

Unicode 字符集编码是(Universal Multiple-Octet Coded Character Set)通用多八位编码字符集的简称,支持世界上超过 650 种语言的国际字符集。Unicode 允许在同一服务器上混合使用不同语言组的不同语言。它是由一个名为 Unicode 学术学会(Unicode Consortium)的机构制订的字符编码系统,支持现今世界各种不同语言的书面文本的交换、处理及显示。该编码于 1990 年开始研发,1994 年正式公布,最新版本是 2005 年 3 月 31 日的 Unicode 4.1.0。Unicode 是一种在计算机上使用的字符编码。它为每种语言中的每个字符设定了统一并且唯一的二进制编码,以满足跨语言、跨平台进行文本转换、处理的要求。

4. 汉字字形码

汉字字形码又称汉字输出码或汉字发生器编码。汉字输出码的作用是输出汉字。但汉字机内码不能直接作为每个汉字输出的字形信息,还需根据汉字内码在字形库中检索出相应汉字的字形信息后才能由输出设备输出。对汉字字形经过数字化处理后的一串二进制数称为汉字输出码。

2.4.3 多媒体信息编码

图形、图像、声音、视频等多媒体信息在计算机中也是以某种二进制编码表示和存储的,多媒体信息的编码方法与媒体本身的特性有关,比较复杂。例如,一个静态图像可以用被称为像素的显示点的矩阵来描述,一个像素点用一位二进制数表示其亮度,每一像素再用一个定长的二进制数表示颜色。

案例 常见的数制转换工具

Windows 计算器可以方便快捷地进行二进制、八进制、十进制、十六进制之间的任意转换。打开 Windows 计算器,在查看菜单中选择"科学型",如图 2.6 所示。

假如我们要把十进制数 98 转换成到二进制数,我们首先通过计算器输入 98,完毕后点"二进制"单选按钮,计算器就会输出对应的二进制数,如图 2.7 所示。

图 2.6　科学计算器窗口

图 2.7　科学计算器计算二进制转化窗口

如果要转换成其他进制,点击对应的按钮就可以了。需要注意的是,在四个进制按钮后面还有四个按钮,它们的作用是定义数的长度,"字节"把要转换数的长度限制为一个字节,即八位二进制数,"单字"是指两个字节长度,"双字"是四个字节长度,"四字"是八个字节长度。

习　题

1. 选择题

(1) 在计算机内部,用来传送、存储、加工处理的数据或指令都是以(　　)形式进行的。

A. 二进制　　　　　B. 八进制　　　　　C. 十进制　　　　　D. 十六进制
(2) 计算机中存储数据的最小单位是(　　)。
　　A. bit　　　　　B. Byte　　　　　C. word　　　　　D. double-word
(3) 在不同进制的四个数中,最小的一个数是(　　)。
　　A. $(11011001)_2$　　B. $(75)_{10}$　　C. $(A7)_{16}$　　D. $(37)_8$
(4) 以下不属于二进制优点的是(　　)。
　　A. 简易性　　　　B. 电路复杂　　　　C. 可靠性　　　　D. 逻辑性
(5) 最大的 15 位二进制数换算成十进制数是(　　)。
　　A. 65535　　　　B. 255　　　　C. 32767　　　　D. 1024
(6) 十六进制数 CDH 对应的十进制数是(　　)。
　　A. 204　　　　B. 205　　　　C. 206　　　　D. 203
(7) 下列 4 种不同数制表示的数中,数值最小的一个是(　　)。
　　A. 八进制数 247　　　　　　B. 十进制数 169
　　C. 十六进制数 A6　　　　　　D. 二进制数 10101000
(8) 下列字符中,其 ASCII 码值最大的是(　　)。
　　A. NUL　　　　B. B　　　　C. g　　　　D. p
(9) 7 位 ASCII 码共有(　　)个不同的编码值?
　　A. 126　　　　B. 124　　　　C. 127　　　　D. 128
(10) 微机中 1 KB 表示的二进制位数是(　　)。
　　A. 1000　　　　B. 8×1000　　　　C. 1024　　　　D. 8×1024

2. 填空题

(1) 计算机中常见的数据单位为_____、_____ 和 _____ 。
(2) 二进制的优点有电路简单、_____、可靠性和逻辑性强。
(3) ASCII 码的全称是"_____"。
(4) 在汉字字型码中,点阵数越大,分辨率越_____,字形越_____,但占用的存储空间越_____ 。
(5) 为统一地表示世界各国文字,国际标准化组织于 1993 年公布了"_____"的国际标准。

3. 计算题

(1) 将下列各进制的数转换成十进制数:
　　A. $(1011.11)_2$　　B. $(5F1A)_{16}$　　C. $(527.1)_8$　　D. $(0.11)_2$
(2) 将下列十进制数转换成二进制数:
　　A. $(159)_{10}$　　B. $(91)_{10}$　　C. $(948)_{10}$　　D. $(010)_{10}$
(3) 将下列各进制转换为八进制:
　　A. $(10110100101)_2$　　B. $(1100010011100)_2$　　C. $(CF)_{16}$　　D. $(5F3D.A)_{16}$
(4) 将下列各进制转换为十六进制:
　　A. $(10110100101)_2$　　B. $(1100010011100)_2$　　C. $(78)_8$　　D. $(678.12)_8$
(5) 将下列十进制数转换为对应的十六进制数:
　　A. 12　　　　B. 255　　　　C. 1025　　　　D. 2048

(6)下列4种不同数制表示的数中,数值最小的一个是:

A. 八进制数247　　　　　　　　　　B. 十进制数169

C. 十六进制数A6　　　　　　　　　　D. 二进制数10101000

4. 简答题

(1)什么是ASCII码?已知一个英文字母的编码如何得到其他英文字母的ASCII码?

(2)什么是国家标准汉字编码?一个汉字需要几个字节进行编码?为什么?

第 3 章 Windows 7 操作系统

操作系统在计算机系统中占据着非常重要的地位,是核心的系统软件。

本章介绍 Windows 7 操作系统的基本知识和基本操作,通过本章的学习,读者应该重点掌握 Windows 7 的功能和应用;熟悉 Windows 7 的窗口结构及操作;熟练使用文件系统和控制面板中常用对象的功能等。

3.1 Windows 7 操作系统

3.1.1 Windows 7 的运行环境和安装

微软公司于 1983 年开始研制 Windows 操作系统。到目前为止,Windows 操作系统已经在个人计算机操作系统中占有主导地位,而 Windows 7 作为 Windows Vista 的继任者,它不论是在功能方面还是在操作便利方面都有了很大的改善,其优点足够可以吸引广大用户和各界厂商。

Windows 7 系统对硬件要求较"低",如果硬件配置符合以下要求,都可以安装 Windows 7 操作系统:

- 中央处理器:Pentium 3.0(或者相同级别)以上、AMD、CORE 等主流的处理器。
- 内存:至少要求 512 MB 的 DDR2 内存。
- 硬盘空间:5 GB 以上的硬盘剩余空间用于安装系统。
- 显卡:128 MB 以上的显存。
- 声卡:最新的 PCI 声卡。
- 显示器:要求分辨率在 1024×768 像素以上或者可支持触摸技术的显示设备。
- 磁盘分区格式:NTFS。

Windows 7 提供了两种安装方法:一种是在裸机系统中直接全新安装 Windows 7;另一种是通过在 Windows XP 等其他操作系统中升级安装 Windows 7。不论使用哪种安装方法,Windows 7 都提供安装向导界面指导用户按照安装提示说明一步一步地完成安装工作。

3.1.2 Windows 7 的启动和退出

使用 Windows 7 之前,必须先启动它,使用完之后应该退出 Windows 7,以节省电力,并减少计算机的损耗。下面介绍正确启动与退出 Windows 7 操作系统的方法。

1. Windows 7 的启动

根据 Windows 7 启动前计算机是否加电可以将启动分为冷启动和热启动两种。

(1) 冷启动

在安装 Windows 7 之后,用户按下电脑上的电源开关启动计算机之后,系统将会自动进行计算机硬件的自检,引导操作系统启动等一系列复杂动作,最终在屏幕上出现用户登录界面,用户可以通过选择账户并输入正确的密码,就能登录 Windows 7 系统。

(2) 热启动

计算机在使用过程中,在不关闭电源的情况下使计算机启动的过程,称为热启动。热启动有以下几种方法:

①单击 按钮,打开"开始"菜单,单击"关机"按钮右侧的小三角按钮,然后在弹出的菜单中选择"重新启动"按钮。

②按下电脑机箱上的"Reset"按钮。

③在通电状态按 Ctrl+Alt+Del 组合键,在出现的桌面右下角选择"重新启动"计算机。

对于安装了 Windows 7 的计算机来说,在开机时会自动对计算机中的一些基本硬件设备进行检测,确认各设备工作正常后,将系统的控制权交给操作系统 Windows 7,此后屏幕上将显示 Windows 7 引导画面,如图 3.1 所示。

若电脑中已添加多个用户账号,系统随后将显示如图 3.2 所示的画面,单击某个用户的图标,即可进入对应用户的操作系统界面——桌面;若电脑中只设置了一个用户,且没有设置密码,系统则直接显示登录界面,稍等片刻即可进入 Windows 7 操作系统界面。

图 3.1 Winodows 7 启动界面

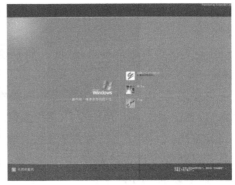
图 3.2 多用户 Windows 7 启动界面

2. Windows 7 的退出

Windows 7 系统要求用户完整退出,以便保存更改后系统的信息,为下一次系统启动提供完整的信息,所以要求使用者在执行关闭计算机之前首先要执行退出操作,即先关掉所有打开的程序,然后单击"开始"菜单中的"关机"按钮,如图 3.3 所示。

3.1.3 Windows 7 的注销与睡眠

1. Windows 7 的注销

Windows 7 允许多个用户共用同一台计算机,为了方便不同用户快速登录系统,Windows

图 3.3　开始菜单对话框

7 提供了注销功能。注销是中止所有当前用户的进程不会影响系统进程和服务。注销只是用户切换、重启 Windows 7 操作系统,也就是注册表重新读写一次,电脑不会重新自检,也不会对内存清空。那么,当用户希望注销账户时,可以通过以下方式:单击 按钮,打开"开始"菜单,单击"关机"按钮右侧的小三角按钮,然后在弹出的菜单中选择"注销"按钮。

2. Windows 7 的睡眠

当用户暂时不需要使用计算机时,但是又不想关闭计算机,这时可以让系统进入睡眠状态。在这种状态下,用户的工作和设置会保存在内存中,当用户需要再次开始工作时,只需要按下键盘上的任意键,稍等几秒钟后计算机就会恢复到工作状态。进入睡眠状态的方式如下:单击 按钮,打开"开始"菜单,单击"关机"按钮右侧的小三角按钮,然后在弹出的菜单中选择"睡眠"按钮。

3.1.4　Windows 7 的帮助系统

Windows 7 的帮助系统提供了有关其操作的所有帮助和支持,如遇到了什么问题,可以通过以下两种方式打开帮助:

①单击"开始"按钮,打开"开始"菜单,然后单击"帮助与支持"按钮,打开 Windows 帮助窗口;

②Windows 操作系统帮助的快捷键为 F1。

3.1.5　Windows 7 的桌面

登录 Windows 7 后出现在屏幕上的整个区域即成为"系统桌面"也可简称"桌面"。其主要包括:桌面图标、任务栏、开始菜单、桌面背景等部分组成,如图 3.4 所示。下面主要介绍

Windows 7 桌面中的各组成部分及其操作方法。

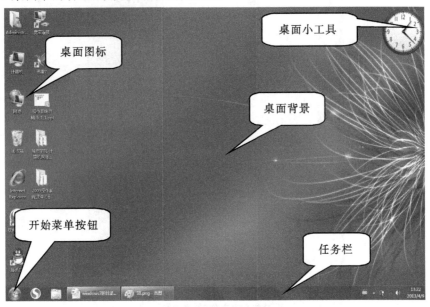

图 3.4　Windows 7 桌面

1. 桌面图标

桌面图标实际上是一种快捷方式,用于快速地打开相应的项目及程序。在 Windows 7 中默认的桌面图标只有"回收站"图标,"计算机"、"网络"、"回收站"等图标用户可以根据自己的需求进行增添和删除。

(1)图标的主要操作

图标的主要操作有以下两种:

①排列图标:在桌面空白处右击鼠标,在弹出的快捷菜单中选择不同的排列方法(选择按名称、大小、项目类型和修改日期排列,如图 3.5 所示。

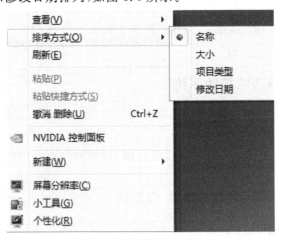

图 3.5　快捷菜单对话框

②选择图标:选择图标的方式有以下三种:

a. 选择单个图标：用鼠标单击该图标；

b. 选择多个连续的图标：用鼠标单击第一个图标，再按住 Shift 键的同时单击要选择的最后一个图标；

c. 选择多个非连续的图标：按住 Ctrl 键的同时，用鼠标逐个单击要选择的图标。

(2) 常用图标介绍

桌面图标中通常有计算机、回收站和网络，下面对它们进行简单介绍。

① 计算机：用户通过该图标可以实现对计算机硬盘驱动器、文件夹和文件的管理，在其中用户可以访问连接到计算机的硬盘驱动器、照相机、扫描仪和其他硬件以及有关信息；

② 回收站：回收站保存了用户删除的文件、文件夹、图片、快捷方式和 Web 页等。这些项目将一直保留在回收站中，直到用户清空回收站。我们许多误删除的文件就是从它里面找到的。灵活地利用各种技巧可以更高效地使用回收站，使之更好地为自己服务。

③ 网络：网络显示指向共享计算机、打印机和网络上其他资源的快捷方式。只要打开共享网络资源(如打印机或共享文件夹)，快捷方式就会自动创建在"网上邻居"上。"网上邻居"文件夹还包含指向计算机上的任务和位置的超级链接。这些链接可以帮助用户查看网络连接，将快捷方式添加到网络位置，以及查看网络域中或工作组中的计算机。

2. 开始菜单

开始菜单是 Windows 操作系统的重要标志。Windows 7 的开始菜单依然以原有的"开始"菜单为基础，但是有了许多新的改进，极大改善了使用效果。

在"开始"菜单中如果命令右边有符号▶，表示该项下面有子菜单。例如：计算机右侧有符号▶，选择此命令就会展开子菜单，如图 3.6 所示。

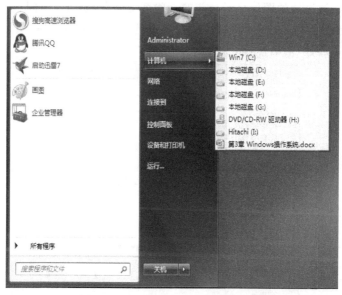

图 3.6 开始菜单展开子菜单对话框

3. 任务栏

任务栏是位于桌面最下方的一个小长条，它显示了系统正在运行的程序、打开的窗口和当前时间等内容。用户通过任务栏可以完成许多操作,也可以对它进行设置。

(1)任务栏组成

任务栏可分为"开始"菜单按钮、快速启动工具栏、窗口按钮栏、任务栏控制区、语言栏和状态提示区等几部分,如图 3.7 所示,下面详细介绍任务栏的各个部分。

图 3.7　Windows 7 任务栏组成

①"开始"菜单按钮:单击此按钮,可以打开"开始"菜单,在用户操作过程中,要用它打开大多数的应用程序,详细内容在前面已经做了介绍。

②快速启动工具栏:它由一些小型的按钮组成,单击可以快速启动程序,一般情况下,它包括网上浏览工具 Internet Explorer 图标、收发电子邮件的程序 Outlook Express 图标和显示桌面图标等。

③窗口按钮栏:当用户启动某项应用程序而打开一个窗口后,在任务栏上会出现相应的有立体感的按钮,表明当前程序正在被使用,在正常情况下,按钮是向下凹陷的,而把程序窗口最小化后,按钮则是向上凸起的,这样可以使得用户观察更方便。

④语言栏:在此用户可以选择各种语言输入法,单击"语言栏"按钮,在弹出的菜单中进行选择可以切换为中文输入法,语言栏可以最小化以按钮的形式在任务栏显示,单击右上角的"还原"小按钮,它也可以独立于任务栏之外。

⑤状态提示区:该区域的图标显示当前的一些系统信息,如当前时间、音量等。

⑥用户在任务栏上的非按钮区域右击,在弹出的快捷菜单中选择"属性"命令,即可打开"任务栏和开始菜单属性"对话框,如图 3.8 所示。

图 3.8　"任务栏和开始菜单属性"对话框

(2) 任务栏的操作

任务栏的操作包括以下几种：

①改变任务栏的尺寸：将鼠标的指针移到任务栏框内边缘处，此时鼠标指针变为一个双向的箭头，按住鼠标左键进行上下拖动，可调整任务栏的尺寸，扩大到原来一倍左右。

②改变任务栏的位置：将鼠标的指针移到任务栏空白处，并拖动到桌面其他区域（上方、左边、右边）。

③任务栏的其他操作：在任务栏的空白处单击右键，在弹出的快捷菜单中单击"属性"，可以进行以下操作：

　　a. 锁定任务栏：当锁定后，任务栏不能被随意移动或改变大小。

　　b. 自动隐藏任务栏：当用户不对任务栏进行操作时，它将自动消失；当用户需要使用时，可以把鼠标放在任务栏位置，它会自动出现。

　　c. 使用小图标：使任务栏中的窗口按钮都变为小图标。

　　d. 屏幕上任务栏的位置：用户可以自主设置任务栏在屏幕的底部、顶部、左侧、右侧。

④任务栏中添加工具栏：在任务栏上的非按钮区右击，在弹出的快捷菜单中的"工具栏"菜单项下选择所要添加的工具栏名称，此时在任务栏上会出现添加的内容。

4. 桌面小工具

Windows 7 的桌面上可以添加一些小工具，例如：日历、天气、时钟等。这些小工具直接附着在桌面上，给用户提供了很多方便。

(1) 添加小工具

新安装的 Windows 7 操作系统的桌面上并没有显示小工具，用户可以根据自己的需求添加桌面小工具。

右击桌面的空白处，在弹出的快捷菜单中选择"小工具"命令，用户可以在弹出的对话框中看到多个常用的小工具，如图 3.9 所示。双击要添加的小工具图标，即可将其添加到桌面。

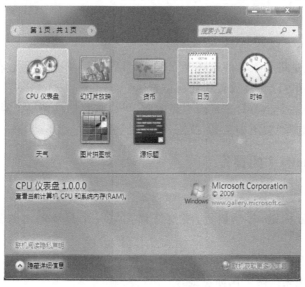

图 3.9　小工具窗口

(2)设置小工具

为了满足不同用户的需求,大多数的小工具都提供一些设置功能。下面以时钟小工具为例说明小工具的设置。

①将鼠标移动到时钟小工具上,在其右上角会显示相应的图标,如图3.10所示。单击其中的 🔧 图标,即可打开时钟小工具的设置界面。

②在时钟设置界面中,可以切换时钟的样式,设置时钟的名称、时区以及是否显示秒针等,设置完成以后点击"确定"按钮。

不同的小工具,设置界面也不尽相同,但是有些设置是一样的,比如:设置小工具的透明度。在小工具的图标上点击右键,在弹出的快捷菜单中选择"不透明度"命令,然后在弹出的子菜单中可以选择图标的透明度,数值越低,小工具越接近透明,如图3.11所示。

图 3.10　Windows 7 时钟窗口

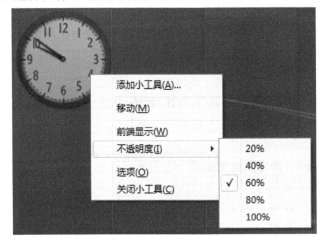

图 3.11　时钟透明度设置菜单

(3)移动和关闭小工具

系统默认的情况是将小工具停靠在 Windows 桌面右侧,用户可通过在小工具上按住左键不放,拖拽小工具图标可以将其放置到任何位置。

当用户不再希望某个小工具在桌面上显示时,可以将鼠标移到小工具图标上,然后右键单击,在弹出的菜单中选择"关闭小工具"按钮,将小工具关闭。

3.1.6　Windows 7 的操作

1. 鼠标的基本操作

①指向:不单击鼠标键,移动鼠标,将指针移到某一个具体的对象上,用来确定指向该对象。

②单击:指按一下鼠标的左键。

③双击:指快速连续按两下鼠标左键。

④右击:指按一下鼠标右键,通常在某一个对象上点击鼠标右键,弹出与该对象有关的菜单。

⑤拖拽:将鼠标指针指向已选定的对象,按住鼠标左键,移动鼠标到新的位置,释放鼠标左键。

鼠标指针指向屏幕的不同部位时,指针的形状会有所不同。此外有些命令也会改变鼠标指针的形状。用鼠标操作对象不同,鼠标指针形状也不同,鼠标主要形状如表3.1所示。

表3.1 鼠标指针的形状和功能说明

指针形状	功能说明
▸	正常选择
▸?	求助符号,指向某个对象并单击,即可显示关于该对象的说明
▸⌛	指示当前操作正在后台运行
⌛	指示当前操作正在进行,等操作成功后,才能往下进行
↔	指向窗口左/右两侧边界位置,可左右拖动改变窗口大小
↕	指向窗口上下两侧边界位置,可上下拖动改变窗口大小
↖ ↗	指向窗口四角位置,拖动可改变窗口大小
☝	指向超级链接的对象,单击可打开相应的对象

当然,用户可以通过"控制面板"中的"鼠标"选项,进入"鼠标属性"设置对话框,在其中"方案"下拉框中选择不同的方案,鼠标将在显示器上显示不同的样式。

2. 键盘操作

Windows 7定义了许多常用的快捷键,熟练使用这些快捷键,可以帮助我们更方便地进行Windows操作,常用的快捷键如下:

①Delete 删除被选择的项目,将被放入回收站;
②Shift+Delete 删除被选择的选择项目,将被直接删除而不是放入回收站;
③Alt+F4 关闭当前应用程序;
④Alt+Tab 切换当前程序;
⑤Ctrl+ C 复制;
⑥Ctrl+ X 剪切;
⑦Ctrl+ V 粘贴;
⑧Ctrl+ Z 撤消;
⑨Ctrl+A 全选。

3. 窗口的基本操作

(1)Windows 7计算机窗口的基本组成(如图3.12所示)

①标题栏:在Windows 7中,标题栏位于窗口的最顶端,不显示任何标题,而在最右端有"最小化"、"最大化/还原"、"关闭"三个按钮,用来改变窗口的大小和关闭窗口操作。用户还可以通过标题栏来移动窗口。

②地址栏:其类似于网页中的地址栏,用来显示和输入当前窗口地址。用户也可以点击右

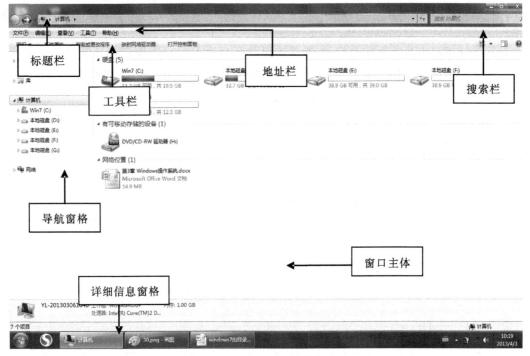

图 3.12 Windows 7 计算机窗口

侧的下拉按钮,在弹出的列表中选择路径,可方便快速浏览文件。

③搜索栏:窗口右上角的搜索栏主要是用于搜索电脑中的各种文件。

④工具栏:给用户提供了一些基本的工具和菜单任务。

⑤导航窗格:在窗口的左侧,它提供了文件夹列表,并且以树状结构显示给用户,帮助用户迅速定位所需的目标。

⑥窗口主体:在窗口的右侧,它显示窗口中主要内容,例如:不同的文件夹和磁盘驱动等。

⑦详细信息窗格:用于显示当前操作的状态即提示信息,或者当前用户选定对象的详细信息。

(2)窗口的基本操控

①调整窗口的大小。在 Windows 7 中,用户不但可以通过标题栏最右端的"最小化"、"最大化/还原"按钮来改变窗口的大小,而且还可以通过鼠标来改变窗口的大小。当鼠标悬停在窗口边框的位置,在鼠标指针变成双向箭头时,按住鼠标左键进行拖拽,即可调整窗口的大小。

②多窗口排列。用户在使用计算机时,打开了多个窗口,而且需要它们全部处于显示状态,那么就涉及到排列问题。Windows 7 提供了 3 种排列方式:层叠方式、堆叠方式和并排方式。右击任务栏的空白区弹出一个快捷菜单,如图 3.13 所示。

a.层叠窗口:把窗口按照打开的先后顺序依次排列在桌面上,如图 3.14 所示。

图 3.13 窗口排列菜单

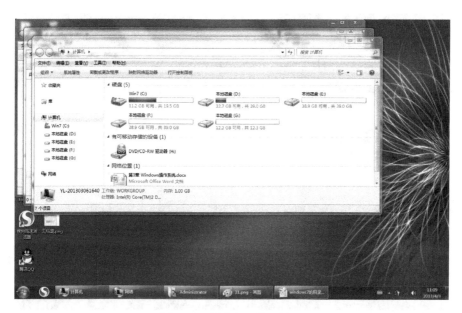

图 3.14　层叠窗口排列界面

　　b. 堆叠显示窗口：系统在保证每个窗口大小相当的情况下，使窗口尽可能沿水平方向延伸，如图 3.15 所示。

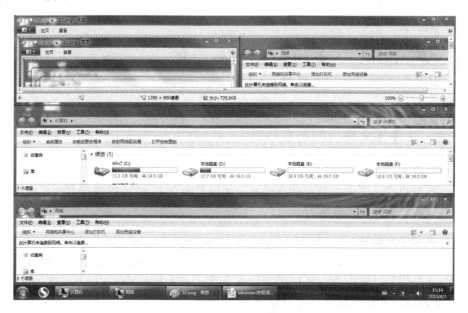

图 3.15　堆叠窗口排列界面

　　c. 并排显示窗口：系统在保证每个窗口大小相当的情况下，使窗口尽可能沿垂直方向延伸，如图 3.16 所示。

　　③多窗口切换预览。用户在日常使用计算机时，桌面上常常会打开多个窗口，用户可以通过多窗口切换预览的方法找到自己需要的窗口，下面介绍两种窗口切换预览方法。

图 3.16 并排窗口排列界面

a. 单击任务栏上的程序按钮来实现程序间的切换；
b. 使用 Alt＋Tab 键进行切换：按住 Alt 键不放，通过按 Tab 键来选择不同的窗口。

3.2 Windows 7 文件和文件夹管理

3.2.1 文件与文件夹的基本知识

1. 文件的概念

文件就是用户赋予了名字并存储在磁盘上的信息的集合，它可以是用户创建的文档，也可以是可执行的应用程序或一张图片、一段声音等。

2. 文件夹和子文件夹

文件夹是系统组织和管理文件的一种形式，是为方便用户查找、维护和存储而设置的，用户可以将文件分门别类地存放在不同的文件夹中。在文件夹中可存放所有类型的文件和下一级文件夹、磁盘驱动器及打印队列等内容。

磁盘是存储信息的设备，一个磁盘上通常存储了大量的文件。为了便于管理，将相关文件分类后存放在不同的目录中，这些目录称为文件夹。

3. 文件的路径

文件的路径是指文件存放的位置。一般分为绝对路径和相对路径。

①绝对路径：是指从根目录开始查找一直到文件所处在的位置所要经过的所有目录，目录名之间用反斜杠(\)隔开。例如：C:\Windows\music\gao\good.mp3。

②相对路径:是指从当前目录开始到文件所在的位置之间的所有目录。例如,当前目录为 C:\Windows\music,则 C:\Windows\music\gao\good.mp3 的相对路径为 \gao\good.mp3。

4. 文件的命名方法

①中文 Windows 7 允许使用长文件名,即系统下路径和文件名的总长度不超过 260 个字符;这些字符可以是字母、空格、数字、汉字或一些特定符号;

②在一个目录中使用句点(.)来分隔文件基本名和扩展名;

③文件名对大小写不敏感的,例如 OSCAR,Oscar 和 oscar 将被认为是相同的名字;

④文件命名时不能有以下列出的一些符号:

5. 文件类型

在文件名中一般由主文件名和扩展名组成,由多个英文字符组成,用来表示文件的类型。文件名和扩展名之间用"."隔开。例如"apple.mp3"的文件名中,apple 是文件名,mp3 为扩展名,表示这个文件是一个音乐文件。常见的文件扩展名如表 3.2 所示。

表 3.2 文件类型表

扩展名	文件类型
*.txt	文本文件
.docx、.doc	Word 文件
*.avi	音频、视频交错文件
*.bat	批处理文件
*.exe	可执行文件
*.dll	动态链接库文件
*.gif	采用 GIF 格式压缩的图像文件
*.jpg	采用 JPEG 格式压缩的图像文件
*.ioc	图标文件
*.ini	初始化信息文件
*.html	主页文件
*.psd	Adobe Photoshop 的位图文件格式
.zip、.rar	压缩文件格式
*.c	C 语言文件
*.mpg	采用 MPEG 格式压缩的视频文件
*.mp3	采用 MPEG 格式压缩的音频文件
.rmvb、.rm	采用 REAL 格式压缩的音频文件
*.pdf	Adobe Acrobact 文档格式
.xlsx、.xls	Excel 文件格式
*.ppt	PowerPoint 文件格式

6. 文件的树形存储结构

在各个层次的不同文件夹里存放不同类型和用途的文件,可以使文件的存放达到分门别类的目的,操作者也可比较方便地操作相应的文件。各层文件夹和文件组成的结构称为文件的树型存储结构。最上层的文件夹称为根,下面链接的文件夹称为树枝。

3.2.2 文件和文件夹的基本操作

1. 创建新文件夹

用户可以通过"桌面"、"计算机"或"Windows 资源管理器"的"浏览"窗口来创建新的文件夹,创建新文件夹可执行下列操作步骤:

①双击"计算机"图标,打开"计算机"对话框。

②双击要新建文件夹的磁盘,打开该磁盘。

③选择"文件"选项卡下的"新建"展开子菜单中的"文件夹"命令,或在当前窗口内单击右键,在弹出的快捷菜单中选择"新建"展开子菜单中的"文件夹"命令即可新建一个文件夹,第二种方式操作如图 3.17 所示。

④在新建的文件夹名称文本框中输入文件夹的名称,单击 Enter 键或用鼠标单击其他地方即可。

图 3.17 新建文件夹菜单

2. 重命名文件和文件夹

重命名文件或文件夹就是给文件或文件夹重新命名一个新的名称,使其可以更符合用户的要求。重命名文件或文件夹的具体操作步骤如下:

①选择要重命名的文件或文件夹。

②单击"文件"下拉菜单中的"重命名"命令,或在文件夹上单击右键,在弹出的快捷菜单中选择"重命名"命令。

③当文件或文件夹的名称处于编辑状态(蓝色反白显示)时,用户可直接键入新的名称进行重命名操作。

另外,也可在文件或文件夹名称处直接单击两次(两次单击间隔时间应稍长一些,以免使其变为双击),使其处于编辑状态,再键入新的名称进行重命名操作。

3. 选定文件或文件夹

(1)选定单个文件或文件夹

单击该文件或文件夹。

(2)选定多个连续的文件或文件夹

① 单击第一个文件或文件夹,再按住 Shift 键不放,再单击最后一个文件或文件夹;

② 在要选择的文件或文件夹的外围单击并拖动鼠标,则文件或文件夹周围将出现一虚线框,鼠标经过的文件或文件夹将被选中。

(3)选定多个不连续的文件或文件夹

单击第一个文件或文件夹,按住 Ctrl 键,单击其余要选择的文件或文件夹。

(4)选定所有文件或文件夹

按下快捷键 Ctrl+A,或单击"编辑"菜单中的"全选"。

4. 复制、移动文件和文件夹

(1)移动与复制的区别

在实际应用中,有时用户需要将某个文件或文件夹移动或复制到其他地方以方便使用,这时就需要用到移动或复制命令。

从执行的结果看:复制之后,在原位置和目标位置都有这个文件;而移动后,只有在目标位置有这个文件。从执行的次数看:在复制中,执行一次"复制"命令可以"粘贴"无数次;而在移动中,执行一次"剪切"命令却只能"粘贴"一次。

(2)操作方法

①菜单:

"编辑"下拉菜单中的"复制"或"剪切";

选定目标地;

"编辑"下拉菜单中"粘贴"。

②快捷键:Ctrl+C 或 Ctrl+X→选定目标地→Ctrl+V。

③鼠标拖动,常用的方法有:

同一磁盘中的复制:选中对象——按 Ctrl 再拖动选定的对象到目标地;

不同磁盘中的复制:选中对象——拖动选定的对象到目标地;

同一磁盘中的移动:选中对象——拖动选定的对象到目标地;

不同磁盘中的移动:选中对象——按 Shift 键再拖动选定的对象到目标地。

④快捷菜单:单击右键,选择复制,选定目标地,再单击右键,选择粘贴。

5. 删除文件或文件夹

当有的文件或文件夹不再需要时,用户可将其删除掉,以利于对文件或文件夹进行管理。删除后的文件或文件夹将被放到"回收站"中,用户可以选择将其彻底删除或还原到原来的位置。

删除文件或文件夹的操作如下:

①选定要删除的文件或文件夹。若要选定多个相邻的文件或文件夹,可按着 Shift 键进行选择;若要选定多个不相邻的文件或文件夹,可按着 Ctrl 键进行选择。

②选择"文件"下拉菜单中的"删除"命令,或单击右键,在弹出的快捷菜单中选择"删除"命令;也可以选定要删除的文件或文件夹,按键盘 Delete 键删除。

③弹出"确认文件/文件夹删除"对话框,如图 3.18 所示。

 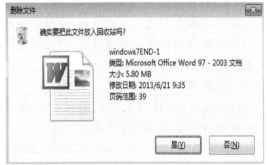

图 3.18　删除文件/文件夹对话框

④若确认要删除该文件或文件夹,可单击"是"按钮;若不删除该文件或文件夹,可单击"否"按钮。

从网络位置删除的项目、从可移动媒体(例如 U 盘)删除的项目或超过"回收站"存储容量的项目将不被放到"回收站"中,而被彻底删除,不能还原。

6. 恢复删除的文件或文件夹

Windows 提供了一个恢复被删除文件的工具,即回收站。如果没有被删除的文件,它显示为一个空纸篓的图标,如果有被删除的文件,则显示为装有废纸的纸篓图标。

借助"回收站",可以将被删除的文件或文件夹恢复,有以下三种方法:

①双击"回收站"图标,打开"回收站"窗口,选择要恢复的文件或文件夹,单击"文件"菜单中的"还原"或单击右键,选择"还原",则选定对象自动恢复到删除前的位置。

②选择要恢复的文件或文件夹,直接拖拉到某一文件夹或驱动器中。

③双击"回收站"图标,打开"回收站"窗口,双击要恢复的文件或文件夹,在弹出属性对话框中单击"还原"按钮,即可将文件或文件夹恢复,如图 3.19 所示。

7. 创建快捷方式

可以设置成快捷方式的对象有:应用程序、文件、文件夹、打印机等。

(1)快捷菜单法

选定对象,单击鼠标右键,在快捷菜单中选择"发送到"展开子菜单中的"桌面快捷方式"。

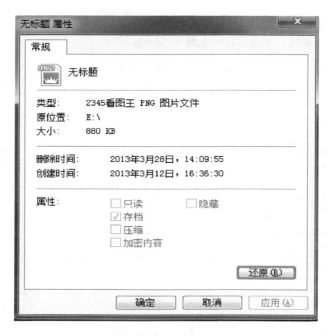

图 3.19　还原文件或文件夹对话框

(2) 拖放法

选定对象,单击鼠标右键并拖动到目标位置后松开右键,在弹出的快捷菜单中选择"在当前位置创建快捷方式"。

(3) 直接在桌面上创建快捷方式

在桌面空白处单击鼠标右键,在快捷菜单中选择"新建"菜单中的"快捷方式",出现创建快捷方式对话框,在命令行中输入项目的名称和位置。如果不清楚项目的详细位置,可以单击浏览按钮来查找该项目。

8. 查看或修改文件或文件夹的属性

文件或文件夹包含三种属性:只读、隐藏和存档。若将文件或文件夹设置为"只读"属性,则该文件或文件夹不允许更改和删除;若将文件或文件夹设置为"隐藏"属性,则该文件或文件夹在常规显示中将不被看到;若将文件或文件夹设置为"存档"属性,则表示该文件或文件夹已存档,有些程序用此选项来确定哪些文件需做备份。一个文件可以具有上述一种或多种属性。

更改文件或文件夹属性的操作步骤如下:

① 选中要更改属性的文件或文件夹。

② 选择"文件"下拉菜单中的"属性"命令,或单击右键,在弹出的快捷菜单中选择"属性"命令,打开"属性"对话框。

③ 选择"常规"选项卡,如图 3.20 所示。

④ 在该选项卡的"属性"选项组中选定需要的属性复选框。

⑤ 单击"确定"按钮即可应用该属性。

图 3.20　Word 文档属性对话框

3.3　打造个性化的 Windows 7

Windows 7 操作系统具有极为人性化的界面,并且提供了丰富的自定义选项,用户可以根据自己的个性更换桌面主题,更改窗口的颜色和透明度,自选桌面背景和图标,自定义任务栏和开始菜单等。通过这些设置,可以使用户的桌面更加赏心悦目,满足用户的个性化需求。

3.3.1　个性化显示

本节主要介绍了 Windows 7 操作系统在显示方面的个性化设置,比如:屏幕分辨率和刷新频率的修改,桌面主题、背景、图标的设置,自定义任务栏和开始菜单等等。

1. 修改屏幕的分辨率和刷新频率

一般情况下,Windows 7 系统会自动检测显示器,并且设置最佳的屏幕分辨率以及刷新频率。如果系统默认的设置不正确,或者用户需要使用其他的分辨率,修改屏幕的分辨率和刷新频率的步骤如下:

①右击桌面空白处,在弹出的快捷菜单中选择"屏幕分辨率"命令,如图 3.21 所示。

②打开设置屏幕分辨率窗口,在"分辨率"下拉框中选择要使用的分辨率,如图 3.22 所示。

③然后单击"高级设置"链接文字,选择"监视器"选项卡,在"屏幕刷新频率"下拉框中选择要使用的频率,即可调整屏幕刷新频率,如图 3.23 所示。设置完成后,单击"确定"按钮。

图 3.21　桌面快捷菜单

图 3.22　选择屏幕分辨率

2. 更换桌面主题

Windows 7 操作系统为了方便用户对 Windows 外观进行设置，系统提供了多个主题，用户只需要选择自己喜欢的主题，即可快速地使桌面背景、窗口边框颜色等个性化。

Windows 7 的主题分为基本主题和 Aero 主题两大类，其中 Aero 主题更为美观，功能更为强大，但是对电脑的硬件配置要求更高。更换桌面主题的步骤如下：

① 右击桌面空白处，在弹出的快捷菜单中选择"个性化"命令，打开设置个性化窗口。

② 在列表中选择将要使用的主题，如图 3.24 所示。如果电脑不支持 Aero 主题，将无法查

看及使用该区域的主题。

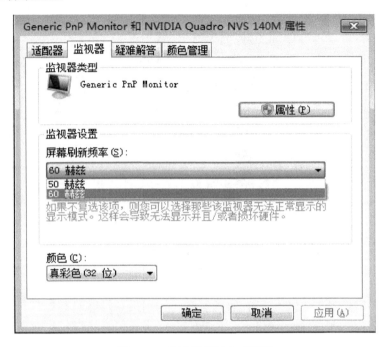

图 3.23 设置刷新频率对话框

图 3.24 选择主题窗口

3. 更改窗口的颜色和透明度

如果用户对系统默认的颜色不满意,可以右击桌面空白处,在弹出的快捷菜单中选择"个性化"命令,打开设置个性化窗口,然后单击下方"窗口颜色"链接文字,打开设置"窗口颜色和外观"对话框,如图 3.25 所示。

图 3.25　设置窗口颜色和外观对话框

系统向用户提供了多种配色方案,当用户选择一种主题时,只需单击颜色方块即可应用这些配色方案,然后可以通过拖拽下方"颜色浓度"滑块,调整颜色的浓度,如图 3.26 所示。设置完成后,单击"保存修改"按钮。

4. 自选桌面背景

以往的 Windows 操作系统智能设置一张图片作为桌面背景,而在 Windows 7 操作系统中,用户可以指定多张图片作为桌面背景,系统根据用户设置的更改图片时间间隔定时更换背景图片。具体的操作步骤如下:

①右击桌面空白处,在弹出的快捷菜单中选择"个性化"命令,打开设置个性化窗口。

②在"个性化"窗口中单击"桌面背景"链接文字,打开设置桌面背景窗口,如图 3.27 所示。

③在"图片位置"下拉菜单中选择背景图片所在的位置,如果下拉菜单中没有所需的位置,则单击"浏览"按钮,在弹出的对话框中选择。系统允许用户选择多张图片作为背景,在列表中选择要使用的图片上的复选框,在"图片位置"下拉菜单中选择图片显示的方式,然后在"更改

图 3.26 窗口的颜色和透明度设置

图 3.27 桌面背景设置

图片时间间隔"下拉菜单中选择更换桌面图片的频率。设置完成后,单击"保存修改"按钮。

5. 自选桌面图标

Windows 7 操作系统默认情况下桌面上只有"回收站"的图标,Windows 老用户熟悉的"我的电脑"和"我的文档"等图标都消失了。但是,如果用户习惯使用这些图标,可以通过以下步骤重新设置桌面的图标。

①右击桌面空白处,在弹出的快捷菜单中选择"个性化"命令,打开设置个性化窗口。

②在"个性化"窗口中点击"更改桌面图标"链接文字,打开设置桌面图标窗口。

③在"桌面图标设置"对话框中,在"桌面图标"选项区域选择要显示的图标,然后单击"确定",如图 3.28 所示。

6. 自定义任务栏

Windows 7 操作系统提供了丰富的自定义功能,用户可以根据自己的使用习惯调整任务栏。具体的设置步骤如下:

①在任务栏的空白处右击鼠标,在弹出的快捷菜单中选择"属性"选项,如图 3.29 所示。

图 3.28 桌面图标设置对话框   图 3.29 启动任务栏和开始菜单属性设置快捷菜单

②打开"任务栏和开始菜单属性"窗口,在"任务栏"选项卡的"屏幕上的任务栏位置"下拉菜单中,选择任务栏显示的位置;用户可以根据自己的使用习惯在任务栏外观复选框中选择"锁定任务栏"、"自动隐藏任务栏"和"使用小图标";同时,在"任务栏按钮"下拉菜单中选择"当任务栏被占满时合并标签"、"从不合并标签"等选项来设置任务栏的属性,如图 3.30 所示。

7. 自定义开始菜单

通过本小节的学习可以设置开始菜单电源按钮的操作、开始菜单显示项目等。具体的操作步骤如下:

①在开始菜单上单击鼠标右键,在弹出的快捷菜单中选择"属性"命令,打开设置任务栏和

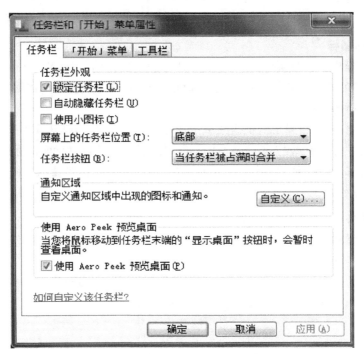

图 3.30　任务栏属性设置对话框

开始菜单属性对话框,如图 3.31 所示。

图 3.31　开始菜单属性设置对话框

②在"开始菜单"选项卡中,用户可以根据自己的使用习惯设置电源按钮操作,并且在"隐私"复选框中可以选择"存储并显示最近在开始菜单中打开的程序"以及"存储并显示最近在开

始菜单和任务栏中打开的项目"。这两项设置可以方便用户快速打开之前曾经打开的内容,但同时可能泄露用户的个人隐私。

③单击"自定义"按钮继续下一步设置,"自定义开始菜单"中列出了所有可以显示在开始菜单中的项目。用户可以根据习惯,选择要显示的项目,然后在"开始菜单大小"区域设置显示打开过的程序的数量,以及在跳转列表中显示最近使用过的项目的数量。设置完成后,点击"确定"按钮,如图3.32所示。

图3.32 自定义开始菜单对话框

8. 自定义系统通知区域

系统在软件运行时都会在通知区域显示响应的图标,当运行的软件较多时,通知区域的显示就很混乱,一些经常需要使用的图标反而就被隐藏起来。这时,用户可以自定义哪些图标在通知区域显示,哪些图标在通知区域隐藏。具体的操作步骤如下:

①在任务栏的空白处右击鼠标,在弹出的快捷菜单中选择"属性"命令,打开"任务栏和开始菜单属性"对话框。

②在"任务栏和开始菜单属性"对话框中的"通知区域"单击"自定义"按钮,打开"通知区域图标"对话框,如图3.33所示。

③在列表中会显示通知区域可用的图标,通过图标对应的下拉菜单可以选择图标的行为。其中"显示图标和通知"表示该图标会一直显示在通知区域;"隐藏图标和通知"表示该图标在所有时候都隐藏;"仅显示通知"表示该图标平时处于隐藏状态,当有通知更改和更新时才会显示。设置完成以后,点击"确定"按钮。

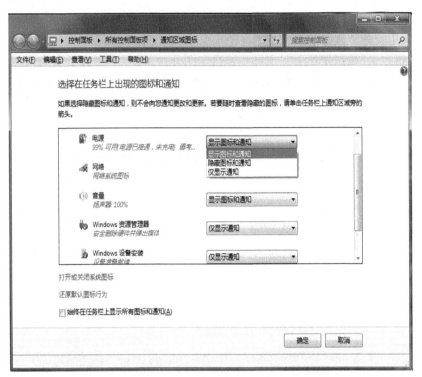

图 3.33　通知区域图标设置

3.3.2　音量与音效调整

本小节主要介绍 Windows 7 的音量调整功能,主要包括:调整系统的音量大小、调整左右声道的音量等。

1. 系统音量调节

Windows 7 的系统音量设置更为人性化,不仅能够调整系统的整体音量,而且还可以单独为每一个程序设置不同的音量。具体的操作步骤如下:

① 单击桌面右下角通知区域的音量图标,然后在弹出的控制窗口中拖拽滑块,即可调整系统的整体音量,如图 3.34 所示。

② 如果需要单独调整某个应用程序的音量,但又不希望影响其他程序的音量大小,那么用户就可以在弹出的控制窗口中单击"合成器"链接文字,在弹出的对话框中,每个运行的应用程序都有相对应的音量设置滑块,拖拽滑块就可以调整对应程序的音量,如图 3.35 所示。

图3.34　音量设置

2. 设置扬声器音效

目前,主流的电脑声卡都带有音效增强功能,比如:消除原声以实现卡拉OK 伴奏效果,可以模拟各种不同的播放环境时的声音等。具体的操作步骤如下:

① 右击桌面右下角通知区域的音量图标,然后在弹出的快捷菜单中选择"播放设备" 命令,打开"声音"对话框,如图 3.36 所示。

② 在"声音"对话框中选择"播放"选项卡,从列表中选择播放设备(扬声器),然后点击"属

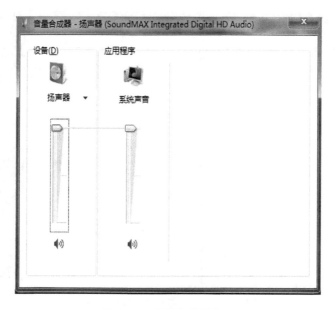

图 3.35　音量合成器窗口

图 3.36　"声音"对话框

性"按钮打开设置扬声器属性窗口。

③在"扬声器属性"对话框中选择"级别"选项卡，然后选择要使用的声音效果，还可以点击"平衡"按钮，设置平衡值。设置完成后，点击"确定"按钮，如图 3.37 所示。

图 3.37 "扬声器属性"设置对话框

3.3.3 区域和语言设置

用户可以通过开始菜单中的控制面板的"区域和语言"功能对话框的"格式"选项卡,对计算机的日期、时间的显示格式进行设置,如图 3.38 所示。

图 3.38 "区域和语言"设置对话框

在"键盘和语言"选项卡中可以设置用来输入文字的方法或者设置新的语言键盘布局。同时,还可以在计算机上安装多种语言,例如俄语、日语、朝鲜语等等,如图 3.39 所示。具体的操作步骤如下:

图 3.39 "区域和语言"对话框

首先,选择"键盘和语言"选项卡,单击"更改键盘"按钮,在弹出的"文本服务和输入语言"对话框中,选择"常规"选项卡,单击"添加"按钮,弹出"添加输入语言"对话框,在列表中选择要添加的语言,再在下拉列表中选择要添加的键盘布局或输入法编辑器,如图 3.40 所示。

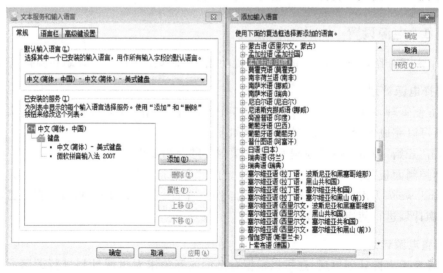

图 3.40 "添加输入语言"对话框

3.3.4 日期和时间设置

当计算机启动以后,用户便可以在任务栏的通知区域看到系统当前时间。当然,用户还可以根据自己的需求重新设置计算机系统的日期和时间以及选择适合自己的时区。

首先,用户通过双击控制面板中的"日期和时间",打开"日期和时间"对话框,然后单击"更改日期和时间"按钮打开"日期和时间设置"对话框,即可对日期和时间进行设置;单击"更改时区"按钮打开"更改时区"对话框,即可对时区进行设置。设置完成后点击"确定"按钮。如图 3.41 所示。

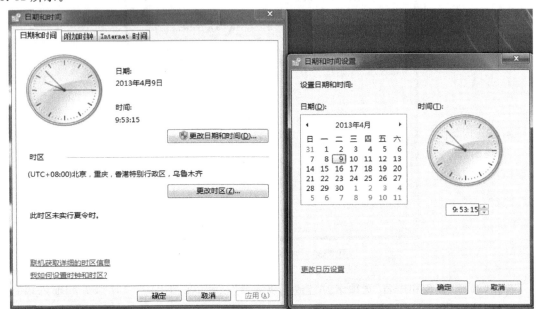

图 3.41 时间和日期设置

3.3.5 电源设置

本小节主要介绍 Windows 7 的电源设置功能,主要包括选择电源计划和调整电源计划。

1. 选择电源计划

为了方便管理,Windows 7 为用户提供 3 个电源计划,用户只需要根据自己的实际情况进行选择,既可以完成设置。具体的操作步骤如下:

①单击"开始"按钮,选择"控制面板"选项,打开"控制面板"窗口。

②在"控制面板"窗口中单击"电源选项",打开"电源选项"窗口,如图 3.42 所示。

③Windows 7 为用户提供 3 个电源计划:平衡、节能、高性能,用户可以根据自己的需求选择一种电源计划进行使用。

2. 调整电源计划

用户设置了电源计划以后,还可以根据自己的实际需求对电源计划进行微调。具体的操作步骤如下:

①单击"开始"按钮,选择"控制面板"选项,打开"控制面板"窗口,在"控制面板"窗口中单

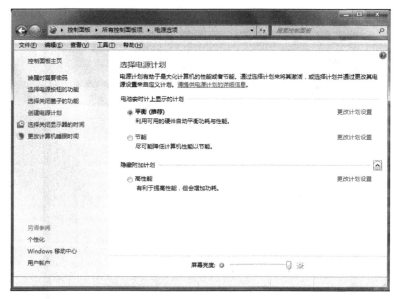

图 3.42 电源选项窗口

击"电源选项",打开"电源选项"窗口。

②点击要调整的电源计划右侧的"更改计划设置"。

③在"编辑计划设置"对话框中"关闭显示器"下拉菜单中设置电脑多长时间没有操作时会自动关闭显示器;在"使计算机进入睡眠状态"下拉菜单设置电脑多长时间没有操作时自动进入睡眠状态,如图 3.43 所示。设置完成后,单击"更改高级电源设置"链接文字,查看更多的设置项目。

图 3.43 "编辑计划设置"对话框

④在弹出的"电源选项"对话框列表中显示了关于电源管理的各个设置项目,用户可以根据自己的实际情况对各项列表进行设置。比如:可以对电脑休眠功能进行启动和禁用。设置

完成后，点击"确定"按钮即可，如图 3.44 所示。

图 3.44 "电源选项"对话框

3.4 Windows 7 应用程序管理

3.4.1 应用程序的安装

1. 普通应用程序安装

普通应用程序安装方法：直接在安装程序的源文件处，找 SETUP.exe 或者 INSTALL.exe，双击图标进行安装。安装过程中需要注意安装的目录和序列号，安装目录是指用户将应用程序安装的目录，序列号是厂家的授权号码，一般在光盘封皮上。

2. Windows 组件的启用和停用

Windows 7 有很多功能都是以系统组件的方式存在的，有些组件在安装 Windows 7 时没有安装，有些组件是用户很长时间都不会使用的，这时用户可以根据自己的情况设置启用或者停用这些功能。

单击"开始"按钮，在弹出菜单中单击"控制面板"，在控制面板中，选择"程序和功能"，在弹出对话框中选择"打开或关闭 Windows 功能"标签，弹出"Windows 功能"向导对话框，如图 3.45所示。在对话框中列出了 Windows 的各项组件，如果要启用某项组件只需要选择相应的复选框；如果要停用某项组件，则取消相应的复选框。设置完毕后，点击"确定"按钮即可。

第 3 章　Windows 7 操作系统

图 3.45　"Windows 功能"对话框

3.4.2　应用程序的启动

应用程序安装成功后，一般会在桌面和开始菜单中的程序中建立相应的快捷方式。单击相应的图标就可完成。QQ 软件的运行示例如图 3.46 所示。

(a)开始菜单方式启动　　　　(b)桌面快捷方式启动

图 3.46　QQ 启动菜单

3.4.3　应用程序的卸载

Windows 7 应用程序安装后，它不但生成自己的目录，同时还要拷贝很多其他文件到

Windows 系统目录里。此时如果要卸载程序,仅仅简单地删除程序的目录会导致很多的错误,严重时甚至会引起系统的彻底崩溃。

Windows 7 应用程序的卸载有以下两种方法:

①在开始菜单中,进入要卸载应用程序的快捷方式目录,查找卸载菜单,单击后按照向导要求进行卸载。QQ 软件的卸载如图 3.47 所示。

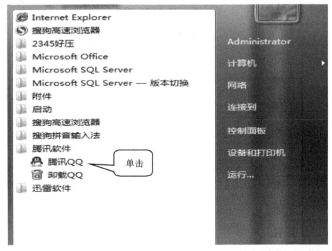

图 3.47　开始菜单中卸载应用程序菜单

②单击"开始"按钮,在弹出菜单中单击"控制面板",在控制面板中,选择"程序和功能",弹出对话框如图 3.48 所示。在列表中选择要卸载的程序,然后单击"卸载/更改"按钮,根据卸载向导的提示进行程序卸载。卸载完成以后,点击"关闭"按钮关闭卸载向导。

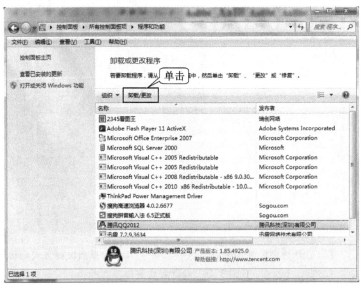

图 3.48　卸载应用程序的窗口

3.4.4 常用的 Windows 7 附件

Windows 7 系统有很多非常实用的软件,如:画图工具、录音机、便签、计算器、截图工具等,Windows 将这些工具放在"附件"中。本章对一些常用的工具进行介绍。

1. 画图工具

Windows 7 自带了画图工具,它是一个位图编辑器,可以对各种位图格式的图画进行编辑,用户可以自己绘制图画,也可以对扫描的图片进行编辑修改,在编辑完成后,可以以 bmp、jpg、gif、tiff 和 png 等格式存档,用户还可以发送到桌面或其他文本文档中。单击"开始",在"所有程序"中的"附件"里选择"画图",打开"画图"窗口,如图 3.49 所示。

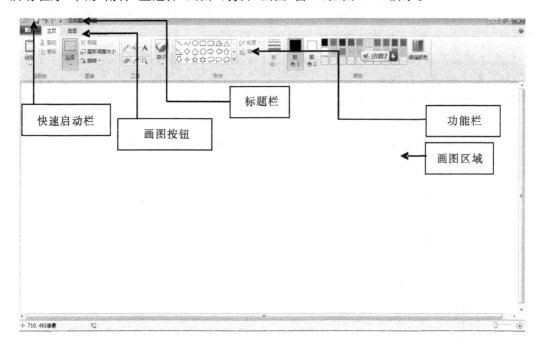

图 3.49 画图工具窗口

程序界面由以下几部分构成:

①标题栏:在这里标明了用户正在使用的程序和正在编辑的文件。

②快速启动栏:此区域提供了快速保存、快速新建、撤销、重做等工具。

③画图按钮:单击此处可以打开、保存、打印图片,并且可以查看可以对图片执行其他操作。

④功能栏:当点击"主页"按钮时窗口就会呈现"剪贴板"、"图像"、"形状"、"颜色"等功能;当点击"查看"按钮时窗口就会呈现"缩放"、"显示或隐藏"等功能。

⑤画图区域:处于整个界面的中间,为用户提供画布。

⑥状态栏:它的内容随光标的移动而改变,标明了当前鼠标所处位置的信息。

2. 录音机

点击"开始"按钮,在"所有程序"的"附件"里选择"录音机",打开"录音机"窗口,如图 3.50

所示。使用"录音机"可以录制、混合、播放和编辑声音文件(.wav 文件),也可以将声音文件链接或插入到另一文档中。

图 3.50　录音机工具窗口

3. 计算器

单击"开始",在"所有程序"的"附件"里选择"计算器"。计算器可以帮助用户完成数据的运算,它可分为标准型、科学型、程序员、统计信息和基本的单位转换及日期计算等。通过单击"计算器"窗口的"查看"下拉菜单均可实现,如图 3.51 所示。

打开计算器工具,默认的为标准计算器,它可以完成日常工作中简单的算术运算。在标准计算器中,输入要计算的内容,例如 3+6,按运算式从左向右依次按下"3"、"+"、"6",最后按"="即可得到结果,如图 3.52 所示。

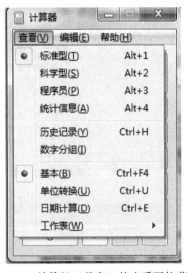

图 3.51　计算机工具窗口的查看下拉菜单　　　图 3.52　标准计算器窗口

如果在标准计算器中,要计算(6+5)×7 时,就需要先算 6+5=11,再算 11×7=77。这样计算比较繁琐,在科学计算器中,可以进行复杂运算。首先,在记事本里编写要运算计算式,如:(6+5)*7,然后将它复制。打开计算器的"编辑"菜单,再点击"粘贴",做完这些操作后,最后按下计算器的"="按纽,计算器就会将最后的计算结果显示在输出文本框中。

点击计算器的"查看"下拉菜单,选中"科学型",就会出现科学计算器,如图 3.53 所示。科学计算器可以完成较为复杂的科学运算,比如函数运算等。假如我们要计算余弦值,输入角度或弧度的数值后,直接点"cos"按纽,结果就会输出。同时我们还可以很方便地进行平方、立方、对数、阶数、倒数的运算。

"程序员"计算主要是指计算器可以方便快捷地进行二进制、八进制、十进制、十六进制之间的任意转换,还可以进行与、或、非等逻辑运算,如图 3.54 所示。其他的功能就在此不赘述了。

图 3.53　科学型计算器窗口

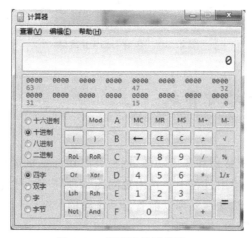

图 3.54　程序员计算器窗口

案例 1　设置个性化开机音乐

①打开控制面板中的"声音",再点击"声音"选项卡,把"声音方案"选择为 Windows 默认,然后点击确定,如图 3.55 所示。

②把你的准备的开关机音乐的名字分别更改为"Windows 启动. wav"和"Windows 关机. wav"。格式必须是. wav 格式的音乐。

③把它拷贝到 C:\Windows \Media 文件中替换即可。

④同样的方法也可以修改 Windows 菜单命令、Windows 错误等的声音。

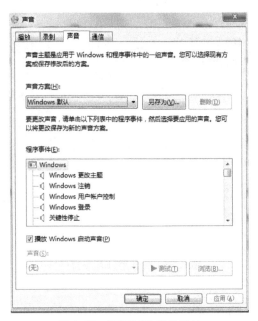

图 3.55 "声音"选项卡窗口

案例 2　备份与还原系统

Windows 7 提供了系统备份和还原功能,用户可以在计算机运行状态最佳的情况下给系统作个备份;备份后系统在使用过程中一旦出现问题时,用户就可以使用还原功能撤销对计算机的系统更改,使计算机系统又恢复到以前备份系统时的状态。

备份系统的方法比较简单,步骤如下:

①在控制面板单击备份和还原选项,弹出"备份或还原文件"窗口,如图 3.56 所示。在窗口中单击"创建系统镜像"链接。

②在弹出的"创建系统镜像"对话框中选择保存镜像的位置,单击"下一步",用户可以选择备份中要包含的驱动器,然后单击"下一步"。

③经过前面的操作,备份设置已经完成,系统列出设置的详细信息,用户确认正确以后,单击"开始备份"按钮,系统开始备份。

当系统出现问题时,用户可以通过系统的还原功能使系统恢复到正常状态。它的实现方法也比较简单。

通过控制面板的备份和还原窗口中的"恢复系统设置或计算机"打开"恢复"窗口,单击"打开系统还原"按钮,进入"还原系统文件和设置"窗口,根据对话框提示,根据还原的时间和日期选择一个合适的还原点,进行还原即可。

图 3.56　备份或还原窗口

习　题

1. 选择题

(1) Windows 7 是(　　)位操作系统。
　　A. 32　　　　　B. 64　　　　　C. 8　　　　　D. 16

(2) 在 Windows 7 中,下列关于输入法切换组合键设置的叙述中,错误的是(　　)。
　　A. 可将其设置为 Ctrl+Shift　　　B. 可将其设置为左 Alt+Shift
　　C. 可将其设置为 Tab+Shift　　　D. 可不做组合键设置

(3) 控制面板可以在开始菜单的(　　)中找到。
　　A. 程序　　　B. 设置　　　C. 运行　　　D. 文档

(4) 在 Windows 7 中,文件名最多可以输入(　　)个字符。
　　A. 8　　　　　B. 128　　　　C. 255　　　　D. 512

(5) 鼠标的单击操作是指(　　)。
　　A. 移动鼠标器使鼠标指针出现在屏幕上的某一位置
　　B. 按住鼠标器按钮,移动鼠标器把鼠标指针移到某个位置后再释放按钮
　　C. 按下并快速地释放鼠标按钮
　　D. 快速连续地两次按下并释放鼠标按钮

(6) Windows 中,将一个应用程序窗口最小化之后,该应用程序(　　)。
　　A. 仍在后台运行　　　　B. 暂时停止运行
　　C. 完全停止运行　　　　D. 出错

(7) 在一个窗口中使用"Alt＋空格"组合键可以（　）。
　　A. 打开快捷菜单　　　　　　　　B. 打开控制菜单
　　C. 关闭窗口　　　　　　　　　　D. 以上答案都不对
(8) 如果在对话框要进行各个选项卡之间的切换,可以使用的快捷键是（　）。
　　A. Ctrl＋Tab 组合键　　　　　　B. Ctrl＋Shift 组合键
　　C. Alt＋Shift 组合键　　　　　　D. Ctrl＋Alt 组合键
(9) 在打开"开始"菜单时,可以单击"开始"按钮,也可以使用（　）组合键。
　　A. Alt＋Shift　　B. Ctrl＋Alt　　C. Ctrl＋Esc　　D. Tab＋Shift
(10) 在 Windows 中,启动应用程序的正确方法是（　）。
　　A. 用鼠标指向该应用程序图标
　　B. 将该应用程序窗口最小化成图标
　　C. 将该应用程序窗口还原
　　D. 用鼠标双击该应用程序图标
(11) 在 Windows 中,终止应用程序执行的正确方法是（　）。
　　A. 将该应用程序窗口最小化成图标
　　B. 用鼠标双击应用程序窗口右上角的还原按钮
　　C. 用鼠标双击应用程序窗口中的标题栏
　　D. 用鼠标双击应用程序窗口左上角的控制菜单框
(12) 如果在自定义系统默认的"开始菜单"时,需要显示"我的文档"菜单项下的所有内容,可以在"自定义「开始」菜单"的文档中选择"（　）"单选项。
　　A. 常规　　　　B. 高级　　　　C. 显示为菜单　　　　D. 显示为链接
(13) 若想直接删除文件或文件夹,而不将其放入"回收站"中,可在拖到"回收站"时按住（　）键。
　　A. Shift　　　　B. Alt　　　　C. Ctrl　　　　D. Delete
(14) 在"共享名"文本框中更改的名称是（　）,而（　）。
　　A. 更改其他用户链接到此共享文件夹时看到的名称
　　B. 不更改其他用户链接到此共享文件夹时看到的名称
　　C. 更改文件夹的实际名称
　　D. 不更改文件夹的实际名称
(15) "文件夹选项"对话框中的"文件类型"选项卡是用来设置（　）。
　　A. 文件夹的常规属性
　　B. 文件夹的显示方式
　　C. 更改已建立关联的文件的打开方式
　　D. 网络文件在脱机时是否可用

2. 简答题
(1) 请读者叙述文件或文件夹的三种属性及更改文件或文件夹的具体操作。
(2) 请读者叙述使用系统提供的"共享文件夹"及设置自己的共享文件夹的操作步骤。
(3) 请读者根据本章所讲,叙述利用"搜索"命令查找文件的操作步骤。
(4) 在使用计算机时,对话框的出现是非常频繁的,而在有的对话框中包括选项卡和选择组,请读者简单叙述如何在它们之间进行切换。

3. 操作题

(1)查找到系统提供的应用程序"Frontpg.exe"并在开始程序中建立其快捷方式,快捷方式名为"网页制作"。

(2)设置长日期格式为"ddddyyyyMMdd"。

(3)设置屏幕保护程序为"贝塞尔曲线"。

(4)设置"自动隐藏任务栏"。

(5)设置下午符号为"PM"。

第 4 章　Word 2007 文字编排

　　Word 2007 文字处理软件是目前使用最广泛，也是最受欢迎的办公软件之一。本章重点介绍 Word 2007 的各类功能，主要包括文件、编辑、视图、插入、格式、工具、表格和窗口等内容的管理和功能应用。

　　通过本章的学习，读者应该了解 Word 2007 的使用方法；重点掌握文字、图形和表格的编辑、插入和排版功能。

4.1　认识 Word 2007

4.1.1　Word 2007 的启动

Word 2007 常用的启动方法有以下几种：

①单击"开始"按钮，选择"所有程序"级联菜单中"Microsoft Office"级联菜单中的"Microsoft Office Word 2007"项；

②双击桌面已建立的 Word 2007 快捷方式图标；

③双击已建立的 Word 2007 文档。

4.1.2　Word 2007 的退出

退出 Word 2007 的常用方法主要有以下几种：

①单击 Word 2007 窗口标题栏右上角的"关闭"按钮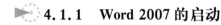；

②单击 Word 2007 窗口左上角"Office 按钮"菜单中的"退出 Word"选项；

③双击 Word 2007 窗口左上角"Office 按钮"。

④使用快捷键 Alt+F4。

4.1.3　Word 2007 的窗口组成

Word 2007 启动后，出现在我们面前的是 Word 2007 的窗口，它主要由 Office 按钮、标题栏、快速访问工具栏、功能区、标尺、工作区、滚动条、状态栏等组成，如图 4.1 所示。

1. Office 按钮

Office 按钮位于窗口左上方，图标为" "，鼠标左键单击此按钮，包括 9 项菜单、"Word 选项"按钮和"退出 Word"按钮。

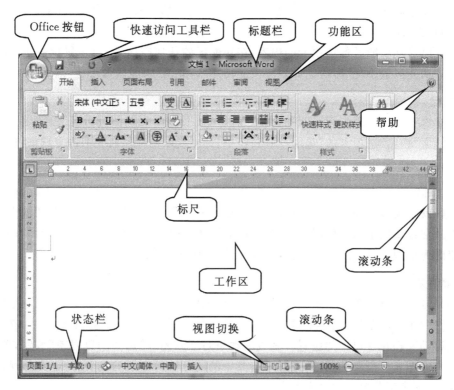

图 4.1　Word 2007 窗口的组成

2. 标题栏

标题栏位于窗口的最上方,默认为暗蓝色。它包含应用程序名、文档名和控制按钮。当窗口不是最大化时,用鼠标左键按住标题栏拖动,可以改变窗体在屏幕上的位置。双击标题栏可以使窗口在最大化与非最大化间切换。标题栏各组成部分的意义如下:

①"最小化"按钮 ▬ :位于标题栏右侧,单击此按钮可以将窗口最小化,缩小成一个小按钮显示在任务栏上。

②"最大化"按钮 ▢ 和"还原"按钮 ▭ :位于标题栏右侧中间,这两个按钮不会同时出现。当窗口不是最大化时,可以看到 ▭ ,单击它可以使窗口最大化,占满整个屏幕;当窗口是最大化时,可以看到 ▢ ,单击它可以使窗口恢复到原来的大小。

③"关闭"按钮 ✗ :位于标题栏最右侧,单击它可以退出整个 Word 2007 应用程序。

3. 快速访问工具栏

快速访问工具栏位于 Word 2007 窗口的顶部,使用它用户可以快速访问频繁使用的工具。用户可以通过该工具栏右侧的下拉箭头自定义快速访问工具栏,还可以通过下拉箭头中的"其他命令"菜单将更多其他需要的命令添加到快速访问工具栏中。

如果没有找到快速访问工具栏,可在功能区的空白处单击鼠标右键,选择"在功能区下方显示快速访问工具"即可。

4. 功能区

功能区由选项卡、组、命令组成,其中每个选项卡代表一个活动区域,包括七项,分别是:开始、插入、页面布局、引用、邮件、审阅、视图。每个选项卡都包括若干个组，每组有许多命令可以实现不同的功能。

用户可以隐藏功能区各选项卡的内容，在功能区的任何空白处，单击鼠标右键，弹出下拉菜单，选择"功能区最小化"即可。如果想恢复功能区，取消"功能区最小化"前面的对勾即可。

5．标尺

标尺有水平标尺和垂直标尺两种，用来显示 Word 2007 文档的页边距、段落缩进、制表符等。在功能区"视图"选项卡的"显示/隐藏"组中，选中或取消标尺命令前的复选框可以显示或隐藏标尺。

6．工作区

工作区就是窗口中间的大块空白区域，是用户的工作区域，用户在该工作区输入、编辑和排版文本。在编辑区里，你可以尽情发挥你的聪明才智和丰富的想象力，编辑出图文并茂的作品。编辑时光标闪烁"I"形为插入点，表示可以接受键盘的输入。

7．滚动条

滚动条分垂直滚动条和水平滚动条两种。用鼠标拖动滚动条可以快速定位文档在窗口中的位置。除两个滚动条外，还有上翻、下翻、上翻一页、下翻一页、左移和右移等六个按键，通过它们可以移动文档在窗口中的位置。垂直滚动条右下方还有"选择浏览对象"按钮，单击该按钮可以弹出如图 4.2 所示的菜单，通过单击其中的图标选择不同的浏览方式，如按域浏览、按表格浏览、按图表浏览等方式来浏览文档。

图 4.2 "选择浏览对象"按钮

8．视图切换按钮

视图切换按钮位于编辑区的右下角，水平滚动条的右端，单击各按钮可以切换文档的五种不同的视图显示方式，从左到右分别为：页面视图、阅读版式、Web 版式视图、大纲视图和普通视图。

9．状态栏

状态栏位于窗口的底部，显示当前窗体的状态，如当前页及总页数、当前文档的字数等信息。

4.1.4 Word 2007 的帮助

在你的工作中，难免会遇到各种各样的问题。我们可以通过功能区最右边的帮助按钮 获取帮助，还可以单击"Office 按钮"菜单中的"Word 选项"按钮，在弹出的"Word 选项"对话框中选择左侧的"资源"项，可以获取更加详尽的帮助。

4.2 输入和编辑文档

4.2.1 文档的创建与输入

启动 Word 2007 后,系统自动打开一个文件名为"文档 1"的空文档,可以直接输入内容并进行编辑、设置和排版,文档的实际名字等保存时再根据用户的需要确定。

1. 创建文档

新建空白文档的主要方法有以下几种:
①启动 Word 后,自动创建一个空白文档。
②单击"Office 按钮",选择"新建"命令,弹出"新建文档"对话框,选择"空白文档"后单击"创建"按钮。
③使用快捷键 Ctrl+N。

2. 利用模板创建文档

Word 2007 提供了很多不同类型的模板供用户选择。利用模板创建文档的方法是:单击"Office 按钮",选择"新建"命令,弹出"新建文档"对话框,选择"已安装的模板",可以在对话框的右侧看到很多模板,选择需要的一个后单击"创建"按钮。

4.2.2 文档的编辑

Word 2007 文档以文件形式存放在磁盘中,其文件扩展名为.docx。Word 2007 并不只限于能够处理自身可以识别的文档格式的文件,还可以打开文本文件、模板文件等 10 多种格式的文件。

1. 选定文本

对编辑区的内容进行任何的编辑操作,都必须选定文本,用户一定要遵循"先选后做"的原则,选定文本成反显状态。选择文本的方法有多种,大体分为两大类。

(1)用鼠标选定文本
①小块文本的选定:按鼠标左键从其始键位置拖动到终止位置,鼠标拖过的文本即被选中。这种方法合适选定小块的、不跨页的文本。
②大块文本的选定:先用鼠标在起始位置单击一下,然后按住 Shift 键的同时单击文本的终止位置,起始位置与终止位置之间的文本就被选中。
③选定一行:鼠标移至该行左选定栏,鼠标指针变成向右的箭头,单击即可。
④选定一句:按住 Ctrl 键的同时,单击句中的任意位置,可以选定一句。
⑤选定一段:鼠标放至左选定栏,双击可以选定所在的一段,或在段落内的任意位置快速三击可以选定所在的段落。
⑥选定整篇文档:鼠标移至页左选定栏,快速三击或鼠标移至页左选定栏,按 Ctrl 键的同时单击鼠标。

⑦选定矩形块：按住 Alt 键的同时，按住鼠标向下拖动就可以纵向选定矩形文本块。
(2)用键盘选定文本
①Shift＋←(→)方向键：分别向左(右)扩展选定一个字符。
②Shift＋↑(↓)方向键：分别由插入点处向上(下)扩展选定一行。
③Ctrl＋Shift＋Home：从当前的位置扩展选定到文档开头。
④Ctrl＋Shift＋End：从当前位置扩展选定到文档结尾。
⑤Ctrl＋A 或 Ctrl＋5(数字小键盘上的数字键 5)：选定整篇文档。

2．撤消文本的选定

要撤消选定的文本，用鼠标单击文档中的任意位置即可。

3．删除文本

如果要删除单个字符，可采用如下方法：
①按 Backspace 键，向前删除光标前的字符。
②按 Delete 键，向后删除光标后的字符。
如果要删除大块文本，可采用如下方法：
①选定文本后，按 Delete 键或 Backspace 键删除。
②选定文本后，在功能区"开始"选项卡的"剪贴板"组中单击"剪切"命令。

4．移动文本

在编辑文档的过程中，经常需要将整块文本移动到其他位置，用来组织和调整文档的结构。常用的移动文本的方法主要有以下两种：
(1)用鼠标拖放移动文本
选定要拖动的文本，鼠标指针指向选定的文本，鼠标指针变成向左的箭头，按住鼠标左键，拖动鼠标到目标位置，松开鼠标左键即可。
(2)用剪切板移动文本
选定要移动的文本，在功能区"开始"选项卡的"剪贴板"组中单击"剪切"命令，将选定的文本移动到剪贴板上，将鼠标指针定位到目标位置，选择功能区"开始"选项卡的"剪贴板"组中单击"粘贴"命令，从剪贴板上复制文本到目标位置。

5．复制文本

(1)用鼠标拖放复制文本
选定要复制文本；鼠标指针指向想选定的文本，按住 Ctrl 键的同时，按住鼠标左键，拖动鼠标到目标位置，松开鼠标左键即可。
(2)用剪贴板复制文本
选定要复制的文本；将选定的文本复制到剪贴板上，将鼠标指针定位到目标位置，从剪贴板复制文本到目标位置。Word 剪贴板最多可以保存 24 项剪切或复制的内容，用户可以根据自己的需要从中选择粘贴的内容。

6．查找与替换文本

(1)查找
如果我们要在文档中搜索"计算机系"字符串，在功能区"开始"选项卡的"编辑"组中单击

"查找"命令,或使用快捷键 Ctrl+F,弹出对话框"查找和替换",如图 4.3(a)所示。在"查找内容"文本框内输入"计算机系",然后单击"查找下一处"按钮,Word 2007 会帮助你逐个地找到要搜索的内容。

(2) 替换

如果在编辑文档的过程中,需要将文档中所有的"大学"替换为"学院",一个一个地手动改写不但浪费时间,而且容易遗漏。Word 为我们提供了"替换"功能,可以轻松地解决这个问题。在文档中替换字符串的操作步骤如下:在功能区"开始"选项卡的"编辑"组中单击"替换"按钮,或使用 Ctrl+H 快捷键,弹出"查找和替换"对话框,在"查找内容"文本框中输入"大学",在"替换为"文本框中输入"学院",然后单击"全部替换"按钮,就可以将文档中的全部"大学"替换为"学院";如果使用"查找下一处"按钮,可以有选择地替换其中的部分内容,如图 4.3(b)所示。全部替换完成后,Word 2007 会提示你已经完成了多少处替换。

(a)

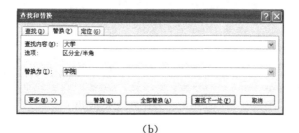

(b)

图 4.3 "查找和替换"对话框

7. "撤消"和"恢复"操作

在输入和编辑文档的过程中,Word 2007 提供了强大的撤消与恢复功能,快速访问工具栏上的 两个按钮,左边为"撤销",右边为"恢复"。

(1) 撤消

如果你后悔了刚才的操作,可使用以下几种方法来撤消刚才的操作:

① 单击快速访问工具栏上的"撤消"按钮。

② 使用 Ctrl+Z 快捷键。

(2) 恢复

在经过撤消操作后,"撤消"按钮右边的"恢复"按钮将被置亮。恢复是对撤消的否定,如果认为不应该撤消刚才的操作,可以进行恢复,也可以使用 Ctrl+Y 快捷键。

4.2.3 文档的保存

文档建立或修改好后,需要将其保存到磁盘上。目前的存储设备很多,如硬盘、U 盘、移动硬盘等。由于 Word 的编辑工作是在内存中进行,断电很容易使未保存的文档丢失,所以要养成随时保存文档的好习惯。

(1)保存新建文档

如果新建的文档未经过保存,单击"Office 按钮"选择"保存"按钮,会出现如图 4.4 所示的"另存为"对话框,在对话框中设定保存的位置、文件名和保存类型,然后单击对话框右下角的"保存"按钮。

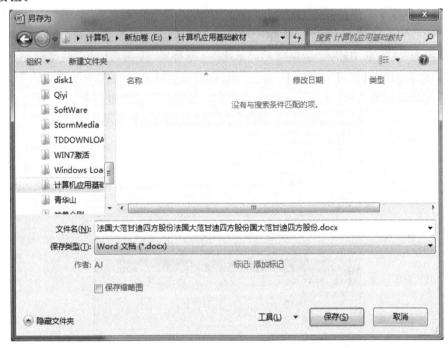

图 4.4 "另存为"对话框

(2)保存修改的旧文档

单击"Office 按钮"选择"保存"按钮,不需要设定路径和文件名,以原路径和原文件名存盘,不再弹出"另存为"对话框。

(3)另存文档

Word 2007 允许打开的文件保存到其他位置,而原来位置的文件不受影响。单击"Office"按钮选择"另存为"命令,在出现的"另存为"对话框中重新设定保存的路径及文件名。

在"另存为"对话框中,通过"保存类型"右边的下拉按钮可以选择保存类型,例如选择"Word 97-2003",则保存的文件可以在 Word 2003 上打开,如图 4.5 所示。

我们可以通过设置自动保存,防止在录入、编辑过程中忘记保存而导致内容丢失。方法是单击"Office 按钮"选择"Word 选项"按钮,在弹出的"Word 选项"对话框中选择左侧的"保存"按钮,在右边区域单击"保存自动回复信息时间间隔"复选框,调整时间值 10 分钟,然后单击"确定"即可。

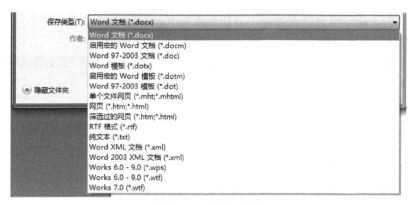

图 4.5　文件保存类型

4.3　文档的编排

4.3.1　字体的设置

用户可以在 Word 2007 文档窗口中方便地设置文本、数字等字符的字体。具体步骤如下：

①选定要进行格式化的文本。

②选择功能区"开始"选项卡中的"字体"组，可以设置字体、字号、字体颜色、增大字体、缩小字体、清除文字格式等，如图 4.6 所示。单击图 4.6 右下角箭头按钮，弹出"字体"对话框，如图 4.7 所示。

图 4.6　功能区"开始"选项卡"字体"组

图 4.7　"字体"对话框

③在选定的文本的右上角出现工具栏，可对字体进行设置，如图 4.8 所示。

4.3.2　字符间距的设置

字符间距是指字符之间的距离。有时会因为文档设置的需要而调整字符间距，以达到理想的效果。用户可以在 Word

图 4.8　设置字体工具栏

2007文档窗口中方便地设置字符间距。具体步骤如下：

①选定要进行格式化的文本。

②单击功能区"开始"选项卡中的"字体"组如图4.6所示右下角箭头按钮，弹出"字体"对话框如图4.7所示，选择"字符间距"选项卡，如图4.9所示的对话框，该对话框"缩放"项表示在字符原来大小的基础上缩放字符尺寸，取值范围为1%～600%之间；"间距"项表示在不改变字符本身尺寸的基础上增加或减少字符之间的间距，可以设置具体的磅值；"位置"项表示相对于标准位置，提高或降低字符的位置，可以设置具体的磅值；"为字体调整字符间距"项表示根据字符的形状自动调整字符间间距，设置该选项以指定进行自动调整的最小字体。

③使用功能区"开始"选项卡中的"段落"组，单击命令右边的箭头，在弹出的下拉菜单中选择"字符缩放"选项，可以在字符原来大小的基础上缩放字符尺寸。

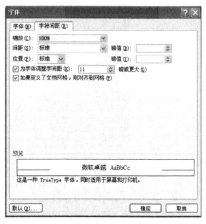

图4.9 "字符间距"选项卡

4.3.3 段落格式的设置

段落是Word的重要组成部分。所谓段落是指文档中两次回车键之间的所有字符，包括段后的回车键。设置不同的段落格式，可以使文档布局合理、层次分明。段落格式主要是指段落中行距的大小、段落的缩进、换行和分页、对齐方式等。

使用功能区"开始"选项卡中的"段落"组，如图4.10所示，可以对段落进行详细的设置。单击"段落"组右下角的箭头，弹出如图4.11所示的"段落"对话框。在该对话框中，选择"缩

图4.10 "开始"中的"段落"组　　　　图4.11 "段落"对话框

进和间距"选项卡,可以设置对齐方式、缩进、段前段后的间距、行距等参数。也可以在功能区"页面布局"选项卡中的"段落"组进行设置,如图4.12所示。单击该"段落"组的右下角箭头,同样弹出图4.11所示的"段落"对话框。

图4.12 "页面布局"中的"段落"组

4.3.4 项目符号和编号的设置

使用项目符号和编号,可以使文档有条理、层次清晰、可读性强。项目符号使用的是符号,而编号使用的是一组连续的数字或字母,出现在段落前。

1. 使用鼠标右键菜单设置

项目符号和编号的使用步骤为:将鼠标定位在要插入项目符号或编号的位置,再单击鼠标右键,在下拉菜单中选择"项目符号"或"编号"命令。

2. 使用"段落"组设置

可以选择功能区"开始"选项卡中的"段落"组,通过"段落"组的命令 和 ,分别设定简单的项目符号和编号。

4.3.5 边框和底纹的设置

在Word 2007中文版中,可以为选定的字符、段落、页面及各种图形设置各种颜色的边框和底纹,从而美化文档,使文档格式达到理想的效果。具体设置步骤如下:

①先选定要添加边框的文字或段落,选择功能区"页面布局"选项卡中的"页面背景"组,单击"页面边框"命令,弹出如图4.13所示的"边框和底纹"对话框。

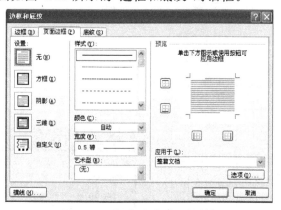

图4.13 "边框和底纹"对话框

②单击"边框"选项卡,分别设置边框的样式、线型、颜色、宽度、应用范围等,应用范围可以是选定的"文字"或"段落"。对话框右边会出现效果预览,用户可以根据预览效果随时进行调整,直到满意为止。

③单击"页面边框"选项卡,分别设置边框的样式、线型、颜色、宽度、应用范围等。如果要使用"艺术型"页面边框,可以单击"艺术型"下拉式列表边框右边的箭头,从下拉列表中进行选择后,单击"确定"按钮。

④单击"底纹"选项卡,分别设定填充底纹的颜色、式样和设定应用范围等。

此外,边框和底纹的设置还可以使用功能区"开始"选项卡中"字体"组中的按钮  ,快速设置文本的边框和底纹,但样式比较单一。

4.4 表　格

表格是一种简明、概要的表达方式,其结构严谨,效果直观,往往一张表格可以代替许多说明文字。

4.4.1 创建表格

选择功能区"插入"选项卡中"表格"组,单击"表格"命令,弹出下拉菜单,如图 4.14 所示。

①选择网格"插入表格"子菜单,可以很形象地创建可视化表格,但是这种方法只能插入有限的行数和列数。

②选择"绘制表格"子菜单,鼠标变成笔状,用户可以像使用自己的笔一样随心所欲地绘制出不同行高、列高的各种不规则的复杂表格。

③选择"插入表格"子菜单,弹出"插入表格"对话框,如图 4.15 所示。在对话框中分别输入列数、行数,设置好其他各选项后,单击"确定"按钮即可。这种方法适合创建大型表格,表格最多可达 32767 行和 63 列。

图 4.14 "表格"下拉菜单　　　　图 4.15 "插入表格"对话框

④选择"快速表格"子菜单,在下级子菜单中可以看到内置的多种样式的表格,可根据需要

选择。

⑤选择"文本转换成表格"子菜单,可以将预先选定的文本转换成表格。

⑥选择"Excel 电子表格"子菜单,弹出 Excel 界面,可以通过专门的表格处理软件创建表格。

4.4.2 编辑表格

编辑表格包括表格的编辑和表格内容的编辑。最初创建的表格是没有任何内容的,表格编辑完成后就可以开始输入内容,并对输入的内容进行编辑。表格的编辑包括行列的插入、删除、合并、拆分、高度/宽度的调整等,经过编辑的表格才更符合我们的实际需要,也会更加美观。

1. 表格的选定

在对表格进行编辑时,首先要选定表格,被选定的部分呈反显状态。

(1)单元格的选定

将鼠标移到单元格内部的左侧,鼠标指针变成向右的黑色箭头,单击可以选定一个单元格,按住鼠标左键拖动,可以选定多个单元格。

(2)表行的选定

鼠标移到页面左侧选定栏,鼠标指针变成向右的箭头,单击可以选定一行,按住鼠标左键继续向上或向下拖动,可以选定多行。

(3)表列的选定

将鼠标移至表格的顶端,鼠标指针变成向下的黑色箭头,在某列上单击可以选定一列,按住鼠标向左或向右拖动,可以选定多列。

(4)表中矩形块的选定

按住鼠标左键从矩形块的左上角向右下角拖动,鼠标扫过的区域即被选中。

(5)整表选定

当鼠标指针移向表格内,在表格外的左上角会出现一个按钮⊞,这个按钮就是"全选"按钮,单击它可以选定整个表格。在数字小键盘区被锁定情况下,按 Alt+5(数字小键盘上的 5)组合键也可以选定整个表格。

2. 行、列的插入

制作完一个表格后,经常会根据需要增加一些内容,如在表格中插入整行、整列或单元格等,插入的方法如下:

①在需要插入新行或新列的位置,选定一行(一列)或多行(多列)(将要插入的行数(列数)与选定的行数(列数)相同)。如果要插入单元格就要先选定单元格。

②选定以后,功能区的上方会出现"表格工具",切换到"布局"选项卡,在"行和列"组中,有许多插入命令,如图 4.16 所示,如果是插入行,可以选择"在上方插入"或"在下方插入"命令;如果是插入列,可以选择"在左侧插入"或"在右侧插入"命令;如果要插入的是单元格,则单击"行和列"组右下角的箭头,弹出"插入单元格"对话框,如图 4.17 所示,在该对话框中进行设定。

图 4.16 "行和列"组

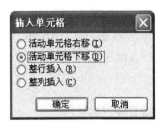

图 4.17 "插入单元格"对话框

③选定行或列后,单击右键选"插入"菜单来实现,如图 4.18 所示。

图 4.18 "插入"菜单

④在某一行的最右侧,按 Enter 键,即可在该行下面添加一行。

⑤如果要在表格末尾插入新行,可以将插入点移到表格的最后一个单元格中,然后按 Tab 键,即可在表格的底部添加一行。

3. 行、列的删除

如果某些行(列)需要删除,选定要删除的行或列后,可以通过以下方法来实现:

①功能区"表格工具"中"布局"选项卡的"行和列"组中,选择"删除"命令下方的下拉箭头,弹出下拉菜单,可以"删除单元格"、"删除行"、"删除列"和"删除表格"。选择"删除单元格"时,弹出图 4.19 所示的"删除单元格"对话框,可进行不同项的删除。

②右键单击要删除的行或列,在弹出的快捷菜单中选择"删除单元格"菜单,弹出图 4.19 所示的"删除单元格"对话框,可进行不同项的删除。

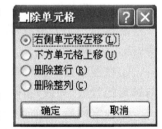

图 4.19 "删除单元格"对话框

4. 表格高度、宽度的调整

通常情况下,系统会根据表格字体的大小自动调整表格的行高或列宽。当然,用户也可以手动调整表格的行高或列宽。

(1) 用鼠标调整行高或列宽

鼠标移到要调整行高的行线上,按住鼠标左键,鼠标指针变成 时,同时行线上出现一条虚线,按住鼠标左键拖放到需要的位置即可。

列宽的调整与行高的调整相似。

(2) 利用"单元格大小"组中的命令调整

如果要精确地设定表格的行高或列宽,在选定了要调整的行或列后,可以使用下列方法进行调整:选择功能区"布局"选项卡中的"单元格大小"组,如图 4.20 所示,可进行单元格大小的设置。单击"单元格大小"组右下方的箭头,弹出"表格属性"对话框,如图 4.21 所示。在"表格属性"对话框中的各选项卡中精确设定高度或宽度值。

图 4.20 "单元格大小"组

(3) 利用快捷菜单命令调整

单击鼠标右键,从弹出的快捷菜单中选择"表格属性"命令,也可打开图 4.21 所示的"表格属性"对话框。

图 4.21 "表格属性"对话框

5. 表格的合并与拆分

在进行表格编辑时,有时需要把多个单元格合并成一个单元格,有时需要把一个单元格拆分成多个单元格。

(1) 单元格的合并

选定行或列中需要合并的两个或两个以上的连续单元格,单击功能区"布局"选项卡"合并"组中的"合并单元格"命令。也可以单击鼠标右键,在快捷菜单中选择"合并单元格"命令。

(2) 单元格的拆分

使光标定位于要拆分的单元格内,单击功能区"布局"选项卡"合并"组中的"拆分单元格"命令,弹出"拆分单元格"对话框,如图 4.22 所示,可以设置拆分的行列数。

（3）表格的拆分

使光标定位于要拆分的表格的某单元格内，单击功能区"布局"选项卡"合并"组中的"拆分表格"命令，可以将表格从该位置拆分开。

6. 单元格的对齐方式

通过功能区"布局"选项卡"对齐方式"组上的各命令，不但可以对单元中内容进行对齐，还可以修改文字方向以及详细设置单元格的变局，如图 4.23 所示。

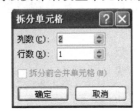

图 4.22 "拆分单元格"对话框

图 4.23 "对齐方式"组

也可以在选定单元格内的文字后，单击右键，从弹出的快捷菜单中选"单元格对齐方式"命令，从其级联菜单中选择相应对齐方式的图标即可，如图 4.24 所示。

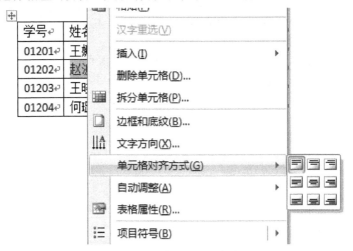

图 4.24 单元格对齐方式

4.4.3 表格格式化

表格格式化主要包括以下内容：设置表格的边框和底纹，设置单元格中文字的字体、字号和对齐方式等，从而美化表格，使人赏心悦目。设置表格格式主要有以下几种方法。

1. 使用"表格自动套用格式"

设计一个美观的表格往往比创建表格还要麻烦，为了加快表格的格式化速度，Word 2007 提供了"表格自动套用格式"功能，使用该功能可以快速格式化表格，方法如下：

①单击表格中的任一单元格。

②功能区"表格工具"中的"设计"选项卡中"表样式"组，提供了多种表格样式，其中每种样式均包括边框格式、底纹格式、字体等。既可套用所选样式的全部格式，也可套用部分格式，如

图4.25所示。选择某个样式后,还可以通过"底纹"和"边框"命令重新设置样式中表格的底纹和边框。

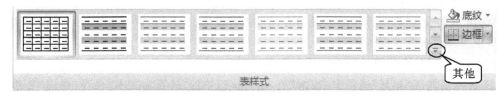

图4.25 "表样式"组

③在"表样式"组的右边的"其他"箭头按钮,在下拉菜单中可以选择任何内置的样式,还可以修改表格样式、清除表格样式和新建表格样式。

2. 使用"表格属性"对话框设置表格格式

选中要格式化的表格,选择功能区"布局"选项卡中的"表"组的"属性"命令,或单击鼠标右键,在弹出的快捷菜单中选择"表格属性",均可以打开"表格属性"对话框,如前面的图4.21所示。

①在"行"("列")选项卡中,可以设置选定行(列)的高度(宽度)。
②在"单元格"选项卡中,设置选定单元格的宽度以及其内部文字的垂直对齐方式。

4.4.4 表格的排版

Word 2007表格的使用有很多诀窍,熟练使用这些技巧对提高工作效率有很大帮助。

1. 绘制斜线表头

在处理表格时,斜线表头是经常用到的一种表格格式,表头是指表格第一行第一列的单元格。绘制斜线表头的方法是:

①拖动行线和列线将表头单元格设置得足够大,将插入点定位在表头单元格中;
②选择功能区"布局"选项卡"表"组的"绘制斜线表头"命令。弹出"插入斜线表头"对话框,如图4.26所示。选择"表头样式"(共有5种样式),分别输入"行标题"(表头右上角的项)、"列标题"(表头左下角的项)和"数据标题"(中间格的项),并设置好"字体大小"后按"确定"按钮退出,即可完成斜线表头的绘制。

删除斜线表头的方法是:单击要删除的斜线表头,当表头单元格周围出现8个虚方框选定标记时,按Delete键即可删除该斜线表头。

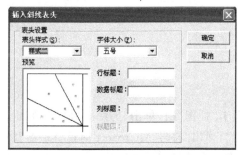

图4.26 "插入斜线表头"对话框

2. 表格与文字的相互转换

(1) 表格转换成文字

Word 2007 可以将文档中的表格内容转换为由逗号、制表符、段落标记或其他指定字符分割的普通文本。操作步骤如下：

① 将光标定位在需要转换为文本的表格中。

② 选择功能区"布局"选项卡"数据"组，单击该组中的"转换为文本"命令，弹出"表格转换成文本"对话框，如图 4.27 所示，选择合适的文字分隔符来分隔单元格的内容。如果想使用其他分隔符，可以选择"其他字符"并在文本框中输入指定的分隔符，单击"确定"按扭即可。

(2) 文字转换为表格

如果我们有了一些排列规则的文本，则可以方便地将其转换为表格。操作步骤如下：

① 选定需要转换成表格的文本。

② 选择功能区"插入"选项卡"表格"组，单击下拉箭头，弹出下拉菜单，在子菜单中选择"文字转换成表格"命令，弹出"将文字转换成表格"对话框，如图 4.28 所示，在"文字分隔位置"单选框中选择要使用的分隔符，对话框中就会自动出现合适的列数、行数，还可以使用"自动调整操作"来格式化表格。

图 4.27 表格转换为文本

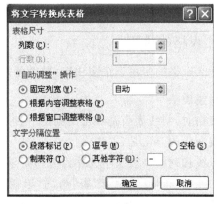

图 4.28 将文字转换成表格

4.5 图文混排复杂文本

4.5.1 插入图片

1. 插入剪贴画

选择功能区"插入"选项卡"插图"组，单击"剪贴画"命令，在窗口右侧弹出的"剪贴画"窗口中，单击下方的"管理剪辑器"，弹出"符号-Microsoft 剪辑管理器"窗口，如图 4.29 所示。选择需要的剪贴画类别，然后从类别中选择需要的图片，单击图片右侧的按钮在弹出式菜单中选择"复制"按钮，然后在需要插入图片的位置粘贴即可。

图 4.29 管理剪辑器窗口

2. 插入图片文件

①将光标定位在要插入图片的位置；

②选择功能区"插入"选项卡"插图"组，单击"图片"命令。

注意：剪贴画是 Word 2007 自带的一种图片格式，由矢量线条组成，可以平滑地缩放；而图片是由其他图像处理软件生成的文档，如文件类型：bmp、wmf、jpg、gif 等。

4.5.2 编辑图片

1. 对象的选定

对图片对象进行编辑时，首先要选定对象，只要用鼠标单击对象即可。对象被选定时，周围会出现 8 个尺寸柄。

2. 调整对象的大小

选定对象后，鼠标指向尺寸柄，鼠标指针变成双向的箭头，按住鼠标左键拖动就可以随意改变对象的大小。

3. 对象的移动

用鼠标左键按住浮动式对象可以将其拖放到页面的任意位置，鼠标左键按住嵌入式对象可以将其拖放到有插入点的任意位置。还可以利用"开始"选项卡中的剪贴板，使用"剪切"与"粘贴"的方法实现对象的移动。另外，可以使用键盘对图片位置进行微调。方法是：单击要微调的图片，使用 Ctrl＋←(↑、→、↓)方向键可以分别向左(向上、向右、向下)轻微移动图片。

4. 对象的复制

选中要复制的对象，将该对象复制的方法主要有两种：一种是用鼠标拖动该对象的同时按住 Ctrl 键，就可以实现对象的复制；另一种方法是利用"开始"选项卡中的剪贴板，使用"复制"与"粘贴"的方法实现对象的复制。

5. 对象的删除

对象被选定后，按 Delete 键就可以将其删除，还可以单击功能区"开始"选项卡"剪贴板"组的"剪切"命令进入剪贴板，可以将其移动到其他位置，而按 Delete 删除的图片则被永久删除。

4.5.3 图片的格式设置

插入到文档中的图片对象有两种形式:一种是嵌入式对象,一种是浮动式对象。嵌入式对象周围的 8 个尺寸柄是实心的,并带有黑色的边框,只能放置到有文档插入点位置,不能与其他对象组合,可以与正文一起排版,但不能实现环绕。浮动式对象周围的 8 个尺寸柄是空心的,可以放置到页面的任意位置,并允许与其他对象组合,还可以与正文实现多种形式的环绕。改变对象的环绕方式的方法是:

①选定需要设置环绕方式的图片;

②功能区上方出现"图片工具",单击"图片工具""排列"组中的"文字环绕"命令,在下拉菜单中选择需要的文字环绕的方式,也可选择"其他布局选项",弹出"高级版式"对话框,如图 4.30 所示,在"文字环绕"选项卡进行详细设置。

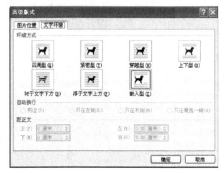

图 4.30 "高级版式"对话框

除了对图片与文字的环绕方式设置外,还可以对图片的样式进行详细的设置,具体的方法如下:

①选定需要设置格式的图片。

②选择功能区"图片工具"选项卡"图片样式"组,如图 4.31 所示,内置了图片的 28 种样式。还可以通过"图片形状"命令修改图片的形状,通过"图片边框"命令给图片添加一个边框,通过"图片效果"命令给图片添加一种效果。

图 4.31 图片样式

③在选定的图片上单击鼠标右键,在弹出的快捷菜单中选择"设置图片格式"子菜单,弹出"设置图片格式"对话框,如图 4.32 所示,可以根据左侧的不同选项给图片格式进行详细设置。

4.5.4 插入艺术字

插入艺术字的步骤如下:

①选择功能区"插入"选项卡"文本"组,单击"艺术字"命令。即可弹出多种艺术字样式,从中选择一种艺术字式样。

图 4.32 "设置图片格式"对话框

②在弹出的"编辑艺术字文字"对话框的文本框中输入要插入的艺术字的内容并设置好字体、字号,单击"确定"按钮即可。

编辑艺术字的步骤有如下两种情况:选择预编辑的艺术字时,在功能区的上方会出现"艺术字工具"选项卡,选择"格式"选项卡;或者在插入艺术字后,功能区的上方会出现"艺术字工具"中的各种"格式"选择组。这时可以编辑艺术字和设置艺术字效果。"格式"选项卡包括很多组,每组有很多命令,可以设置艺术字样式、阴影效果、三维效果等,用户要自己动手试一试才可以熟练使用。

4.5.5 绘制图形

1. 绘制自选图形

①选择功能区"插入"选项卡中"插图"组,单击"形状"命令,弹出很多图形下拉菜单,如图 4.33 所示,有线条、基本形状、箭头总汇、流程图、标注和星与旗帜等六种类别的图形,单击选择所需的自选图形。

②将鼠标指针移至要插入图片的位置,此时鼠标指针变成"+"字形,拖动鼠标到合适的位置即可。要画出正方形或圆形,在拖动鼠标的同时需按住 Shift 即可。

2. 编辑自选图形

自选图形绘制好后,可以在其中添加文字,方法是:鼠标右击自选图形,选择"添加文字"菜单,此时自选图形相当于一个文本框,可以输入文字。用户若对绘制的自选图形不满意,还可以对自选图形进行修改编辑,编辑自选图形有两种方法:

①使用快捷菜单命令编辑自选图形。选中要编辑的自选图形,然后单击鼠标右键,对自选图形进行编辑的常用命令都放在这个快捷菜单中。

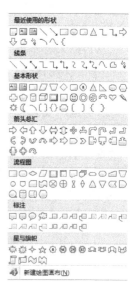

图 4.33 自选图形

②使用功能区"绘图工具""格式"选项卡,该选项卡包括 6 个组,分别用来插入新的自选图形,设置自选图形的样式、阴影效果、三维效果,排列自选图形,详细设置自选图形的大小。

3. 组合与取消组合图形

(1)组合图形

① 按住 Shift 键,用鼠标左键依次选定要组合的图形。

②单击鼠标右键,从快捷菜单中选择"组合",再从其级联菜单中选择"组合"命令,如图 4.34所示,这样就可以将所有选中的图形组合成一个图形,组合后的图形可以作为一个图形对象进行处理。图 4.35 就是一个由多个基本形状组合而成的图形。

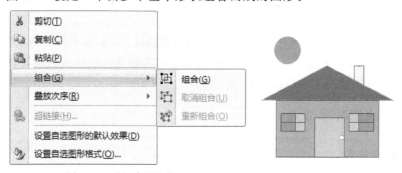

图 4.34 "组合"图形   图 4.35 绘制的图形

(2)取消组合

解散组合图形的过程称为"取消组合"。"取消组合"的操作方法如下：右击要解散的组合图形，在弹出的快捷菜单中选择"组合"命令，从其级联菜单中选择"取消组合"命令即可。

4．文本框的操作

Word 2007 中的文本框实际上是一种 Word 自选图形，上述的自选图形添加文字后就成为文本框。通过文本框可以把文字放置在文档任意位置，可以和其他图形产生重叠、环绕、组合等各种效果。

(1)插入文本框

单击功能区"插入"选项卡"文本"组的"文本框"命令，从其下拉菜单中可以选择内置的文本框样式，也可以选择"绘制文本框"或"绘制竖排文本框"。选定后，即可插入文本框。

(2)编辑文本框

将鼠标指针指向文本框，单击鼠标右键，弹出快捷菜单；单击"设置文本框格式"命令，打开"设置文本框格式"对话框，如图 4.36 所示。单击"文本框"选项卡，在"内部边距"中的"上"、"下"、"左"、"右"四个文本框中输入数值，单击"确定"按钮。还可以通过其他选项卡分别设置文本框的颜色和线条、大小以及环绕方式等。如果不想显示文字周围的边框，就需要把文本框的线条颜色设置为"无线条颜色"。

图 4.36 "设置文本框格式"对话框

对于在 Word 2007 下编辑的文本，也可以利用功能区"文本框工具""格式"选项卡来编辑文本框。在此选项卡中有很多组，包括很多命令，可以实现文本框样式的设置，阴影效果、三维效果的设置，还可以排列文本框的位置等。

4.5.6 编辑数学公式

1．插入数学公式

①确定光标插入指定位置，单击功能区"插入"中"文本"组的"对象"命令，打开"对象"对话

框,如图 4.37 所示。

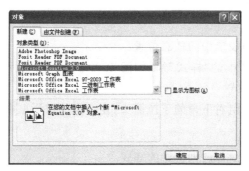

图 4.37 "对象"对话框

②在对象类型列表框中选择"Microsoft Eqution 3.0"项,单击"确定"按钮。

③屏幕上弹出"公式"工具栏,进入公式编辑状态,如图 4.38 所示。该工具栏提供了 19 大类,近 300 种数学符号和公式模板供选用。

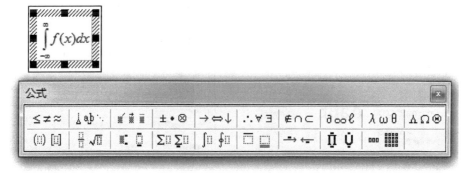

图 4.38 公式编辑器窗口

④从公式插入点处开始输入数学公式。输入完毕,单击公式处的任意区域,即可返回文档编辑状态。

2. 修改数学公式

要修改数学公式,需进入公式编辑状态。双击要修改的数学公式,即可进入如图 4.38 所示的公式编辑窗口戏公式进行编辑和修改。

4.6 样式和模板

4.6.1 样式

所谓样式就是多个排版命令组合而成的集合,或者说样式是将字符格式和段落格式集中在一起,可以方便地应用于整个段落。样式的作用可使文档具有统一的格式,定义好样式后,可多次使用,简化了操作,提高工作效率。

Word 2007 提供了上百种内置样式,如标题样式、正文样式等。

1. 使用已有样式

①单击要应用样式的段落中的任意位置。

②选择功能区"开始"中的"样式"组,如图 4.39 所示,选取所需要的样式即可,或者选择"更改样式"选择所需的样式。

③也可以单击"样式"组右下角的下拉箭头,在弹出的对话框中选择一种样式即可。

2. 创建样式

Word 2007 还允许用户自己创建新的样式。

①单击要应用样式的段落中的任意位置。

②单击功能区"开始"中的"样式"组右下角的下拉箭头,弹出的下拉的菜单中选择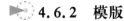新建样式,弹出"根据格式设置创建新样式"对话框,如图 4.40 所示。

图 4.39 "样式"组　　　　图 4.40 "根据格式设置创建新样式"对话框

③在"根据格式设置创建新样式"对话框中,首先在"名称"文本框中为新建的样式确定好名称,然后单击"格式"按钮,选择字体、段落、边框等 7 个格式之一,均可以打开一个对话框用于设置相应的样式格式。

3. 修改、删除样式

用户在使用样式时,有些样式不符合自己排版的要求,可以对样式进行修改,甚至删除。删除样式要在单击功能区"开始"中的"样式"组右下角的下拉箭头弹出的下拉的菜单中进行。系统只允许用户删除自己创建的样式,而 Word 的内置样式只能修改,不能删除。

4.6.2 模版

1. 利用文档创建新模板

开始使用 Word 2007 时,实际上已经启用了模板,该模板为 Word 所提供的普通模板,即 Normal 模板。用户还可以自己创建新模板,最常用的创建模板的方法是利用文档创建新模板。

要利用文档创建新模板,首先必须排版好一篇文档。也就是说,应该先为文档设置一些格式,定制一些标题样式,如对标题 1、标题 2、标题 3 样式进行格式设定,或者是对页码和页眉页脚的样式进行设定,确定文档的最终外观。

①打开已经设置好并准备作为模板保存的文档,单击"文件"菜单中"另存为"命令。

②在"另存为"对话框中,在"保存类型"列表框中选择"Word 模板"选项;在"文件名"文本框中为该模板命名,并确定保存位置。默认情况下,Word 会自动打开"Templates"文件夹让用户保存模板,单击"保存"按钮即可。这样,一个新的文档模板就保存好了,模板文件的扩展名为.dotx。

2. 自定义模板

自定义模板就是直接设计所需要的模板文件,其步骤如下:

①打开"Office 按钮"菜单并选定"新建"项,显示"新建文档"任务窗格;

②在"模板"区选择"已安装的模板"项,打开"已安装的模板"对话框;

③单击选中某一个内置的模板图标,选择"模板"单选按钮;

④在打开的"模板 1"模板窗口中,使用与文档窗口相同的操作方法,对页面、特定的各种文字样式、背景、插入的图片、快捷键、页眉和页脚等进行设置;

⑤所有设置完成后,单击"Office 按钮"菜单中的"保存"按钮,打开"另存为"对话框,在"文件名"文本框中输入模板文件名,最后单击"确定"按钮。

案例 1　个性台历制作

办公桌上漂亮的台历的制作步骤:

①首先进行页面设置,把功能区"页面布局"选项卡"页面设置"中"纸张方向"默认的纵向改为横向。

②执行功能区"插入"选项卡"文本"组的"文本框"命令,选择"绘制文本框"。在空白页面绘制一个文本框(文本框的大小由自己决定),绘好文本框后,还可以选择 Word 2007 中为你提供的一些填充文本框的样式。

③将光标置于文本框中,执行功能区"插入"选项卡"表格"组的"插入表格"命令,选择"快速表格",选一个自己喜欢的日历版面。

④插入日历后,也可以选择 Word 2007 中自带的一些表格样式,调整好日历在文本框中的位置,在文本框空余的位置再绘制一个小文本框,步骤和①相同。

⑤执行功能区"插入"选项卡"插图"组的"图片"命令,在小文本框中插入喜爱的图片,并调整好位置。

⑥如果图片没有占满小文本框,可以自己再设计一些东西来进行填充。比如一些有哲理性的语句或是祝福语言也行。

⑦最后是做完善工作,把日历的字体及字体颜色更改一下。将星期日和星期六的字体用最醒目的红色标记,如图 4.41 所示,如果满意就可以打印了。

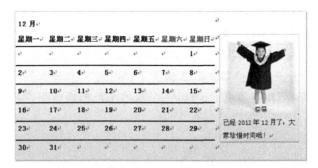

图 4.41 制作台历

案例 2 印章的制作

1. 公章的制作方法

在 Word 2007 中,制作公章的步骤如下:

①在功能区"插入"的"插图"选项卡中,选定"形状"命令中的椭圆;

②按住键盘上的"Shift"键,然后按住鼠标左键拖动,画出一个正圆。

③选中该圆,在功能区上方的"绘图工具"/"格式"的"形状样式"组中,将"形状填充"设为"无填充颜色",将"形状轮廓"设为"红色",再设置粗细为"6 磅",设置完成后如图 4.42 所示。

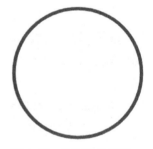

图 4.42 公章的轮廓图

④画好圆后再执行功能区"插入"选项卡"文本"组"艺术字"命令,在弹出的艺术字选择框里面,我们选择"艺术字样式 3",也就是第三个。

⑤在弹出的"编辑艺术字文字"框中输入你想要的文字,这里输入"西安交通大学城市学院",然后按"确定"按钮。

⑥单击选中刚刚插入的艺术字,然后选择"格式"中排列组中的"文字环绕",设置为"浮于文字上方"。

⑦选中艺术字,然后将在艺术字样式组中的"形状填充"和"形状轮廓"的颜色全部设置为"红色"。

⑧拖动艺术字周围的空点来慢慢调整圆形的整体大小与弧度,将它置于圆形内,如图 4.43 所示。

⑨画五角星。选择功能区"插入"选项卡的"形状"组,单击该组中的"形状"命令,选择最下面的"五角星",按住 Shift 键不放,鼠标左键拖拉可画出正五角星来。

图 4.43 添加艺术字

⑩选中"五角星"进入"格式"选项卡,"形状填充"与"形状轮廓"全部设置成红色,如图 4.44 所示。

⑪插入文本框。单击执行功能区"插入"的"文本"组中的"文本框"命令。

⑫在圆形里面适当的位置绘制文本框并在里面输入文字,这里输入"计算机系";文本框中的字体大小可以任意设置,颜色设为红色,再将文本框的"形状填充"和"形状轮廓"设置为"无填充颜色"和"无轮廓"。

⑬选中所有对象,单击鼠标右键,在快捷菜单中选择"组合"命令,将多个对象组合成一个对象,如图 4.45 所示。

图 4.44　公章的轮廓图　　　　图 4.45　公章的效果图

习　题

1. 选择题

(1) Word 2007 文档默认的扩展名是(　)。

　　A. txt　　　　B. dot　　　　C. wri　　　　D. docs

(2) 保存文档的命令出现在(　)。

　　A. Office 按钮　　B. 开始　　　　C. 文件　　　　D. 格式

(3) 在 Word 的编辑状态,当前编辑文档中的字体全是宋体字,选择了一段文字使之成反显状,先设定了楷体,又设定了仿宋体,则(　)。

　　A. 文档全文都是楷体　　　　B. 被选择的内容仍为宋体

　　C. 被选择的内容变为仿宋体　　D. 文档的全部文字的字体不变

(4) 在 Word 的编辑状态,当前正编辑一个还没有保存的新建文档"文档 1",当执行"Office 按钮"菜单中的"保存"命令后(　)。

　　A. 该"文档 1"被存盘　　　　B. 弹出"另存为"对话框,供进一步操作

　　C. 自动以"文档 1"为名存盘　　D. 不能以"文档 1"存盘

(5) 需要在 Word 中插入各种形状,可以在(　)功能区的插图选项卡中选择。

　　A. 插入　　　　B. 视图　　　　C. 开始　　　　D. 审阅

(6) 进行文本选定、剪贴、复制、粘贴操作可在(　)功能区。

　　A. 开始　　　　B. 页面布局　　　C. 引用　　　　D. 视图

(7) 将当前编辑的 Word 文档转存为其他格式的文件时,应使用"Office 按钮"菜单中的(　)命令。

A. 保存　　　　B. 页面设置　　　C. 另存为　　　　D. 发送

(8) Word 2007 可以为文字设置不同的格式,是在( )对话框里进行设置。

A. 打印　　　　B. 字体　　　　　C. 选项　　　　　D. 样式

(9) 在 Word 的编辑状态下,选择了整个表格,执行了"布局"选项卡中的"删除行"命令,则( )。

A. 整个表格被删除　　　　　B. 表格的一行被删除

C. 表格中的一列被删除　　　D. 表格中没有被删除的内容

(10) Word 的默认视图方式是( ),它具有屏幕更新速度快,流动效果好的特点。

A. 普通视图　　B. 页面视图　　　C. 大纲视图　　　D. 主控文档。

(11) 调整段落左右边界以及首行缩进格式的最方便、直观、快捷的方法是( )。

A. "插入"功能区命令　　　　B. "应用功能区命令"

C. 格式　　　　　　　　　　D. 标尺

(12) 保存文档的按键是( )。

A. Ctrl+S　　　B. Alt+S　　　C. Shift+S　　　D. Shift+Ctrl+S

(13) 在编辑区单击鼠标右键出现的下拉菜单中的的"剪切"和"复制"菜单颜色黯淡,不能使用时,表示( )。

A. 此时只能从"开始"功能区执行"剪切"和"复制"命令

B. 在文档中没有选定任何内容

C. 剪贴板已经有了要剪切或复制的内容

D. 选定的内容太长,剪贴板放不下

(14) 将文档中的一部分内容复制到别处,最后一个步骤是( )。

A. 重新定位插入点　　　　　B. 粘贴

C. 剪切　　　　　　　　　　D. 复制

2. 填空题

(1) 剪切、复制、粘贴的快捷键分别是_____、_____、_____。

(2) Word 2007 中段落的对齐方式有_____、_____、_____和_____四种。

(3) 打印之前最好能进行_____,以确保取得满意的打印效果。

3. 简答题

(1) 简述 Word 工作窗口的组成。

(2) 文档有哪几种视图方式? 各有什么特点?

(3) 在文档中移动光标有哪几种方法? 选定文本有哪几种方法? 编辑文本有哪些操作?

(4) 在文档中设置文本格式有哪些操作? 设置文档段落有哪些操作? 设置页面有哪些操作?

(5) 在文档中插入表格有哪些方法? 编辑表格有哪些操作? 设置表格有哪些操作?

(6) 在文档中插入图形有哪些操作? 编辑图片有哪些操作?

(7) 在文档中插入艺术字有哪些操作?

4. 操作题

(1) 按照要求为下面的文字设置文字格式。

西江月　　蝶恋花　　满江红

要求：西江月——华文行楷、48 磅字、绿色、阳文；

　　　蝶恋花——华文新魏、二号字、红色、阴影、文字间距为 2 磅、逐字降低 3 磅；

　　　满江红——华文彩云、一号字、蓝色、阴文、文字效果为赤水情深。

(2) 按照要求设置下面三段文字的格式。

巨大的溶洞

　　巨大的溶洞是可以分几层的。如佛子岩分三层，兴安石乳岩、江苏善卷洞、宜昌硝洞、桂林七星岩等也都为三层，四川兴文县天泉洞可分五层，而北京石花洞，已知有 6 层，与湖北利川腾龙洞相同，但据地质资料推测，石花洞下面还有七层、八层洞。成为我国发现层数最多的溶洞。洞穴多层次表示该地地壳在不断上升，地下水面在不断下降，最初形成的水洞不断转化为干洞，并上升到一定的高度，各层洞之间有落水洞贯通。

　　我国一些著名的溶洞者具有高大的穹形大厅地形，如：

　　北京云水洞 6 洞室，福建将乐玉华洞 6 洞室，四川兴文天泉洞 6 洞室，河南巩县雪花洞 6 洞室，浙江桐庐瑶琳仙境 7 洞室，安徽宣城龙泉洞 7 洞室，河北临城峥山洞 7 洞室，广西桂林芦笛岩 9 洞室，利川腾龙洞 10 洞室，广东韶关芙蓉仙洞 10 洞室。

　　完成以下要求：

　　①在 Word 中输入上段文字，并设置标题文字"巨大的溶洞"为楷体 GB 2312，二号字，缩放 150%；

　　②设置标题文字"巨大的溶洞"礼花绽放效果，居中对齐；

　　③文字前两段字体为四号，首行缩进两个汉字；

　　④使用制表位排列文字（制表位位置：1.07 字符左对齐，15.71 字符左对齐，20.71 字符竖线对齐，22.86 字符左对齐，35.36 字符左对齐）；

　　⑤设置页眉文字为"巨大的溶洞"右对齐，页脚为当前系统日期并左对齐。

　　⑥完成后保存在以自己姓名命名的文件夹中，文件名为你的学号。

(3) 利用模板创建一份表格式个人简历。

第 5 章　Excel 2007 电子表格应用

Excel 是一个电子表格软件,在各种办公软件中,最常用的除文字处理软件外,就是电子表格软件。本章介绍 Excel 2007 电子表格软件的基本功能及使用方法。希望通过本章的学习,能够帮助读者了解 Excel 2007 处理数据和快速生成表格的工作流程,逐步掌握电子表格软件的实质,学会灵活应用电子表格软件进行表格数据处理。

5.1　认识 Excel 2007

5.1.1　Excel 2007 的启动和退出

1. Excel 2007 的启动

启动 Excel 2007 常用以下几种方法:
① 双击 Excel 图标。
② 利用"开始"菜单:单击任务栏上左边的"开始"按钮,选择"所有程序"菜单中的"Microsoft Office"子菜单,再选择"Microsoft Office Excel 2007"命令。
③ 利用最近的文档:单击任务栏上的"开始"按钮,单击"Administrator"选项,在弹出的对话框中选择"我的文档"文件夹,其中列出的是最近使用过的各种文档。如果其中列出了最近使用过的 Excel 工作簿,选择其中一个单击即可启动 Excel,并同时打开所选中的工作簿。
④ 利用已建立的 Excel 工作簿。

2. Excel 2007 的退出

退出 Excel 2007 就是关闭 Excel 窗口,通常有以下几种方法:
① 单击 Excel 窗口右上角的"关闭"按钮。
② 双击 Excel 窗口左上角的"Office 按钮"。
③ 单击 Excel 窗口左上角的"Office 按钮",选取右下角的"退出 Excel"按钮。
④ 按 Alt+F4 组合键。

在退出 Excel 之前,若正在编辑的工作簿中有内容尚未存盘,则系统会弹出一个对话框,询问是否保存被修改过的文档,用户可根据需要进行选择。

5.1.2　Excel 2007 的窗口组成

Excel 2007 启动后,出现在我们面前的是 Excel 2007 的用户界面,如图 5.1 所示。该界面由两个窗口组成,其中大窗口是 Excel 2007 应用程序窗口,小窗口是 Excel 2007 的工作簿窗口。工作簿窗口可以通过文档控制按钮最小化成关闭状态。整个用户界面主要由 Office 按钮、快速访问工具栏、标题栏、功能区、行号列标、编辑区、滚动条、工作表标签、状态栏等组成。

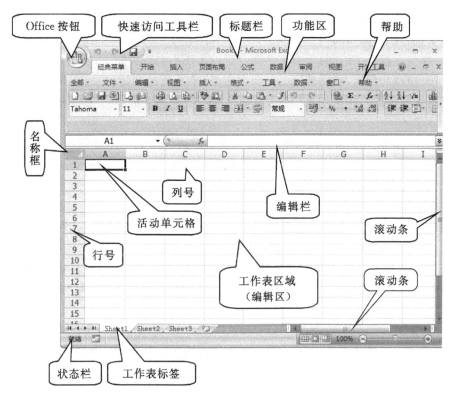

图 5.1　Excel 2007 窗口的组成

(1) Office 按钮

Office 按钮位于窗口左上方,图标为 ,鼠标左键单击此按钮,包括 9 项菜单、"Excel 选项"按钮和"退出 Excel"按钮,在"最近使用的文档"中列出当前使用的 Excel 文件。

(2) 快速访问工具栏

快速访问工具栏位于 Excel 2007 窗口的顶部,用户可以使用它快速访问频繁使用的工具。用户可以通过该工具栏右侧的下三角自定义快速访问工具栏,还可以通过下三角中的"其他命令"菜单将更多其他需要的命令添加到快速访问工具栏。

(3) 标题栏

标题栏位于窗口的最上方,默认为暗蓝色。它包含应用程序名、文档名和控制按钮。当窗口不是最大化时,用鼠标按住标题栏拖动,可以改变窗体在屏幕上的位置。双击标题栏可以使窗口在最大化与非最大化间切换。标题栏各组成部分的意义如下:

①"最小化"按钮 :位于标题栏右侧,单击此按钮可以将窗口最小化,缩小成一个小按钮显示在任务栏上。

②"最大化"按钮 和"还原"按钮 :位于标题栏右侧,这两个按钮不可以同时出现。当窗口不是最大化时,可以看到 ,单击它可以使窗口最大化,占满整个屏幕;当窗口是最大化

时,可以看到 🗗 ,单击它可以使窗口恢复到原来的大小。

③"关闭"按钮 ✖ :位于标题栏最右侧,单击它可以退出整个 Excel 2007 应用程序。

(4) 功能区

功能区由选项卡、组、命令组成,其中每个选项卡代表一个活动区域,包括 9 项,分别是:经典菜单、开始、插入、页面布局、公式、数据、审阅、视图和开发工具。除经典菜单选项卡外,其他每个选项卡都包括若干个组,每组有许多命令可以实现不同的功能。

用户可以隐藏功能区,在功能区的任何空白处,单击鼠标右键,弹出下拉菜单,选择"功能区最小化"各选项卡的内容。如果想恢复功能区,取消"功能区最小化"前面的对勾即可。

(5) 行号列标

A、B、C、D…分别用于标明表格中的各列,表格左边缘的数字则标明各行,列标与行号用于确定一个单元格的位置,如 A1 表示 A 列中的第 1 行单元格,C3 就表示 C 列中的第 3 行单元格。

(6) 工作表区域

工作表区域是窗口中间的由单元格组成的二维表,是用户使用 Excel 存放和编辑数据的工作环境。表中各单元格各有一个名称,将光标移至单元格内后,光标状态将变成一个空十字形,其中可以对数据进行输入和统计处理。"工作表区域"由工作表、单元格、网格线、行号列标、滚动条和工作表标签构成。"列标"就是各列上方的灰色字母区,"行号"就是位于各行左侧的灰色编号区。

(7) 滚动条

滚动条分垂直滚动条和水平滚动条。用鼠标拖动滚动条可以快速定位表格在窗口中的位置。

(8) 工作表标签

工作表标签也称工作表,它位于工作簿窗口的下边框,用于表示工作表的名称及表示工作簿文件由几个工作表组成。其中白底黑字的标签所显示的工作表是当前工作表。工作表标签是用来切换不同表单的工具,一般默认为 3 个,单击在工作表标签的最右侧的"插入工作表"标签,可以插入工作表。用户可以根据自己的实际需要增加或者减少表单数目。

(9) 状态栏

Excel 状态栏位于程序窗口底部,它可以显示各种状态信息,如单元格模式、功能键的开关状态等,用户可以在 Excel 状态栏上单击鼠标右键进行设置。例如,在工作表区域输入图 5.2 所示的内容并全部选中,然后在状态栏上单击鼠标右键弹出如图 5.2 所示的菜单,在该菜单中选中最大值、平均值和求和,在状态栏便可显示相应的数据。

Excel 2007 的状态栏所包含的信息比 Excel 2003 丰富得多,在其右侧还放置了视图切换、显示比例等快捷操作命令。

5.1.3 Excel 2007 的帮助

Excel 2007 的帮助和 Word 2007 的帮助类似,在此就不再赘述。

图 5.2　状态栏菜单

5.2　操作工作簿与工作表

5.2.1　工作簿操作

1. 新建一个工作簿

利用下列方法之一，在 Excel 2007 中新建一个工作簿：

①启动 Excel 2007 时，系统自动建立一个名为"Book1"的工作簿，如图 5.1 所示。

②单击"Office 按钮"中的"新建"菜单，显示"新建工作簿"对话框；选择"空白文档和最近使用的文档"窗格中的"空工作簿"，单击"创建"按钮即可建立一个新的工作簿。

③单击自定义快速访问工具栏上的"新建"按钮，即可建立一个新的工作簿。

④使用快捷键 Ctrl+N。

2. 保存工作簿

①单击"Office 按钮"，选择"保存"命令；或者按"Ctrl+S"快捷键；或单击快速访问工具栏上的"保存"按钮，弹出一个"另存为"对话框。

②确认"保存类型"下拉列表框中显示的是"Excel 工作簿(*.xlsx)"类型。若不是，则在该下拉式列表框中重新选择"Excel 工作簿(*.xlsx)"类型。Excel 2007 的保存类型很丰富，如图 5.3 所示。考虑到与 Excel 2003 的兼容性，也可以保存为"Excel 97－2003 工作簿(*.xls)"。

5.2.2　工作表操作

Excel 工作表是一张已经绘制好的电子表格，用户只需要进行数据的输入或通过一系列的命令对数据进行管理操作即可。

图 5.3 保存类型

1. 基本概念

(1) 工作表

Excel 2007 工作表是由 1048576 行和 16384 列构成的一个二维表格。行的编号由上而下从 1 到 1048576;列的编号前 26 列为字母 A 到 Z,Z 列之后,列标题以双字母和三字母的形式从头开始编号,从 AA 到 AZ,AZ 之后,从 BA 到 BZ,以此类推,直到 XFD。行和列坐标交叉位置所指的矩形框称为单元格。

一个工作簿文件最多可以有 255 个工作表,但是用户可以操作的工作表在某一时刻只能有一个,该工作表称为当前工作表。无论有多少个工作表,这些工作表保存时都将保存在该工作簿文件中。

(2) 单元格

单元格是 Excel 工作表中的基本元素,是 Excel 中存储和编辑数据的最小单元,单元格中可以输入或编辑文字、数字、图形、声音和函数等信息。

每一单元格都由固定的名称地址进行识别,用列、行编号表示。例如 E5 表示第 E 列、第 5 行的单元格,是第 E 列与第 5 行交叉位置单元格的地址。

一个工作簿往往有多个工作表,为了区分不同工作表中的单元格,常在地址的前面增加工作表名称。例如,Sheet2! A24 表示"Sheet2"工作表中的"A24"单元格。

(3) 活动单元格

在众多的单元格中,用户当前可以操作的单元格只有一个,该单元格称为活动单元格,其外边框显示为黑色。

2. 工作表的选定

① 单击一个工作表标签,即可选定相应的工作表。

② 若要选定多个相邻的工作表,单击要选定的多个工作表中的第一个工作表,然后按住 Shift 键并单击要选定的最后一个工作表标签,形成一个由若干工作表组成的工作组。

③ 选定多个不相邻的工作表,按住 Ctrl 键,单击要选定的第一个工作表标签,然后再单击要选定的第二个工作表标签,依次类推,即可选定多个不相邻的工作表组成的工作组。

3. 插入工作表

例如在第二个工作表"Sheet2"之前插入一个工作表,操作步骤如下:点击"Sheet2"工作表的标签,单击鼠标右键,选择"插入"命令,在弹出的对话框中选择工作表,即可在选定的工作表之前插入一个新的工作表。亦可点击工作表的标签右侧的"插入工作表"按钮,即可在已有工作表之后插入一个新工作表,如图 5.4 所示。

图 5.4　插入工作表

4. 移动工作表

单击要移动的工作表标签,沿着工作表标签行在水平方向上拖曳工作表标签移动,在移动过程中,将出现一个黑色的三角形指示工作表要插入的位置,当黑色三角形到达插入位置时,释放鼠标按键即可。也可以选中需要移动的工作表,单击鼠标右键,在快捷菜单中选择"移动或复制工作表",弹出的对话框(如图 5.5 所示)中可以设置移动到哪个工作表之前,还可以移动到另外的工作簿中。

5. 删除工作表

选定要删除的工作表,单击鼠标右键,在弹出的菜单中选择"删除"命令即可。也可以单击"开始"选项卡的"单元格"组中"删除"命令,选择"删除工作表"即可。

图 5.5　"移动或复制工作表"对话框

6. 复制工作表

单击要复制的工作表标签。按住 Ctrl 键,沿着工作表标签行在水平方向上拖曳工作表标签移动,到达目标位置后,释放鼠标按键和 Ctrl 键,即可复制产生一个工作表。也可以在图 5.5 中将"建立副本"前面的复选框选中来移动工作表,即可复制一个工作表。

7. 工作表重命名

选择需要重命名的工作表的标签,单击右键在弹出的菜单中选择"重命名",或单击功能区"开始"选项卡中"单元格"组"格式"命令下的"重命名工作表",使其反白显示。输入新的工作表的名称后按 Enter 键即可。

8. 隐藏工作表

选择需要隐藏的工作表,单击功能区"开始"选项卡"单元格"组中的"格式"命令弹出菜单,选择菜单"隐藏或取消隐藏"中的"隐藏工作表"。如果需要取消隐藏工作表,选择菜单"隐藏或取消隐藏"中的"取消隐藏工作表"。

5.3 单元格数据的操作

5.3.1 单元格的选定

1. 选定单个单元格

选定单个单元格就是指确定一个活动单元格。在工作簿中,单击相应的单元格,或按键盘上方向键移动到相应的单元格,这时单元格的边框变为黑色粗线标志,如图5.6所示。

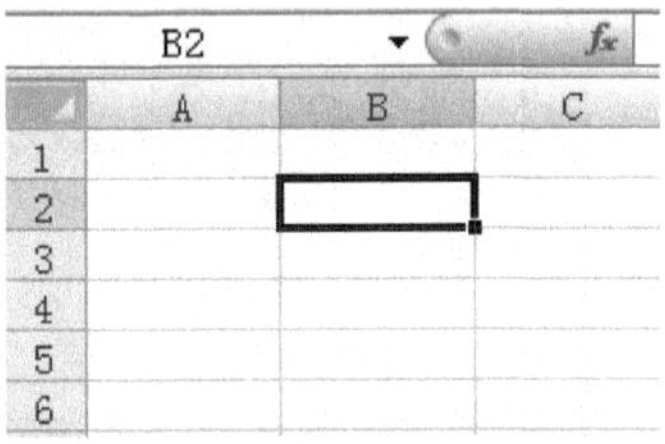

图 5.6　选定单元格 B2　　图 5.7　选定单元格区域 A2:B4

2. 选定连续单元格区域

可利用以下方法之一:

①单击需要选定区域的第一个单元格,然后拖动鼠标到该区域的最后一个单元格,松开鼠标即可,选定的区域将变为蓝底,如图5.7所示。

②单击需要选定区域中的第一个单元格,然后按住 Shift 键再单击该区域中的最后一个单元格(也可以先滚动到最后一个单元格所在的位置)。

3. 选定工作表中所有单元格

单击行列交叉的左上角"全选"按钮,或按 Ctrl+A 组合键,如图5.8所示。

4. 选定不相邻单元格或单元格区域

先选定第一个单元格或单元格区域,然后按住 Ctrl 键,再选定其他的单元格或单元格区域。

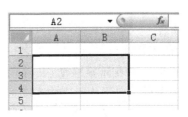

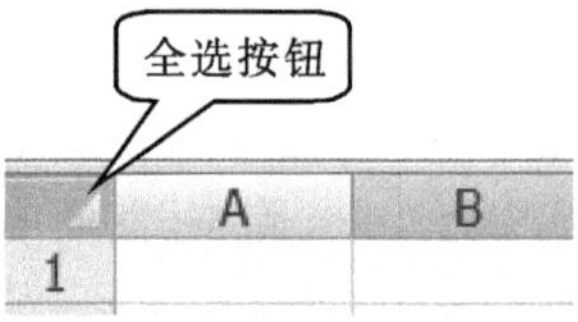

图 5.8　全选按钮

6. 整行或整列选定

单击工作簿的行或列的标题即可进行整行或整列的选定。

7. 相邻的行或列选定

在行标题或列标题中拖动鼠标。或者先选中第一行或第一列,再按住 Shift 键选中最后一行或最后一列。

8. 不相邻的行或列选定

先选中第一行或第一列,再按住 Ctrl 键选中其他的行或列。

5.3.2 单元格数据的输入

当建立工作簿和工作表之后,用户需要向单元格中输入待处理的数据。Excel 2007 中,用户可以输入的内容有文本、数字、公式、日期和时间、运算符和函数等。

1. 输入数字

单击要向其中输入数据的单元格,键入数据并按 Enter 键或 Tab 键。如果要设置小数点的位数,选中要设置的单元格,点击右键,选择"设置单元格格式",在弹出的窗口中,选择数字选项,可以设置小数点的位数。

2. 输入日期和时间

①日期:用连接符分隔日期的年、月、日部分。例如,可以键入"2013-8-30"。

②时间:如果按 12 小时制输入时间,请在时间数字后空一格,并键入字母 a(上午)或 p(下午)。例如,9:00 p。如果要输入当前的时间,请按 Ctrl+Shift+:(冒号);如果要输入当天的日期,则按 Ctrl+;(分号)。

3. 同时在多个单元格中输入相同数据

①选定需要输入数据的单元格(单元格可以不相邻);

②在编辑栏中键入相应数据;

③按 Ctrl+Enter 组合键。

4. 在同一数据列中自动填写重复录入项(记忆式键入法)

如果在单元格中键入的起始字符与该列的上一个单元格已有的录入项相符,Microsoft Excel 可以自动填写其余的字符。但 Excel 只能自动完成包含文字的录入项,或包含文字与数字的录入项。方法如下:

①按 Enter 键接受建议的录入项;

②如果不想采用自动提供的字符,请继续键入;

③如果要删除自动提供的字符,请按 Backspace 键;

④如果要从录入项列表中选择数据列中已存在的录入项,请用鼠标右键单击单元格,然后在快捷菜单上单击"从下拉列表中选择"。

5. 在其他工作表中输入相同数据

如果已在某个工作表中输入了数据,可快速将该数据复制到其他工作表的相应单元格中。操作方法如下:

①选定含有输入数据的源工作表,以及复制数据的目标工作表(按住 Ctrl 键);

②选定包含需要复制数据的单元格;

③单击功能区"开始"选项卡"编辑"组中"填充"命令,选择"成组工作表"。

6. 自动填充序列数据

(1)自动填充

在关系表中输入数据时,如果输入带有明显序列特征的数据,如日期、时间等,可以拖动单元格右下角的填充柄进行填充,如图 5.9 所示。

(2)用户自定义序列

Excel 中提供了自定义序列功能,操作步骤如下:

①单击"Office 按钮"菜单中的"Excel 选项",在"Excel 选项"对话框中单击左侧"常用"选项卡中的"编辑自定义列表"按钮,弹出如图 5.10 所示的选项卡。

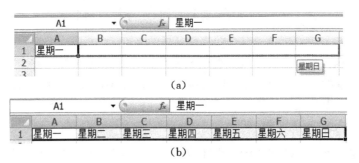

图 5.9 自动填充序列数据

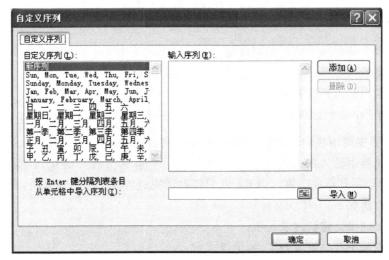

图 5.10 "自定义序列"对话框(1)

②在"输入序列(E):"项下面的文本框中输入要定义的序列。

③单击"添加"按钮,将输入的序列添加到自定义序列中,如图 5.11 所示。

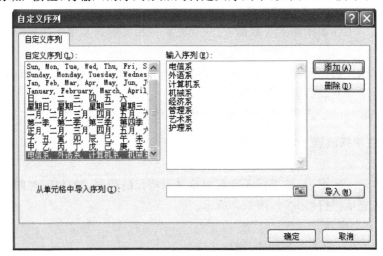

图 5.11 "自定义序列"对话框(2)

④按"确定"按钮,序列就会添加到 Excel 系统中,以后用户就可以用自动填充的方式输入该序列。

(3) 产生一个序列

填充尚未定义但有明显变化规律的序列,可以按以下步骤输入:

① 选定一个或两个单元格作为初始区域,输入序列的前一个或两个数据,如输入 1、3。

② 用鼠标指针将要填充到的区域全部选中,如将 A1:A9 选中,如图 5.12 所示。

③ 单击功能区"开始"选项卡"编辑"组"填充"命令中的子菜单"系列",弹出如图 5.13 所示的对话框,选择"等差序列",指定步长值和终止值。

④ 单击"确定"按钮即可产生所需序列。

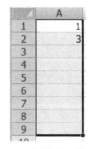
图 5.12 产生一个序列(1)

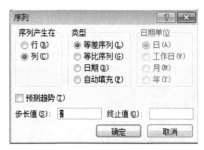
图 5.13 产生一个序列(2)

5.3.3 编辑与删除数据

1. 编辑数据

①双击待编辑数据所在的单元格。

②编辑单元格内容。

③若要输入请按 Enter 键,若要取消所做的更改请按 Esc 键。

2. 删除数据

①选定要删除的单元格、行或列。

②按 Delete 键删除内容。

③如果需要用上下左右某个单元格内容来填充,单击功能区"开始"选项卡"编辑"组中"填充"命令,选择"向上"、"向下"、"向左"或"向右"菜单实现。

④如果需要清除格式,在"开始"选项卡上选择"编辑"组,单击"清除"命令,选择"清除格式"菜单实现。

⑤如果需要删除重复项,在功能区"数据"选项卡上选择"数据工具"组,单击"删除重复项"命令实现。

5.3.4 复制与移动数据

1. 移动或复制单元格内容

①双击要移动或复制的数据所在的单元格,使该单元格处于可编辑状态。

②在单元格中,选定要复制或移动的字符。

③若要移动或复制选定区域,在"开始"选项卡上选择"剪贴板"组,单击"剪切"或"复

制"命令。

④单击需要粘贴字符的位置或双击要将数据移动或复制到的另一单元格。

⑤单击粘贴命令。如果粘贴时需要详细设置，可以单击粘贴命令下方的下三角，选择弹出的某个菜单项，如图 5.14 所示，如果选择"选择性粘贴"，弹出 5.15 所示的对话框，进行详细设置。

图 5.14　粘贴下拉菜单

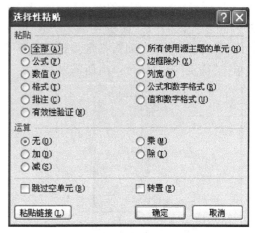

图 5.15　"选择性粘贴"对话框

2. 移动行或列

①选定需要移动的行或列。

②单击剪切或复制命令。

③选择要移动选定区域的下方或右侧的行或列。

④单击粘贴命令，也可通过图 5.14 或者图 5.15 进行详细设置。

3. 将列转换为行或将行转换为列

①在一列/行或多列/行中复制数据。

②将图 5.15"选择性粘贴"对话框中选择"转置"复选框，单击"确定"从选择的第一个单元格开始，Excel 将数据粘贴到一行/列中。

③也可以选择图 5.14 中"转置"命令来实现。

5.3.5　查找与某种格式匹配的单元格

选择功能区"开始"选项卡"编辑"组，单击"查找和选择"命令，下拉菜单中选择"查找"，弹出查找和替换对话框，用户根据需要完成操作即可。

5.3.6　设置单元格格式

1. 更改字体或字号

Excel 2007 中更改字体和字号的操作和 Excel 2003 的操作完全一样，在功能区"开始"选项卡的"字体"组中即可调整。也可以单击"字体"组右下角的斜箭头，弹出图 5.16 所示对话框，选择该对话框中的"字体"标签来设置字体。

2. 单元格边框的设置

单击功能区"开始"选项卡的"字体"组边框 命令中的下三角,在弹出的菜单中根据需要设置边框。或者单击菜单中的"其他边框",弹出如图 5.16 所示的对话框来设置边框。

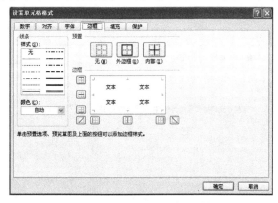

图 5.16 "边框"选项卡对话框

3. 单元格对齐

单元格的对齐可以提高工作表的视觉效果,单元格默认的水平对齐方式为:数字右对齐,文字左对齐。选择要对齐的单元格或者单元格区域,选择功能区"开始"选项卡中"对齐方式"组,在该组中可设置"顶端对齐"、"垂直居中"、"底端对齐"、"文本左对齐"、"居中"、"文本右对齐"以及"合并后居中"等,还可以单击"对齐方式"组右下角的斜箭头,打开如图 5.17 所示的对话框,根据需要设置对齐方式。

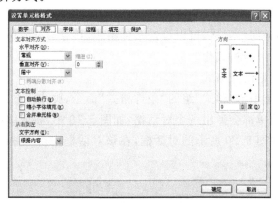

图 5.17 "对齐"选项卡对话框

需要在单元格中显示多行文本,可以选择"对齐方式"组中的"自动换行"复选框;如果文本较长,又不想调整列的宽度,可以选中图 5.17 中的"缩小字体填充"复选框;如果要合并选定单元格,则选中"合并单元格"复选框。

4. 设置单元格的背景

单击功能区"开始"选项卡"对齐方式"组右下角的斜箭头,弹出图 5.17 所示的对话框,在该对话框中选择"填充"标签,根据需要设置单元格的背景。

5. 设置数据格式

单击功能区"开始"选项卡"对齐方式"组右下角的斜箭头,弹出图5.17所示的对话框,在该对话框中选择"数字"选项卡,根据需要设置数字的格式,包括数据的宽度,小数的位数,时间日期的显示格式,该选项卡中给出了12类数据格式,如图5.18所示。

图5.18 "数字"选项卡对话框

6. 条件格式

对满足一定条件的数据单元格,可以设定条件格式,只有当单元格中的数据符合设置的条件时,系统自动为单元格进行格式化。

(1)指定条件的单元格设置格式

单击功能区"开始"选项卡"样式"组的"条件格式"命令,弹出下拉菜单,单击"突出显示单元格规则"的每个级联菜单都会弹出一个对话框,如图5.19中,将成绩中大于80分突出显示,选择"大于"菜单,弹出如图5.20所示的对话框,在该对话框中可以输入条件和设置格式。在

图5.19 突出显示单元格

设置时,可以随时预览最终结果。

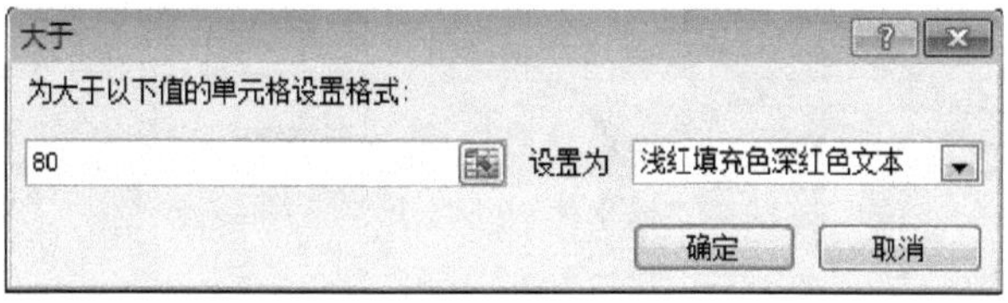

图 5.20 "大于"对话框

(2) 指定条件范围的单元格设置格式

"条件格式"下拉菜单"项目选取规则"的级联菜单中可以设置指定条件范围的单元格格式,每个级联菜单都会弹出一个对话框。如图 5.21 中,将高于平均值的分数设置一定的格式,选择"高于平均值",弹出如图 5.22 所示的对话框,在该对话框中设置格式。在设置时,可以随时预览最终结果。

图 5.21 项目选取规则

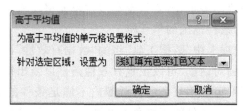

图 5.22 "高于平均值"对话框

(3) 数据条、色阶及图标的使用

用不同颜色的数据条表示单元格内值的大小,数据条越长表示单元格中数据的值越大,如图 5.23 所示。

色阶表示在单元格区域中显示双色渐变或三色渐变,颜色的底纹表示单元格中的值,如图 5.24 所示。Excel 2007 内置了很多图标集,在每个单元格中显示某个图标集中的一个图标,每个图标表示单元格中的一个值。

利用 Excel 2007 条件格式方便用户设置满足条件的单元格格式,用户也可以通过"条件格式"下拉菜单"新建规则",创建自己的规则。利用下拉菜单"清除规则"清除设置的规则;利用下拉菜单"管理规则"对设置的每一个规则进行管理。

图 5.23 用数据条表示成绩

图 5.24 色阶设置数据

7. 指定有效的单元格输入

在有些情况下,需要对某些数据的输入做一定的限制。例如,学生的成绩一般在 0~100 分之间,超出这个范围应该给出警报,需要指定有效的单元格输入。方法如下:

①选定要限制其数据有效性范围的单元格。

②单击功能区"数据"选项卡中"数据工具"组的"数据有效性"命令,在下拉菜单中选择"数据有效性",弹出 5.25 所示的对话框,可以设置有效性条件以及出错警告等信息。如果在下拉菜单中选择"圈释无效数据",可以用红色的椭圆圈出不满足条件的数据,如图 5.26 中原先输入的数据有不满足 0~100 这个条件的用红色的椭圆圈出来了,选择"取消无效数据标识圈"即

图 5.25 "数据有效性"对话框

可取消圈释。

图 5.26　圈释不满足条件的数据

5.4　公式与函数

5.4.1　公式计算

公式是对工作表中数值执行计算的等式,如一个执行数学计算的加、减就是一种简单的公式。公式要以等号(＝)开始。

引用的作用在于标识工作表上的单元格或单元格区域,并指明公式中所使用的数据的位置。默认情况下,Excel 使用 A1 引用样式,此样式引用字母标识列,引用数字标识行。这些字母和数字称为列标和行号。若要引用某个单元格,请输入列标和行号。详细的引用选项如表 5.1 所示。在公式中单元格的引用有以下三种方式。

表 5.1　单元格引用选项表

引用内容	引用格式
列 A 和行 10 交叉处的单元格	A10
在列 A 和行 10 到行 20 之间的单元格区域	A10:A20
在行 15 和列 B 到列 E 之间的单元格区域	B15:E15
行 5 中的全部单元格	5:5
行 5 到行 10 之间的全部单元格	5:10
列 H 中的全部单元格	H:H
列 H 到列 J 之间的全部单元格	H:J
列 A 到列 E 和行 10 到行 20 之间的单元格区域	A10:E20

1. 相对引用

公式中的相对单元格引用(如 A1)是基于包含公式和单元格引用的单元格的相对位置。如果公式所在单元格的位置改变,引用也随之改变。如果多行或多列地复制公式,引用会自动调整。默认情况下,新公式使用相对引用。例如,如果将单元格 B2 中的相对引用复制到单元格 B3,新公式引用将自动从"＝A1"调整到"＝A2"。

2. 绝对引用

单元格中的绝对单元格引用(例如＄A＄1)总是在指定位置引用单元格。如果公式所在单元格的位置改变,绝对引用保持不变。如果多行或多列地复制公式,绝对引用将不做调整。默认情况下,新公式使用相对引用,需要将它们转换为绝对引用。例如,如果将单元格 B2 中的绝对引用复制到单元格 B3,则在两个单元格中一样,都是＄A＄1。

3. 混合引用

混合引用具有绝对列和相对行,或是绝对行和相对列。绝对引用列采用＄A1、＄B1 等形式。绝对引用行采用 A＄1、B＄1 等形式。如果公式所在单元格的位置改变,则相对引用改变,而绝对引用不变。如果多行或多列地复制公式,相对引用自动调整,而绝对引用不作调整。

例如:A1 单元格的数据为 10,A2 单元格的数据为 11,B1 单元格的数据为 20,B2 单元格的数据为 21,C1 单元格为公式"＝A＄1",则确定后 C1 单元格的数据为 10,将 C1 单元格的公式复制到 D2,此时 D2 的数据为 20,公式为"＝B＄1"。

5.4.2 运算符

运算符就是这样的一种符号,用于指明对公式中元素做计算的类型,如:加法、减法或乘法。中文 Excel 2007 中的运算符四种类型:算术运算符、比较运算符、文本运算符和引用运算符,它们的功能与组成如下所述。

1. 算术运算符

算术运算符用于完成基本的数学运算,如加法、减法、乘法、除法等。各算术运算符名称与用途如表5.2所示。

表 5.2　算术运算符表

算术运算符	名称	用途	示例
＋	加号	加	3＋3
－	减号	"减"以及表示负数	3－1
＊	星号	乘	3＊3
／	斜杠	除	3月3日
％	百分号	百分比	20％
＾	脱字符	乘方	3^2(与 3＊3 相同)

2. 比较运算符

比较运算符用于比较两个值,结果是一个逻辑值,即不是 True 就是 False。与其他的计算机程序语言类似,这类运算符还用于按条件做下一步运算。各比较运算符名称与用途如表5.3所示。

表 5.3 比较运算符表

比较运算符	名称	用途	示例
=	等号	等于	A1=B1
>	大于号	大于	A1>B1
<	小于号	小于	A1<B1
>=	大于等于号	大于等于	A1>=B1
<=	小于等于号	小于等于	A1<=B1
<>	不等于	不等于	A1<>B1

3. 文本运算符

文本运算符实际上是一个文字串联符——&，用于加入或连接一个或更多字符串来产生一大段文本。如"North" & "west"，结果为"North west"。

4. 引用运算符

引用运算符可以将单元格区域合并起来进行计算，如表 5.4 所示。

表 5.4 引用运算符表

引用运算符	名称	用途	示例
:	冒号	区域运算符，对两个引用之间，包括两个引用在内的所有单元格进行引用	B5:B15
,	逗号	联合操作符将多个引用合并为一个引用	SUM(B5:B15,D5:D15)

5.4.3 公式的编辑

1. 公式的输入

假设有三门课成绩，需要求其平均成绩，数学成绩存放在 A2，英语成绩存放在了 B2，计算机成绩存放在 C2，平均分存放在 D2，选中 D2 单元格，在编辑栏中输入公式：=(A2+B2+C2)/3，按下 Enter 键即可，如图 5.27 所示。

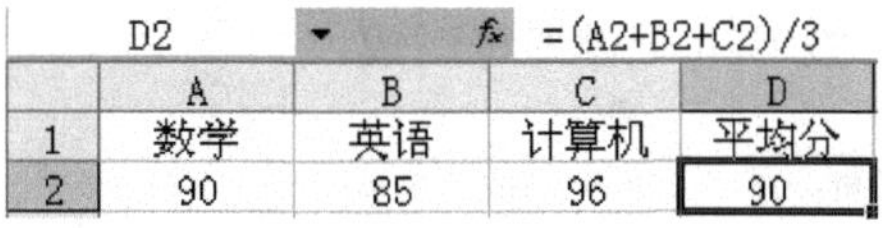

图 5.27 公式计算实例

公式输入操作过程如下：

①单击要输入公式单元格，首先输入等号，接着输入公式内容，最后按回车键或单击编辑

栏中的 ✓ 按钮确认。

②如果要取消公式的输入,单击编辑栏中的 ✗ 按钮。

2. 公式的编辑

(1)修改公式

选中包含公式的单元格,在编辑栏修改公式内容,按回车键或单击编辑栏左边的 ✓ 按钮即可。

(2) 复制公式

若要把一个单元格中的公式复制到另外的单元格中,可以采用以下方法:

①单击选择要复制的公式所在的单元格。

②单击功能区"开始"选项卡"剪贴板"组的复制命令并选择要复制公式的目的单元格。

③单击功能区"开始"选项卡"剪贴板"组"粘贴"命令中的"选择性粘贴",弹出图 5.15 所示的对话框。

④在对话框中选"公式"按钮,单击"确定"即可。

注意:使用不同的引用方法,例如公式从 A1 复制到 C3,其含义如表 5.5 所示。

表 5.5 不同引用下的复制公式含义

原公式	复制后公式	原公式	复制后公式
＄A＄1(绝对列和绝对行)	＄A＄1	＄A1(绝对列和相对行)	＄A3
A＄1(相对 列和绝对行)	C＄1	A1(相对列和相对行)	C3

(3)移动公式

如把一个单元格中的公式移动到另一单元格,其操作过程如下:

①单击选择要移动的公式所在的单元格;

②单击功能区"开始"选项卡"剪贴板"组的 ✂ 按钮或使用快捷键 Ctrl+C;

③单击选择要移动公式的目的单元格;

④单击功能区"开始"选项卡中"剪贴板"组的 📋 按钮或使用快捷键 Ctrl+V。

移动公式也可以通过鼠标拖动的方法完成:

① 单击选择要移动的公式所在的单元格;

② 将鼠标移到选中单元格边框的右下角,当鼠标光标出现黑十字时,按住左键拖动到目的单元格,释放左键即可。

3. 删除公式

单击包含公式的单元格,按 Delete 键即可完成。

5.4.4 使用函数计算

函数是一些预定义的公式,通过使用一些称为参数的特定数值来按特定的顺序或结构执行计算。函数可用于执行简单或复杂的计算。

1. 函数的结构

函数的结构以等号(=)开始,后面紧跟函数名称和左括号,然后以逗号分隔输入该函数的参数,最后是右括号。

函数的参数可以是数字、文本、逻辑值(例如 True 或 False)、单元格引用等。指定的参数都必须为有效参数值。参数也可以是常量、公式或其他函数。

2. 常见函数

(1)SUM

①用途:返回某一单元格区域中所有数字之和。

②语法:SUM(number1,number2,…)。

(2)AVERAGE

①用途:计算所有参数的算术平均值。

②语法:AVERAGE(number1,number2,…)。

(3)COUNT

①用途:返回数字参数的个数。它可以统计数组或单元格区域中含有数字的单元格个数。

②语法:COUNT(value1,value2,…)。

(4)MAX

①用途:返回数据集中的最大数值。

②语法:MAX(number1,number2,…)

5.5 图表绘制与数据管理

5.5.1 绘制图表

利用中文 Excel 2007 提供的图表功能,可以基于工作表中的数据建立图形表格,这是一种使用图形来描述数据的方法,用于直观地表达各统计值大小差异。以下以图 5.28 所示的学生成绩表为例进行介绍。

图 5.28 选择学号与成绩列

绘制图表请按下列步骤进行操作:

①选择数据:

a. 将光标移至 A3 单元格上。单击它并向下拖动,选定各学生的学号。

b. 按住键盘上的 Ctrl 键,选择学号列和成绩列,结果应如图 5.28 所示。

②选择功能区"插入"选项卡中"图表"组,根据各命令插入不同形状的图表,也可以单击该组右下角的斜箭头,弹出如图 5.29 所示的对话框选择某一种类型,此例中选择簇状柱形图,此时在工作区域产生一个工作图表。

③功能区出现"图表工具",该功能区显示了系统提供的图表工具,可对工作图表进行详细的设置,包括三个选项卡:"设计"、"布局"和"格式"。

a. 在"设计"选项卡,通过"类型"组可以更改图表类型;"数据"组可以切换行和列的内容,

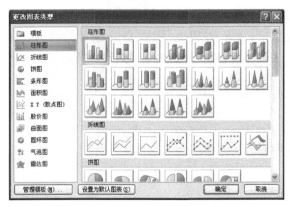

图 5.29 "更改图表类型"对话框

单击该组的"选择数据"或者在图表上单击鼠标右键选择"选择数据"菜单弹出图 5.30 所示的对话框重新选择数据源;"图表布局"组内置了很多布局样式,用户可以选择;"图表样式"组内置了很多图表的样式,用户可以选择;"位置"组可以改变图表的位置,单击它,弹出图 5.31 所示的对话框设置图表位置。

图 5.30 "选择数据源"对话框

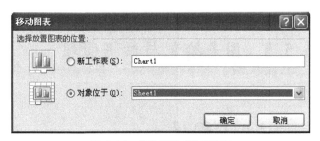

图 5.31 "移动图表"对话框

b."布局"选项卡中,通过"插入"组可以在图表中插入图片、各种形状以及文本框;通过"标签"组可以添加或修改图表标题、坐标轴标题、图例、数据标签,还可以根据内容添加数据表;通过"坐标轴"组,可以修改横坐标和纵坐标的显示方式,也可以添加或删除图表中的网格线;通过"背景"组可以对绘图区格式进行设置;通过"分析"组可以给图表添加趋势线或误差线等。

c."格式"选项卡中的各命令可以对图表区的格式进行详细的设置。

④最终效果如图 5.32 所示。

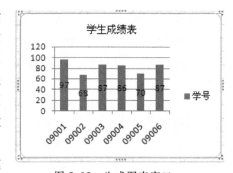

图 5.32 生成图表窗口

5.5.2 数据排序

在中文 Excel 2007 中可以根据现有的数据资料对数据值进行排序。选择功能区"数据"选项卡中的"排序和筛选"组,单击升序 ,用于按递增方式重排数据;单击降序 ,用于递减方式重排数据。

以学生的成绩表排序为例，对学生的成绩进行排序。

①选定成绩栏，如图 5.33 所示。

②成绩需要从高到低排序，点击按钮，弹出"排序提醒"对话框，如图 5.34 所示。有两个单选框，如果选定第一项，则所有的数据都会随着选定的这列的顺序而改变，一般都选择这一项，效果如图 5.35(a)所示；如果选择第二项，效果如图 5.35(b)所示。排序将只发生在这一列中，其他列的数据排列将保持不变，其结果可能会破坏原始记录结构，造成数据错误。

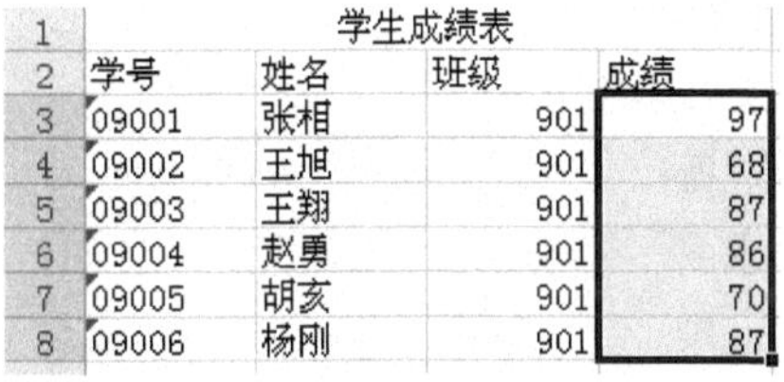

1	学生成绩表			
2	学号	姓名	班级	成绩
3	09001	张相	901	97
4	09002	王旭	901	68
5	09003	王翔	901	87
6	09004	赵勇	901	86
7	09005	胡亥	901	70
8	09006	杨刚	901	87

图 5.33　选定成绩列

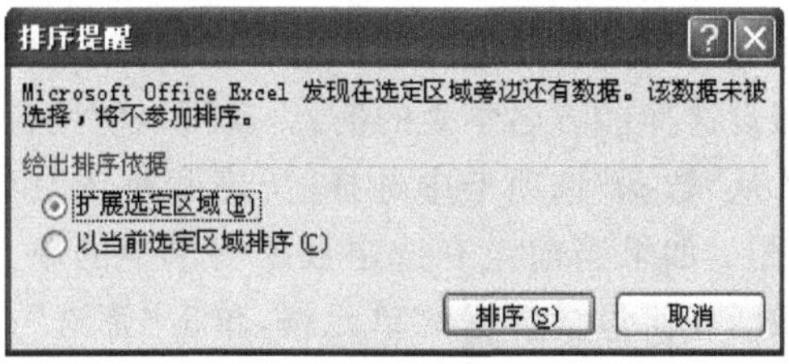

图 5.34　"排序提醒"对话框

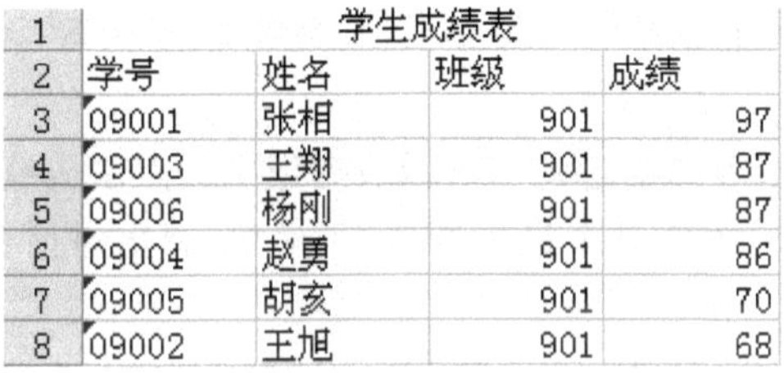

1	学生成绩表			
2	学号	姓名	班级	成绩
3	09001	张相	901	97
4	09003	王翔	901	87
5	09006	杨刚	901	87
6	09004	赵勇	901	86
7	09005	胡亥	901	70
8	09002	王旭	901	68

(a) 选项 1 效果

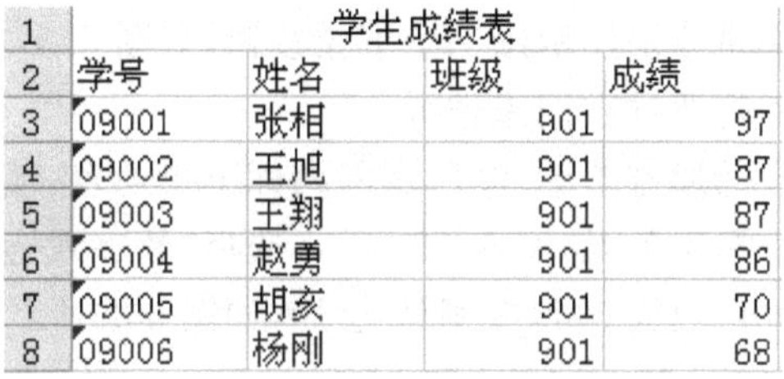

1	学生成绩表			
2	学号	姓名	班级	成绩
3	09001	张相	901	97
4	09002	王旭	901	87
5	09003	王翔	901	87
6	09004	赵勇	901	86
7	09005	胡亥	901	70
8	09006	杨刚	901	68

(b) 选项 2 效果

图 5.35　排序窗口

如果我们想实现在成绩相同的情况下，按照其学号排序，这种多条件排序可以单击功能区"数据"选项卡"排序和筛选"组中的"排序"提醒。此提醒对于数据内容较多的数据清单特别有用，若只想对某区域进行排序，也能让用户非常满意，因为通过它可以设置各种各样的排序条件。操作时，屏幕上将显示如图 5.36 所示的"排序"对话框，可以通过各按钮完成复杂排序。

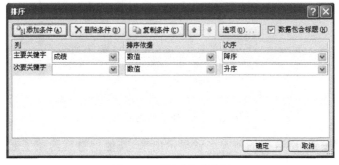

图 5.36　"排序"对话框

5.5.3　数据筛选

若要查看数据清单中符合某些条件的数据，如成绩大于 80 分的学生信息，就要使用筛选的办法把那些数据找出来。筛选数据清单可以寻找和使用数据清单中的数据子集。筛选后只显示出包含某一个值或符合一组条件的行,而隐藏其他行。对于筛选过的数据不需要重新排列或移动就可以复制、查找、编辑、设置格式、制作图表和打印了。

中文 Excel 2007 提供了两种筛选的方法:自动筛选和高级筛选。

1. 自动筛选

自动筛选方法可以满足用户的大部分需要,当需要利用复杂的条件来筛选数据清单时就可以考虑使用高级筛选方法。以下通过一个例子介绍自动筛选。

假设选择前五名学生的信息,就可以使用自动筛选,步骤如下:

①从"数据"选项卡中选择"排序和筛选"组,单击"筛选"命令。如果当前没有选定数据清单中的单元格,或者没有激活任何包含数据的单元格,单击"筛选"命令后,屏幕上会出现一条出错信息,并提示用户可以做的操作。类似的操作还会在其他地方出现。数据清单中第一行的各列中将分别显示出一个下拉按钮,如图 5.37 所示,自动筛选就将通过它们来进行。

图 5.37　数据筛选中的按钮

②通过图 5.38 所示的列标下拉列表,就能够很容易的选定和查看数据记录。点击成绩栏的下拉菜单,如图 5.38 所示,选择"数字筛选"菜单中的"10 个最大的值"子菜单,弹出对话框,修改项数为 5,该项默认为 10,如图 5.39 所示。

图 5.38　选择下拉列表窗口

③点击"确定"按钮,则数据的前 5 名就显示出来,其他信息就隐藏了起来,效果如图 5.40 所示。

若要在数据清单中恢复筛选前显示的所有数据,只需要在"排序和筛选"中单击"清除"命令即可。

假设要选择分数大于 70 分小于 90 分之间的学生信息,只需要在图 5.38 中选择"自定义筛选"菜单,在弹出的对话框中进行设置即可。

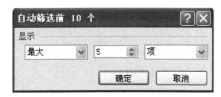

图 5.39　设置项窗口

1	学生成绩表			
2	学号	姓名	班级	成绩
3	09001	张相	901	97
4	09002	王旭	901	87
5	09003	王翔	901	87
6	09004	赵勇	901	86
7	09005	胡亥	901	70

图 5.40　成绩前 5 名学生

2. 高级筛选数据

使用高级筛选功能可以对某个列或者多个列应用多个筛选条件。为了使用此功能，在工作表的数据清单上方，至少应有三个能用作条件区域的空行，而且数据清单必须有列标。“条件区域”包含一组搜索条件的单元格区域，可以用它在高级筛选筛选数据清单的数据，它包含一个条件标志行，同时至少有一行用来定义搜索条件。

例如：一个年级的学生的成绩信息表如图 5.41 所示。要求筛选出年龄小于等于 20 岁，成绩在 70～90 分之间的学生。操作步骤如下：

①选择数据清单中含有要筛选值的列标，按下键盘上的 Ctrl＋C 组合键复制列标题，选择条件区域第一个空行里的某个单元格，然后按下键盘上的 Ctrl＋V 组合键。在条件区域中输入筛选条件，如图 5.41 所示。条件在同一行表示与的关系，在不同的行表示或的关系。

1	学生成绩表				
2	学号	姓名	年龄	班级	成绩
3	09001	张相	18	901	97
4	09002	王旭	20	901	87
5	09003	王翔	22	901	87
6	09004	赵勇	18	901	86
7	09005	胡亥	21	901	70
8	09006	杨刚	19	901	68
9					
10			年龄	成绩	成绩
11			<=20	>70	<100

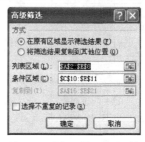

图5.41　将选定的列标复制在条件区域中

图5.42　“高级筛选”对话框

②单击功能区“数据”选项卡“排序和筛选”组中“高级”命令，进入图 5.42 所示的“高级筛选”对话框。

③单击“高级筛选”对话框中“条件区域”设置按钮后，单击选定条件区域中的条件。若筛选后要隐藏不符合条件的数据行，并让筛选的结果显示在数据清单中，可选中“在原有区域显示筛选结果”单选按扭。若要将符合条件的数据行复制到工作表的其他位置，则需要选中“将筛选结果复制到其他位置”单选按钮，并通过“复制到”编辑框指定粘贴区域的左上角，从而设置复制位置。结果如图 5.43 所示。

1	学生成绩表				
2	学号	姓名	年龄	班级	成绩
3	09001	张相	18	901	97
4	09002	王旭	20	901	87
6	09004	赵勇	18	901	86
9					
10			年龄	成绩	成绩
11			<=20	>70	<100

图 5.43　高级筛选结果对话框

5.6 Excel 的高级应用

5.6.1 分类汇总与分级显示

1. 分类汇总

分类汇总前,首先要对分类的字段先进行排序,然后进行分类汇总,否则分类汇总无意义;其次要搞清楚,分类的字段、汇总的字段和汇总的方式。以下以食品销售为例讲解分类汇总的过程,初始数据如图 5.44 所示。

分类字段为类别,对销售额进行汇总,汇总的方式求和。单击功能区"数据"选项卡中"分级显示"组的"分类汇总"命令弹出"分类汇总"窗口,根据要求设置相关选项,如图 5.45 所示。

图 5.44 初始数据表格   图 5.45 "分类汇总"对话框

在"分类字段"中选择"类别","汇总方式"为"求和","选定汇总项"为"销售额",将"替换当前分类汇总"复选框选中,如图 5.45 所示,然后单击"确定"按钮得到汇总结果如图 5.46 所示,可以得到每个类别对销售额的求和汇总。

如果在原有分类汇总的基础上再汇总,即嵌套分类汇总,那么只要在原汇总的基础上再进行汇总,然后将"替换当前分类汇总"复选框不选中即可。

2. 分级显示

如图 5.46 所示的结果,是将汇总值和详细列表都进行了显示,有时需要只显示部分项的汇总值,不显示详细值,这时就可以使用分级显示。分级显示操作时可以点击图 5.46 上的  按钮,选择显示哪级内容,同时也可以点击工作区右边的加号和减号标志来进行分级。本例将各项只显示汇总值,结果如图 5.47 所示。

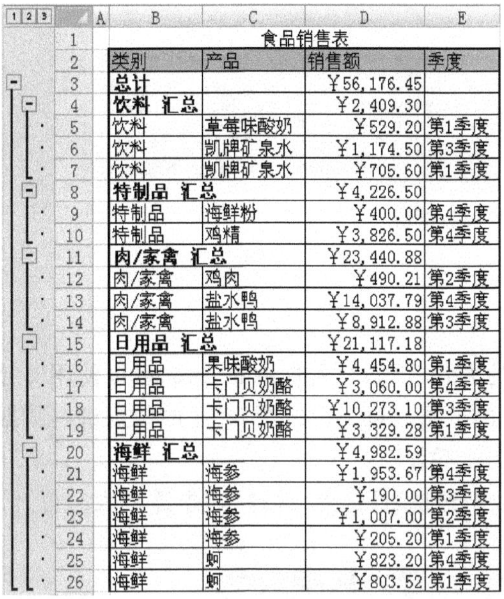

图 5.46 汇总结果图

图 5.47 汇总分级显示

5.6.2 导入外部数据

Excel 可以将外部的数据导入,这样对于 Excel 的操作带来了很大的便利。用户可以从网络上获取数据并且可以直接导入 Excel,以下以导入西安的公交线路信息为例来讲述。

在"数据"选项卡上的"获取外部数据"组中,选择"自网站",弹出窗口如图 5.48 所示,在地址栏中输入公交网址,然后将要导入的数据块的 ![] 按钮,状态就会变为 ![],表示已经选定,点击"导入"按钮,结果如图 5.49 所示。

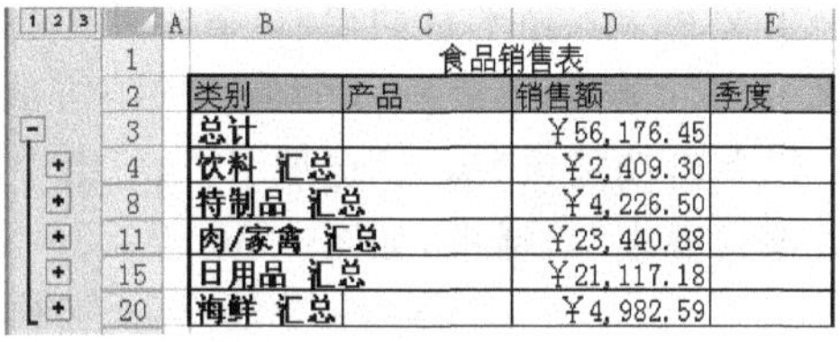

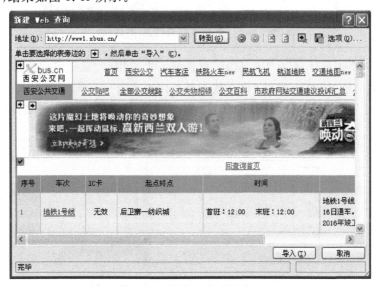

图 5.48 新建 Web 查询窗口

	A	B	C	D	E	F
1				回查询首页		
2	序号	车次	IC卡	起点终点	时间	备注
3	1	地铁1号线	无效	后卫寨—纺织城	首班：12:00　末班：12:00	地铁1号线一期工程正在施工，计划2013年9月16日通车。二期
4	2	地铁2号线	有效	北客站—会展中心	首班：6:15　末班：22:20	11月6日起全线实行长安通乘车7折优惠。
5						地铁2号线南段(会展中心至韦曲南站)正在施工，计划2014年
6	3	地铁3号线	无效	鱼化寨—保税区	首班：12:00　末班：12:00	地铁3号线1期工程已开始全面施工，计划2015年竣工通车。
7	4	地铁4号线	无效	航天东路—尚稷路	首班：12:00　末班：12:00	地铁4号线2012年开工，计划2016年竣工。
8	5	地铁5号线	无效	和平村—纺织城火车站	首班：12:00　末班：12:00	地铁5号线1期工程计划2014年开工建设，2018年竣工通车。
9	6	地铁6号线	无效	南客站—纺织城	首班：12:00　末班：12:00	地铁6号线计划2013年开工建设，2017年竣工通车。
10	7	机场快轨	无效	北客站—机场	首班：12:00　末班：12:00	西安北客站至咸阳机场铁路2011年底开工兴建，计划工期4年。
11	8	二环1号线	无效	辛家庙公交枢纽站—辛	首班：6:00　末班：20:30	顺时针二环内环环线。

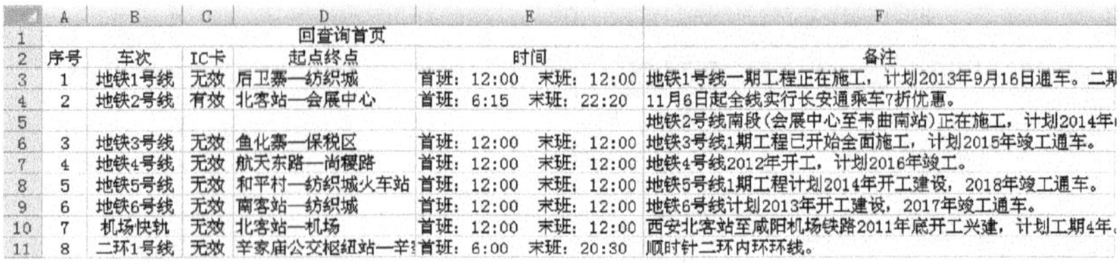

图 5.49　导入外部数据窗口

5.6.3　数据透视表

数据透视表就是一种快捷的提取汇总数据的方式，不必写入复杂的公式，可以使用向导创建一个交互式表格来自动提取、组织和汇总用户的数据。以下就以图 5.44 的数据讲解数据透视表，需要了解每个类别每个季度的销售额情况，步骤如下：

①单击功能区“插入”选项卡 “表”组中的“数据透视表”命令，选择“数据透视表”，打开“创建数据透视表”对话框，如图 5.50 所示。

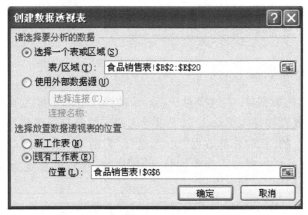

图 5.50　“创建数据透视表”对话框

②在“选择一个表或区域”的“表/区域”框选择一个范围，此范围可根据需要修改。“选择放置数据透视表的位置”中可以将透视表放于新工作表或现有工作表，选择其位置。

③单击“确定”之后，窗口如图 5.51 所示。其中左侧是为数据透视表准备的布局区域，右

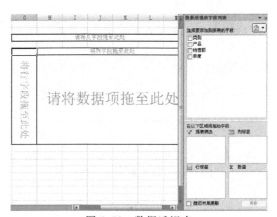

图 5.51　数据透视表

侧是数据透视表字段列表，该列表显示来自源数据的列标题。将“类别”、“销售额”、“季度”前面的复选框选中，在左侧布局中自动汇总了每中类别每个季度的销售额，如图 5.52 所示。

④通过图 5.52 中“类别”右侧的下三角按钮可以进行类别的排序或筛选，“季度”右侧的下三角按钮可以进行季度的排序或筛选。

求和项:销售额		
类别	季度	汇总
⊟海鲜	第1季度	1008.72
	第2季度	1007
	第3季度	190
	第4季度	2776.87
海鲜 汇总		4982.59
⊟日用品	第1季度	7784.08
	第3季度	10273.1
	第4季度	3060
日用品 汇总		21117.18
⊟肉/家禽	第2季度	490.21
	第3季度	8912.88
	第4季度	14037.79
肉/家禽 汇总		23440.88
⊟特制品	第4季度	4226.5
特制品 汇总		4226.5
⊟饮料	第1季度	1234.8
	第3季度	1174.5
饮料 汇总		2409.3
总计		56176.45

图 5.52　数据透视表结果

5.6.4　工作簿的密码保护

有时我们创建的数据表格不希望其他人对其进行修改，我们可以设置工作表的保护。选择“审阅”选项卡的“更改”组，单击“保护工作表”命令，弹出对话窗口如图 5.53 所示，按照提示可以设置密码以及保护选项，这样工作表在没有输入密码的情况下是没有办法完成设定的保护操作的。

有些情况下不仅需要限制用户进行某些操作，还需要对工作表进行密码设置，没有密码就无法打开工作表，点击“Office 按钮”中的“另存为”按钮，弹出另存为对话框，在对话框上的“工具”下拉菜单中选择“常规选项”弹出设置密码的对话框，如图 5.54 所示。设置密码完成后，下一次打开工作表，就需要输入密码。

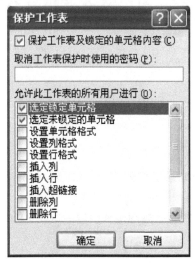

图 5.53　“保护工作表”对话框

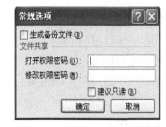

图 5.54　“常规选项”对话框

案例 1　员工工资单制作

实发工资由基本工资、出勤天数、平时加班、双休加班、节假日加班、全勤、职务津贴等构成，扣除工资由医疗保险、住房公积金、养老保险等构成。

其中：

基本工资＝(底薪/21.75) ×出勤天数；

平时加班工资＝底薪/21.75/8×平时加班时数×1.5；

双休加班工资＝底薪/21.75/8×双休加班时数×2.0；

节假日加班工资＝底薪/21.75/8×节假日加班时数×3；

全勤奖＝100元/月；

交通补助＝300元/月；

应发工资＝基本工资＋平时加班工资＋双休加班工资＋节假日加班工资＋全勤＋交通补助＋职务津贴；

医疗保险＝应发工资×0.05；

养老保险＝应发工资×0.08；

住房公积金＝应发工资×0.1；

实发工资＝应发工资－医疗保险－养老保险－住房公积金。

新建一个 Excel 文件,按照图 5.55 的格式创建工资表的样式,需要填写的内容有工号、姓名、底薪、出勤天数、平时加班、双休加班、节假日加班时间、职务津贴、交通补助等等,其他的可以通过公式计算。

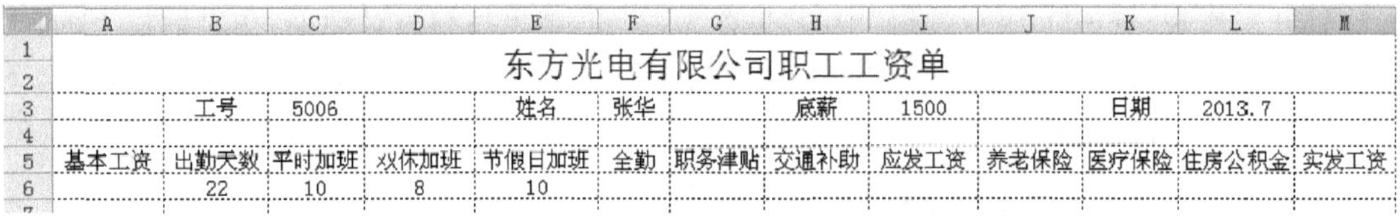

	A	B	C	D	E	F	G	H	I	J	K	L	M
1					东方光电有限公司职工工资单								
2													
3		工号	5006			姓名	张华		底薪	1500		日期	2013.7
4													
5	基本工资	出勤天数	平时加班	双休加班	节假日加班	全勤	职务津贴	交通补助	应发工资	养老保险	医疗保险	住房公积金	实发工资
6		22	10	8	10								

图 5.55 工资单的轮廓

公式计算如下：

基本工资:I3/21.75*B6

平时加班工资:I3/21.75/8*C6*1.5；

双休加班工资:I3/21.75/8*D6*2.0；

节假日加班工资:I3/21.75/8*E6*3；

全勤奖:IF(B6＞＝21.75,100,0),含义为如果出勤天数大于21天,就奖励100元；

交通补助:300元/月；

应发工资:A6＋I3/21.75/8*C6*1.5＋I3/21.75/8*D6*2＋I3/21.75/8*E6*3＋F6＋G6＋H6；

医疗保险:I6*0.05；

养老保险:I6*0.08；

住房公积金:I6*0.1；

实发工资:I6－J6－K6－L6。

完成以上公式后,就可以得到基本工资状况,如图 5.56 所示。

点击右键,选择"设置单元格格式",选择边框,制作边框,如图 5.57 所示,也可以填充颜色(自选)。

最后要对工资单进行加密,点击"Office 按钮"菜单中的"另存为"按钮,弹出另存为对话框,在对话框上的"工具"下拉菜单中选择"常规选项"弹出设置密码的对话框,设置密码完成后,下一次打开工作表,就需要输入密码。

图 5.56 完成工资后的工资单

图 5.57 最终完成的工资单

案例 2 个人房贷还款计算器

银行贷款有两种常见的还款方式：等额本金和等额本息。

1. 等额本息

月本金还款额＝总贷款额×月利率×(1＋月利率)^已还款月数÷[(1＋月利率)^总还款月数－1]

月还款额＝总贷款额×月利率×((1＋月利率)^总还款月数÷((1＋月利率)^总还款月数－1))

当月利息＝月还款额－月本金还款额

总还款额＝月还款额×总还款月数

总还款利息＝总还款额－总贷款额

总利息＝总贷款额×[(还款次数×月利率－1)×(1＋月利率)^还款次数＋1]/((1＋月利率)^还款次数－1)

2. 等额本金

月本金还款额＝总贷款额÷还款总月数

当月利息＝月本金还款额×(还款总月数－已还款月数－1)×月利率

月还款额＝月本金还款额＋月还款额

总还款利息＝总贷款额×月利率×(还款总月数＋1)÷2

总还款额＝总贷款额＋总还款利息

3. 等额本息和等额本金的计算

新建一个 Excel 文件，按照图 5.58 的格式创建个人还款单样式，需要填写的内容为总贷款额、还款总月数、年利率、已还款月数，计算得出的为月利率、下个月需还款的本金、利息、下个月总的还款额、整个贷款总的还款额、整个贷款总还款利息。

	A	B	C	D	E	F	G	H	I	J
1										
2					等额本息贷款计算					
3	总贷款数	总还款月数	年利率	月利率	已还款月数	下个月本金还款额	下个月利息还款额	下个月还款额	总还款额	总还款利息
4	240000	240	4.77%		10					
5	240000	360	4.77%		10					
6										
7										
8					等额本金贷款计算					
9	总贷款数	还款月数	年利率	月利率	已还款月数	下个月本金还款额	下个月利息还款额	下个月还款额	总还款额	总还款利息
10	240000	240	4.77%		10					
11	240000	360	4.77%		10					
12										

图 5.58 个人房贷还款单样式

按照上述的公式进行计算：

(1)等额本息

D4＝C4/12

F4＝ A4 * D4 * ((1＋D4)^(E4－1))/((1＋D4)^B4－1)

H4＝A4 * D4 * ((1＋D4)^B4/((1＋D4)^B4－1))

G4＝ H4－F4

I4＝ H4 * B4

J4＝ I4－A4

360 个月贷款使用公式复制即可。

(2)等额本金

D10＝C10/12

F10 ＝A10/B10

G10＝F10 * (B10－E10－1) * D10

H10＝ F10＋G10

I10＋J10＋A10

J10＝A10 * D10 * (B10＋1)/2

360 个月贷款使用公式复制即可。

完成后如图 5.59 所示。

	A	B	C	D	E	F	G	H	I	J
1										
2					等额本息贷款计算					
3	总贷款数	总还款月数	年利率	月利率	已还款月数	下个月本金还款额	下个月利息还款额	下个月还款额	总还款额	总还款利息
4	240000	240	4.77%	0.00398	10	621.35	932.21	1553.56	372854.25	132854.25
5	240000	360	4.77%	0.00398	10	311.78	943.06	1254.85	451745.45	211745.45
6										
7										
8					等额本金贷款计算					
9	总贷款数	总还款月数	年利率	月利率	已还款月数	下个月本金还款额	下个月利息还款额	下个月还款额	总还款额	总还款利息
10	240000	240	4.77%	0.00398	10	1000.00	910.28	1910.28	354957.00	114957.00
11	240000	360	4.77%	0.00398	10	666.67	924.85	1591.52	412197.00	172197.00
12										

图 5.59 公式计算后结果

设置边框和填充颜色后的效果如图 5.60 所示。

	A	B	C	D	E	F	G	H	I	J
1										
2					等额本息贷款计算					
3	总贷款数	总还款月数	年利率	月利率	已还款月数	下个月本金还款额	下个月利息还款额	月还款额	总还款额	总还款利息
4	240000	240	4.77%	0.00398	8	616.44	937.12	1553.56	372854.25	132854.25
5	240000	360	4.77%	0.00398	8	309.32	945.53	1254.85	451745.45	211745.45
6										
7										
8					等额本金贷款计算					
9	总贷款数	总还款月数	年利率	月利率	已还款月数	下个月本金还款额	下个月利息还款额	月还款额	总还款额	总还款利息
10	240000	240	4.77%	0.00398	8	1000.00	918.23	1918.23	354957.00	114957.00
11	240000	360	4.77%	0.00398	8	666.67	930.15	1596.82	412197.00	172197.00
12										
13										

图 5.60　个人房贷还款计算器效果图

习　题

1. 选择题

(1) Excel 2007 的主要功能是（　　）。
　　A. 表格处理、文字处理、文件管理　　　　B. 表格处理、数据库管理、图表处理
　　C. 表格处理、网络通信、图表处理　　　　D. 表格处理、数据库管理、网络通信

(2) 启动 Excel 2007 后，工作簿的默认工作表数量有（　　）个。
　　A. 1 个　　　　B. 128 个　　　　C. 3 个　　　　D. 1～255 个

(3) 一张 Excel 工作表中，最多有（　　）。
　　A. 255 列　　　B. 16384 列　　　C. 256 列　　　D. 65535 列

(4) 在 Excel 中，打印工作表前就能看到实际打印效果的操作是（　　）。
　　A. 仔细观察工作表　B. 打印预览　　　C. 分页预览　　　D. 按 F8 键

(5) 快速输入系统日期的正确操作是（　　）。
　　A. Ctrl+；　　　B. Ctrl+Shift+　　C. Alt+　　　　D. Alt+Ctrl+

(6) 在 Excel 2007 中，输入当前时间可按组合键（　　）。
　　A. Ctrl+；　　　B. Shift+；　　　C. Ctrl+Shift+；　　D. Ctrl+Shift+。

(7) 在 Excel 2007 中，正确选择多个连续工作表的步骤是（　　）。
　　① 按住 Shift 键不放
　　② 单击第一个工作表的标签
　　③ 单击最后一个工作表标签
　　A. ①②③　　　B. ②③①　　　　C. ③②①　　　　D. ②①③

(8) 在 Excel 2007 中，创建公式的操作步骤是（　　）。
　　①在编辑栏键入"＝"
　　②键入公式

③按 Enter 键

④选择需要建立公式的单元格

  A. ④③①② B. ④①②③ C. ④①③② D. ①②③④

(9) Excel 2007 中,单元格地址绝对引用的方法是( )。

  A. 在单元格地址前加"$"

  B. 在单元格地址后加"$"

  C. 在构成单元格地址的字母和数字前分别加"$"

  D. 在构成单元格地址的字母和数字之间加"$"

(10) Excel 2007 的单元格中输入一个公式,首先应键入( )。

  A. 等号"=" B. 冒号":" C. 分号";" D. 感叹号"!"

2. 填空题

(1) 创建新工作表文件的快捷键是_____。

(2) 在 Excel 中字号的度量值为磅,磅值越_____,字号越大。

(3) 在 Excel 中,如果在单元格中输入 4/5,默认情况下会显示为_____。

(4) 要反映数据发展变化的趋势,应使用图表中的_____图。

3. 简答题

(1) 若要在 Excel 中实现数据库的简单功能,对电子表格有些什么约定?

(2) 试比较 Excel 中图表功能和 Word 中的图表功能。

4. 操作题

(1) 请新建一个工作簿,一次性在三个工作表的第一个单元格输入"计算机应用基础",然后查看一下,看是否每个工作表都有这行字了。

(2) 同时选中第 2 行、第 4 行和 D 列。

第 6 章　PowerPoint 2007 演示文稿软件

PowerPoint 2007 是一个优秀的演示文稿制作软件。它提供了一种生动活泼、图文并茂的交流手段,用户可以通过色彩艳丽、动感十足的演示画面,生动形象地表述主题、展现创意、阐明观点。

本章介绍用 PowerPoint 2007 设计演示文稿的方法。通过本章的学习,读者要了解它的主要功能及使用方法;重点掌握用该软件查看、创建和播放高品质的演示文稿的技巧。

6.1　认识 PowerPoint 2007

6.1.1　PowerPoint 2007 的启动和退出

1. PowerPoint 2007 的启动

启动 PowerPoint 2007 有以下几种方法:

(1)从"开始"菜单启动

① 用鼠标单击"开始"按钮,在"开始"菜单中,用鼠标指针指向"所有程序"。

② 在弹出的下一级子菜单中,用鼠标指针指向"Microsoft Office"。

③ 单击最右侧子菜单中的"Microsoft Office PowerPoint 2007"选项,即可启动 PowerPoint 2007。

(2)利用已有的 pptx 文件打开

如果在系统中存有 PowerPoint 生成的文件(扩展名为 pptx),在"计算机"/"Windows 资源管理器"中,或"开始"菜单下"我最近的所有文档"中找到它们之后,打开文件,也可以进入 PowerPoint 2007。

(3)利用快捷方式打开

如果在"开始"菜单或桌面上已经建立了 PowerPoint 2007 的快捷方式,可以直接打开,启动 PowerPoint 2007。

2. PowerPoint 2007 的退出

退出 PowerPoint 2007 的方法非常简单,通常使用以下四种方法之一:

①直接单击 PowerPoint 2007 窗口中的"关闭"按钮。

②使用快捷键 Alt +F4 。

③执行"Office 按钮"菜单中的"退出 PowerPoint"命令。

④用鼠标双击 PowerPoint 2007 窗口标题栏左上角的"Office 按钮"图标。

6.1.2　PowerPoint 2007 的窗口组成

PowerPoint 2007 的工作窗口主要包括：Office 按钮、快速访问工具栏、标题栏、功能区、幻灯片窗格等。进入到 PowerPoint 2007 后，工作状态是普通视图方式。普通视图是主要的编辑视图，可用于撰写或设计演示文稿。该视图有四个工作区域：左侧为幻灯片、大纲视图窗格（通过单击"大纲"选项卡或单击"幻灯片选项卡"，在大纲视图窗格和幻灯片视图窗格之间进行切换）；中间为幻灯片编辑窗格；底部为备注页。如图 6.1 所示。

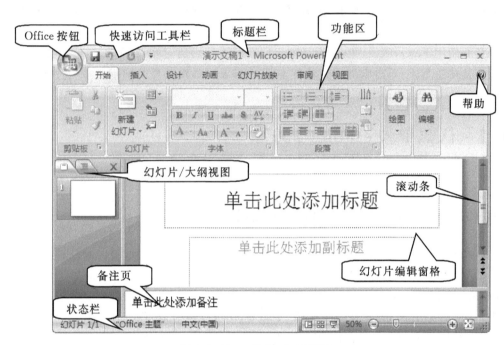

图 6.1　PowerPoint 2007 窗口

6.2　创建与编辑演示文稿

6.2.1　创建演示文稿

在 PowerPoint 中，最基本的工作单元是幻灯片。一个 PowerPoint 演示文稿由多张幻灯片组成，幻灯片又由文本、图片、声音、表格等元素组成。

单击"Office 按钮"，选择"新建"子菜单，弹出"新建演示文稿"对话框，用户可以根据需要选择如何创建演示文稿。

1. 使用模板新建演示文稿

所谓设计模板是指包含演示文稿样式的文件，其中包括项目符号、文本的字体、字号、占位符大小和位置、背景设计、配色方案以及幻灯片母版和可选的标题母版等影响幻灯片外观的元素。PowerPoint 提供了可应用于演示文稿的设计模板,以便为演示文稿设计完整、专业的外观。在"新建演示文稿"对话框"模板"窗格选择"已安装的模板",中间部分显示安装的模板类型,选择一种之后,单击"创建"按钮即可,如图 6.2 所示。

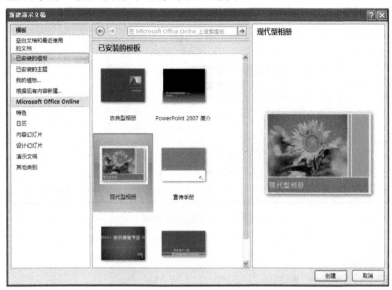

图 6.2 根据模板创建

若要保存所创造的演示文稿,其操作步骤如下:

① 在"Office 按钮"中选择"保存"命令,也可单击快速访问工具栏上的保存按钮,系统打开"另存为"对话框。

② 在"另存为"对话框中,单击保存位置右侧的路径下拉列表按钮,选择文件要保存的位置,在文件名框中输入文件名。

③ 单击"保存"按钮,完成演示文稿的存储。

2. 使用主题新建演示文稿

所谓主题就是一组格式,包括主题颜色、主题字体和主题背景效果等,PowerPoint 2007 提供的主题效果可以帮助用户轻松制作出美观的演示文稿。在"新建演示文稿"对话框"模板"窗格选择"已安装的主题",中间部分显示安装的主题类型,选择一种之后,单击"创建"按钮即可,如图 6.3 所示。

3. 建立空白演示文稿

如果所有模板都不满足要求,或者想制作一个特殊的、具有与众不同外观的演示文稿,可从一个空白演示文稿开始,自建背景设计、配色方案和一些样式特性。在"新建演示文稿"对话框"模板"窗格选择"空白文档和最近使用的文档",中间部分选择"空白演示文稿",单击"创建"按钮即可。

4. 根据现有演示文稿新建

选择"根据现有内容新建"选项,弹出打开文件对话框,选择现有的演示文稿,再对打开的文稿编辑。

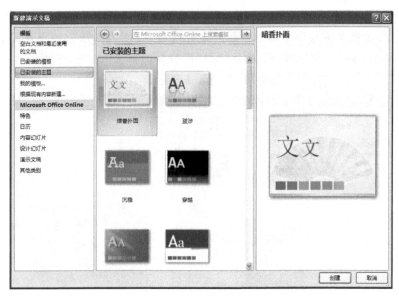

图 6.3　根据主题创建

6.2.2　视图

1. 视图介绍

PowerPoint 提供了三种基本视图方式,即普通视图、幻灯片浏览视图和幻灯片放映视图。

(1)普通视图方式

普通视图方式编辑窗口中除幻灯片编辑窗格外,还包括了幻灯片、大纲、备注页三种视图窗格。

① 幻灯片窗格:是幻灯片缩略显示,便于幻灯片定位、复制、移动、删除等操作。

② 大纲窗格:大纲视图是一个文本处理视图,此种方式的设计重点以幻灯片的文字内容为主,可以看到每张幻灯片中的标题和文字内容,并会依文字的层次缩排,产生整个演示文稿的纲要、大标题、小标题等。当创作者暂不考虑幻灯片的构图变化,而仅仅建立贯穿整个演示文稿的构思时,通常采用大纲视图。

③ 备注页窗格:可以为演示文稿创建备注稿。备注稿主要是供报告人自己看的,用于写入在幻灯片中没列出的其他重要内容,以便于演讲之前或讲演过程中查阅。

(2)幻灯片浏览视图方式

在窗口中可同时显示多张幻灯片,用户可以纵览演示文稿的概貌,同时可以重新对幻灯片进行快速排序,还可以方便地增加或删除某些幻灯片。

(3)幻灯片放映视图方式

可以放映幻灯片。在幻灯片中加入的动画、音频、视频以及特效必须在幻灯片放映视图下才能播放。

2. 视图切换

视图的切换有以下两种方法:

① 单击功能区"视图"选项卡下的"演示文稿视图"组中相应的视图方式命令。

② 单击状态栏右侧工具栏 上的相应按钮。

6.2.3 编辑演示文稿

PowerPoint 允许插入一些对象到文稿中，插入对象的方法与 Word 中的操作方法基本相同。

1. 插入文本框

(1) 文本的输入

文字是构成幻灯片的一个基本对象，每一张幻灯片或多或少都有一些文字信息，人们经常利用幻灯片中的文字信息来表达自己的观点和思想。文字处理可以在两种工作环境中进行：幻灯片视图和大纲视图。两种环境各有所长，可根据需要来选择。

幻灯片视图是 PowerPoint 最基本的工作环境，在此视图下工作，幻灯片中的所有对象都与放映时在屏幕上的展示效果一致。

在幻灯片视图中输入文字最直接的方法就是用鼠标单击文本占位符的区域，该区域的虚线边框被粗斜线边框取代，提示文本将消失，出现一个闪烁的插入点，然后就可以输入文字。如图 6.4 所示是在标题幻灯片中输入主标题和副标题。幻灯片标题和文本的外观风格是由幻灯片母版中的标题和文本格式决定的。

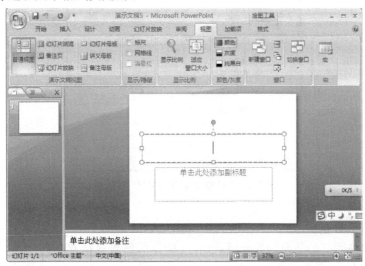

图 6.4 插入文本窗口

(2) 插入文本框

① 单击功能区"插入"选项卡"文本"组中的"文本框"命令，选择"横排文本框"或"竖排文本框"。

② 将鼠标移至幻灯片区，鼠标变为"⟵"(垂直)或"↓"(水平)形状，按下左键拖动，此时鼠标变为十字形，将绘制出一个文本框；

③ 在文本框中输入相应的文字信息。

(3) 文本的编辑

对于已经输入的文字，可以对其进行各种编辑，包括选中文字、对文字的各种格式化操作、文字段落处理及对文字的修改、移动、复制、删除等操作。这些操作和 Word、Excel 基本类似,这里不再详述。PowerPoint 中只有插入状态,不能通过 Insert 键从插入状态切换为改写状态。

(4)文本的格式化

文本的格式化有以下几种设置方式:

① 单击功能区"开始"选项卡"字体"组中的各命令,可以设置字体、字形、字号、字体颜色、字体效果等,操作方法与 Word 类似。

② 单击功能区"开始"选项卡"段落"组中的各命令,可以设置行距、段前、段后、对齐方式、分栏、项目符号和项目编号等信息,操作方法与 Word 类似。

③ 选择功能区"格式"选项卡,通过"插入形状"组可以再次插入各种形状;通过"形状样式"组可以给文本框添加各种样式、填充不同效果;通过"艺术字样式"组可以给文本框中的文字设置各种艺术字样式、填充不同效果;通过"排列"组可以设置文本框的位置;通过"大小"组可以详细设置文本框的宽度和高度。单击"形状样式"组和"艺术字样式"组右下角的斜箭头,弹出如图 6.5 所示的对话框,可进一步设置文本效果格式。

图 6.5 "设置文本效果格式"对话框

2. 插入图形与图片

制作演示文稿的目的是向别人介绍观点、宣传你的思想或推荐好的产品,文字固然重要,但是在演示文稿中,如果能将生动有趣的图形与文字配合在一起,将大大增强演示文稿的演示效果。

在 PowerPoint 幻灯片中插入图片、图形和艺术字等,其操作方法是在功能区"插入"选项卡"插图"组中选择相应命令项。

(1)插入剪贴画

单击功能区"插入"选项卡"插图"组中的"剪贴画"命令,窗口右侧变为"剪贴画"任务窗格,将结果类型仅设置为剪贴画,然后单击"搜索"按钮,任务窗格下部列表框中将出现剪贴画,单击某一个,即可插入剪贴画。

(2)插入艺术字

单击功能区"插入"选项卡"文本"组中的"艺术字"命令,选择一种艺术字样式,在幻灯片中即可编辑艺术字文字。

(3)插入自选图形

PowerPoint 2007 提供了功能强大的绘图工具,利用绘图工具绘制各种线条、连接符、几何图形、星形以及箭头等较复杂的图形。另外,还可以利用"绘图工具"中"格式"选项卡提供的各种命令对绘制的图形进行旋转、翻转或填充颜色等,并与其他图形组合为更复杂的图形。

单击功能区"插入"选项卡"插图"组中的"形状"命令,在不同的自选图形按钮上单击某一个自选图形,在幻灯片内按下左键拖动即可绘制出相应的自选图形。

(4)插入文件中的图片

单击功能区"插入"选项卡"插图"组中的"图片"命令,在"插入图片"对话框中选择需要的图形文件,单击"插入"按钮即可将文件中的图形插入到幻灯片中。

Office 2007 中有一个丰富的剪辑库,包括各种人物、风景名胜、花鸟鱼虫等,用户可以根据需要方便地将它们插入到文件中。

(5)插入相册

单击功能区"插入"选项卡"插图"组"相册"命令中的"新建相册",打开"相册"对话框,通过"文件/磁盘"按钮插入图片,如图 6.6 所示,通过预览框下方的各种按钮可以旋转图片、设置对比度和亮度等,单击"创建"按钮,可得到一个 PowerPoint 2007 相册。

图 6.6 "相册"对话框

3. 插入表格和图表

(1)插入表格

在幻灯片中插入表格的操作方法和在 Word 中插入表格的操作方法相同。

① 单击功能区"插入"选项卡"表格"组"表格"命令。

② 单击"插入表格",在"插入表格"对话框中输入行数和列数,单击"确定"按钮,即可插入表格;或者单击"绘制表格"或者"Excel 电子表格",也可插入表格。

③ 选中表格后通过功能区"表格工具"中"设计"和"布局"选项卡中的各命令进行表格样式及属性设置。

(2)插入图表

PowerPoint 附带一种 Microsoft Graph 图表生成工具,它能提供各种不同的图表来满足用户的需求,大大简化了创建图表过程。

①插入图表。在幻灯片视图下,单击功能区"插入"选项卡"插入"组"图表"命令,打开"插入图表"对话框,该对话框提供了 11 种图表类型,每种类型分别用来表示不同的数据关系。

② 输入数据。选择某一种图表类型后,单击"确定"按钮,打开 Excel 2007 应用程序,在 Excel 2007 工作界面中修改类别值和系列值。

③ 编辑图表。在幻灯片创建图表后,用户可以通过功能区"图表工具"中的"设计"、"布局"和"格式"选项卡更改图表的位置、大小、类型等以及美化图表。

4. 插入影片和声音

在 PowerPoint 2007 中,插入声音、影片等媒体信息非常普遍。

(1)插入文件中的声音

单击功能区"插入"选项卡"媒体剪辑"组"声音"命令中的"文件中的声音",在插入声音的对话框中选择需要的声音文件,单击"确定"会弹出"询问声音如何播放"对话框,根据需要进行选择即可将文件中的声音插入到幻灯片中。插入后的幻灯片中有一个声音标志,可以通过删除该标志来删除插入到幻灯片中的声音。

(2)插入自录制声音

单击"插入"选项卡"媒体剪辑"组"声音"命令中的"录制声音",打开"录音"对话框。按下录音按钮后,对着麦克风讲话,讲话完毕后按下停止按钮。可以试听,也可以继续录制,完成后单击"确定"即可将录制的声音插入到幻灯片中。

插入剪辑管理器中的声音和插入剪贴画的操作方法相同。另外,还可以通过单击"插入"选项卡"媒体剪辑"组"声音"命令中的"播放 CD 乐曲"来播放 CD 光盘中的音乐。

(3)插入文件中的影片

单击"插入"选项卡"媒体剪辑"组"影片"命令中的"文件中的影片"命令,在"插入影片"对话框中选择需要的影片,单击"确定"后会弹出询问影片如何开始播放的消息框,根据需要选择,即将文件中的影片插入到幻灯片中。

(4)播放文件中的影片

播放文件中的影片可通过媒体播放器播放。

5. 应用主题、版式和设计母版

演示文稿基本上都是由多张幻灯片组成,PowerPoint 提供版式、主题和母版来实现幻灯片之间的一致性,即具有相同的背景、字体、颜色等。版式确定占位符的位置,主题确定颜色、字体和背景选择,母版将主题的设置应用到幻灯片中,并可以让多张幻灯片重复使用某些内容。

(1)主题

主题是一组设置方案,包括颜色设置、字体设置、对象效果设置、背景图形设置等。

将一张幻灯片或者多张幻灯片应用某种主题的步骤如下:

① 选择要处理的一张或多张幻灯片;

② 选择功能区"设计"选项卡"主题"组;

③ 选择所需的主题,通过"颜色"、"字体"以及"效果"命令可进行详细设置。

(2)版式

版式用于幻灯片的版式确定显示哪些内容占位符以及它们的排列方式,例如"标题和内容"版式,包括一个位于幻灯片顶部的标题占位符以及一个位于中央可添加文本的占位符。

将一张幻灯片切换为另一种版式,步骤如下:
① 选择要处理的一张或多张幻灯片;
② 单击功能区"设计"选项卡"幻灯片"组"版式"命令;
③ 选择所需的版式。

(3) 母版

母版是一组规范,在 PowerPoint 中有 3 种母版:幻灯片母版(用于幻灯片)、讲义母版(用于讲义)、备注母版(用于演讲者备注)。幻灯片母版包含来自一个主题的设置,还可以包含图形、日期、页脚文本等元素,并将其应用于演示文稿中的一张或多张幻灯片。

最常用的母版是幻灯片母版,幻灯片母版具有各种版式的独立版式母版,幻灯片母版的建立和使用操作步骤如下:

① 单击功能区"视图"选项卡"演示文稿视图"组中的"幻灯片母版"命令,进入"幻灯片母版"视图状态,同时功能区会显示"幻灯片母版"选项卡,如图 6.7 所示。

图 6.7 幻灯片母版选项卡

② 修改母版字体设置。选中"单击此处编辑母版标题样式"上的文本,单击功能区"开始"选项卡"字体"组中的各命令,可对字体进行详细的设置。设置其他文本格式,分别选中"单击此处编辑母版文本样式"以及下面的"第二级、第三级……",其他操作相同。

③ 除了修改现有的版式之外还可以新建版式,新建版式的步骤如下:

a. 在"幻灯片母版"视图中,单击"幻灯片母版"中的"插入版式"命令,在新版式中,包括"标题"、"页脚"、"日期"和"幻灯片编号"等幻灯片预设的占位符;

b. 选中某个占位符,单击键盘 Delete 键,可删除不需要的预设占位符;

c. 单击"母版版式"组中的"插入占位符",根据下拉内容可插入各种占位符;

d. 通过单击"编辑母版"组的"重命名"可以为版式命名,也可以单击"删除"命令删除不需要的版式。

④ 通过图 6.7 中的"关闭母版视图"可关闭母版视图状态。

6.3 幻灯片的基本操作

6.3.1 幻灯片的选定与查找

1. 幻灯片选定

① 选定单张幻灯片:单击相应幻灯片(或幻灯片编号)。
② 选定多张不连续的幻灯片:按 Ctrl 键并单击相应幻灯片(或幻灯片编号)。

③选定多张连续的幻灯片：单击欲选定的第一张幻灯片按住 Shift 键同时单击要选定的最后一张幻灯片。

④选定全部幻灯片：按下 Ctrl＋A 组合键，可选定全部幻灯片。

2. 幻灯片的查找

①单击"下一张幻灯片"或"上一张幻灯片"按钮。

②单击 PageDown 键或 PageUp 键。

③拖曳垂直滚动条的滑块。

6.3.2 幻灯片的添加、删除与隐藏

1. 幻灯片的添加

在 PowerPoint 的任何视图中都可以创建一个新的幻灯片。在幻灯片视图中创建的新幻灯片将排列在当前正在编辑的幻灯片的后面。在大纲或幻灯片浏览视图中增加新的幻灯片时，其位置将在当前光标或当前所选幻灯片的后面。PowerPoint 整个演示文稿中所有幻灯片的大小、高宽比例都是相同的。

新建幻灯片时单击功能区"插入"选项卡"幻灯片"组的"新建幻灯片"命令，选择某种版式，或在幻灯片窗格空白区域单击鼠标右键，弹出的快捷菜单中选择"新建幻灯片"，都可以新建一张幻灯片。

2. 幻灯片的删除

在幻灯片视图或备注页视图中，单击功能区"开始"选项卡"幻灯片"组的"删除"命令，将删除当前幻灯片。在大纲视图或幻灯片浏览视图中，如果要删除多张幻灯片，按下 Ctrl 键并单击各张幻灯片，然后单击功能区"开始"选项卡"幻灯片"组的"删除"命令或者按 Backspace 键或者 Delete 键，就可删除选定的幻灯片。

3. 幻灯片的隐藏

有时根据需要不能播放所有幻灯片，用户可将某几张幻灯片隐藏起来，而不必将这些幻灯片删除。被隐藏的幻灯片在放映时不播放，在幻灯片浏览视图中在幻灯片的编号上有"\"标记。

如果要隐藏幻灯片，先切换到幻灯片浏览视图中，选中要隐藏的幻灯片，单击功能区"幻灯片放映"选项卡"设置"组的"隐藏幻灯片"命令即可，也可以在选中要隐藏的幻灯片后单击鼠标右键在弹出的快捷菜单中选择"隐藏幻灯片"。

6.3.3 幻灯片的移动和复制

如果用户当前创建的幻灯片与已存在的幻灯片的风格基本一致，采用复制一张新的幻灯片的方法更为方便，只需在其原有基础上做一些必要的修改。

只有在大纲视图或幻灯片浏览视图中才能复制和移动幻灯片。单击功能区"开始"选项卡"剪贴板"组中的"复制"命令，移动光标至目标位置，单击"粘贴"命令，幻灯片将复制到光标所在幻灯片的后面。

如果要移动幻灯片，只需将上述的"复制"命令改为"剪切"命令。

6.4 多媒体和动画效果

6.4.1 动画效果设置

如果让幻灯片上的文字像教师书写板书似地从左向右一字一字显示,则必须为它们增加动画效果。动画效果设置的步骤如下:

①在选定幻灯片中单击要设置动画的对象(普通视图中);

②单击功能区"动画"选项卡"动画"组的"自定义动画"命令,弹出"自定义动画"任务窗格,如图 6.8 所示。

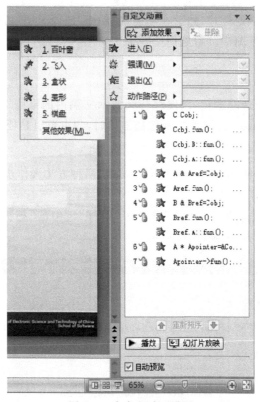

图 6.8 自定义动画设置

③单击"添加效果"按钮,为选中的对象设置动画效果和速度等。

④单击"自定义动画"任务窗格下方的"播放"按钮,预览播放效果,为该对象的动画播放后的处理提供一些选择,如对各个对象的动画顺序的设置等。

6.4.2 设置幻灯片的切换效果

当一张幻灯片放映结束要切换到下一张幻灯片时可以设置不同的效果。设置幻灯片切换的步骤如下:

①选定要设置切换效果的幻灯片；

②选择功能区"动画"选项卡中"切换到此幻灯片"组，内置了很多种切换效果供选择；

③通过"切换声音"、"切换速度"以及"换片方式"设置合适的声音、速度、换片方式等，如图6.9所示。

图 6.9　幻灯片切换效果设置

在幻灯片浏览视图增加切换效果最为方便，可为多张幻灯片增加同样的切换效果。单击演示文稿底部的 按钮进入幻灯片浏览视图，选择幻灯片，单击可选择一张，按住 Ctrl 键同时逐个单击幻灯片，选择多张幻灯片，然后在功能区"动画"选项卡中"切换到此幻灯片"组中选择切换效果，在幻灯片浏览视图中可看见切换效果。

6.4.3　超链接

用户在演示文稿中创造超链接，以便跳转到演示文稿内的某张幻灯片、另一个演示文稿、某个 Word 文档或某个 Internet 地址。创建超链接时，起点可以是任何对象，如文本、图形等。

1. 超链接的插入

在演示文稿中插入超链接有两种方法可以实现，两种方法操作步骤如下。

(1) 利用超链接设置插入超链接

选定欲设置对象，单击功能区"插入"选项卡"链接"组中的"超链接"命令，弹出链接对话框，设置链接的位置，如图6.10所示。

图 6.10　"插入超链接"对话框

(2) 利用动作设置插入超链接

①选定欲设置对象，单击功能区"插入"选项卡"链接"组中的"动作"命令，弹出动作设置对话框，如图6.11所示。

②单击"超级链接到幻灯片"区域右侧的下拉三角，打开下拉表，选择需要跳转的目标。

图 6.11 "动作设置"对话框

③单击"确定"按钮,完成超链接的创建。

2. 超链接的删除

创建超链接后,用户可以根据需要随时编辑或更改超链接的目标。首先选中代表超链接的文本或对象,在"动作设置"对话框中选择所需选项。另外,也可以选中超链接,单击鼠标右键,在显示的快捷菜单中选择"编辑超链接"选项。

如果需要删除超链接,可先选定代表超链接的文本或对象,在"动作设置"对话框中选择"无动作"选项按钮或者点击鼠标右键选择"取消超链接"选项。

6.4.4 动作按钮

1. 在单张幻灯片中插入动作按钮

PowerPoint 2007 中提供了一些按钮,可以将超链接添加到现有按钮上。将这些按钮添加到幻灯片中,可以快速设置超链接。单击功能区"插入"选项卡"插图"组的"形状"命令,"形状"列表最后一类就是"动作按钮",包括 12 个动作按钮,如图 6.12 所示。选择所需的按钮,光标变成十字状,在幻灯片的适当位置拖动鼠标,然后"动作设置"对话框自动显示,通过设置或确认,以便把跳转的目标确定下来。

图 6.12 动作按钮

2. 在每张幻灯片中插入动作按钮

可在幻灯片母版中按照以上步骤操作即可。

6.5 幻灯片的放映和打包

6.5.1 设置排练时间

幻灯片放映的时候一般通过手动换片，有时候用户希望幻灯片能根据预定的时间自动放映，可以通过设置排练时间来实现。设置排练时间的步骤如下：

①单击功能区"幻灯片放映"选项卡"设置"组中的"排练计时"按钮；

②进入幻灯片放映状态，用户根据自己的速度放映幻灯片，同时界面出现"预演"对话框，提示每张幻灯片预演所需的时间；

③放映结束后，弹出对话框询问是否保留排练时间，选择"是"按钮结束。

6.5.2 幻灯片的放映

在 PowerPoint 中可以根据需要，使用 3 种不同的方式进行幻灯片的放映，即演讲者放映方式、观众自行浏览方式以及在展台浏览放映方式。单击功能区"幻灯片放映"选项卡"设置"组的"设置幻灯片放映"命令，弹出"设置放映方式"对话框，如图 6.13 所示，选择幻灯片放映方式。

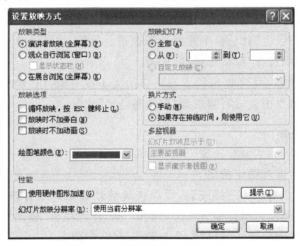

图 6.13 "设置放映方式"对话框

"演讲者放映（全屏幕）"是常规的放映方式。在放映过程中，可以使用人工控制幻灯片的放映进度和动画出现的效果；如果希望自动放映演示文稿，可以使用"幻灯片放映"菜单上的"排练计时"命令设置幻灯片放映的时间，使其自动播放。

如果演示文稿在小范围放映，同时又允许观众动手操作，可以选择"观众自行浏览（窗口）"方式。在这种方式下演示文稿出现在小窗口内，并提供命令在放映时移动、编辑、复制和打印幻灯片，移动滚动条从一张幻灯片移到另一张幻灯片。

如果演示文稿在展台、摊位等无人看管的地方放映，可以选择"在展台浏览（全屏幕）"方式，将演示文稿设置为在放映时不能使用大多数菜单和命令，并且在每次放映完毕后，如 5 分钟观众没有进行干预，会重新自动播放。当选定该项时，PowerPoint 会自动设定"循环放映，

Esc 键停止"的复选框。

如果需要使用排练计时,在"换片方式"中选择"如果存在排练时间则使用它"。

1. 简单放映

选定幻灯片,单击功能区"幻灯片放映"选项卡"开始放映幻灯片"组的"从头开始"按钮,或单击 F5 键,幻灯片将从第一张幻灯片开始放映,如果选择"从当前幻灯片开始",幻灯片将从当前选择的幻灯片开始放映。

在放映过程中,单击当前幻灯片或按下键盘上的 Enter 键、N 键、空格键、PageDown 键、→键或↓键,可以进到下一张幻灯片;单击键盘上的 P 键、Backspace 键、PageUp 键、←键或↑键,可以回到上一张幻灯片;单击 Esc 键,可以中断幻灯片放映而回到放映前的视图状态。

若再无其他幻灯片,则返回原来的视图状态。

2. 用鼠标控制幻灯片放映

在放映幻灯片过程中,PowerPoint 将在当前幻灯片的左下角显示弹出式菜单控制按钮,单击该按钮,或在幻灯片上右击鼠标,将出现一个弹出式菜单,该菜单中常用选项的功能如下:

①"下一张"和"上一张":分别移到下一张或上一张幻灯片。

②"结束放映":结束幻灯片的放映。

③"定位至幻灯":以级联菜单方式显示出当前演示文稿的幻灯片清单,供用户查阅或选定当前要放映的幻灯片。

④"指针选项":选择本项后,将显示出包括以下选项的级联菜单。

a. "箭头选项":设置鼠标指针是否显示。

b. "箭头":使鼠标指针形状恢复为箭头形。

c. "绘图笔":使鼠标指针变成笔形,以供用户在幻灯片上画图或标注,例如为某个幻灯片对象加一个圆圈、画上一个箭头、加一些文字注解等。

6.5.3 幻灯片的打包

本节介绍了演示文稿的打印和打包操作。

1. 演示文稿的打印

用 PowerPoint 建立的演示文稿,除了可在计算机屏幕上做电子展示外,还可以将它们打印出来长期保存。PowerPoint 的打印功能非常强大,它可以将幻灯片打印到纸上,也可以打印到投影胶片上通过投影仪来放映,还可以制作成 35 mm 的幻灯片通过幻灯机来放映。

在打印演示文稿之前,应在 Windows 中完成打印机的设置工作。

(1)幻灯片的页面设置

在打印前首先要对幻灯片的页面进行设置,也就是说以什么形式、什么尺寸来打印幻灯片及其备注、讲义和大纲。其操作如下:

① 打开功能区"设计"选项卡,选择"页面设置"组单击"页面设置"命令,弹出"页面设置"对话框,如图 6.14 所示。

② 在对话框中"幻灯片大小"的下拉列表中,选择幻灯片输出的大小。如果选择了"自定义"选项,应在"宽度"、"高度"框中键入相应的数值。在"方向"选项中,可以设置幻灯片的打印方向。演示文稿中的所有幻灯片将为同一方向,不能为单独的幻灯片设置不同的方向。

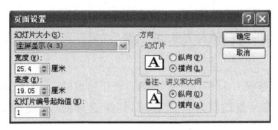

图 6.14 "页面设置"对话框

(2)打印演示文稿

如果对打印机、打印范围等设置好了,可以单击"Office 按钮"上的"打印"命令中的"快速打印"进行打印;也可单击"Office 按钮"上的"打印"命令中的"打印",弹出"打印"对话框,如图 6.15 所示,可设置打印范围、打印内容、打印份数等。

图 6.15 "打印"对话框

2. 演示文稿的打包

打开要打包的演示文稿,单击"Office 按钮"上"发布"菜单中的"CD 数据包"命令,弹出"打包成 CD"对话框,如图 6.16 所示,单击"复制到文件夹"按钮,选择打包位置后单击确定即可。

图 6.16 "打包成 CD"对话框

案例 制作企业发展介绍演示文稿

制作企业发展幻灯片操作步骤如下：

1. 首页的制作

①单击功能区"插入"选项卡"插图"组的"形状"命令，选择"基本形状"的同心圆，放入幻灯片中，放入时，按住 Shift 键，可画出同心圆。按此方法连续放入三个同心圆，注意三个同心圆的位置是互相吻合。在每个同心圆上单击鼠标右键，选择"设置形状格式"，弹出设置形状格式对话框，在"填充"选项卡中可设置同心圆填充的颜色。如图 6.17 所示。

②给最里面的同心圆添加一些三维效果，具体操作如下：

选中最里面的同心圆后，在设置形状格式对话框中选择"三维格式"，在三维格式样式中顶端角度，同时宽度设置为"20"。如图 6.18 所示。

③单击功能区"插入"选项卡"插图"组的"形状"命令，选择"基本形状"的椭圆，按住 Shift 键把它嵌入到最里面的同心圆中，并且给该椭圆设置填充颜色（设置方法同同心圆颜色的设置方法）。在该椭圆上单击鼠标右键，选择"添加文本"，可以加入"ATA"字样，可灵活设置该字字体。如图 6.19 所示。

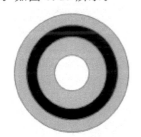  

图 6.17 三个同心圆效果图　　图 6.18 同心圆的三维效果　　图 6.19 添加文字

④各图形按照"陀螺旋"的方式进行顺逆时针的旋转形成动态效果。分别选中每个图形，单击功能区"动画"选项卡"动画"组中的"自定义动画"，弹出自定义动画任务窗格，在"添加动画"按钮中的"强调"中选择"陀螺旋"，并设置开始均为"之前"和速度均为"非常快"。如图 6.20 所示。

2. 插入新幻灯片

插入一张新的幻灯片，主要完成照片从上到下自动的滚动浏览，类似于放电影的形式。

①通过功能区"插入"选项卡"插图"组中"图片"命令将若干幅图片插入到幻灯片中，然后选中这些图片，单击鼠标右键选择"组合"，将这些图片组合成一个整体。

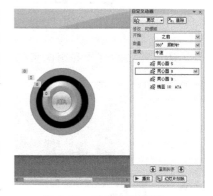

图 6.20 动画的设置图

②在幻灯片中添加一个文本框，输入一些内容。如图 6.21 所示。

③给组合图片和文本框添加自定义动画。在组合图片上单击功能区"动画"选项卡"动画"

图 6.21　第二张幻灯片的效果图

组中的"自定义动画",弹出自定义动画任务窗格,在"添加动画"按钮中的"动作路径"中选择"向下",并设置开始和速度,这样放映后就形成了照片的滚动浏览。如图 6.22 所示。

图 6.22　添加动画

④第三张幻灯片和第四张幻灯片给出图 6.23 和图 6.24 效果图,大家可以以此为基础自由发挥。

图 6.23　第三张幻灯片效果图　　　　图 6.24　第四张幻灯片效果图

习 题

1. 选择题

(1) PowerPoint 2007 的文件的默认扩展名是（ ）。
　　A. docx　　　　B. txt　　　　　C. xls　　　　　D. pptx

(2) PowerPoint 系统是一个（ ）软件。
　　A. 文字处理　　B. 表格处理　　C. 图像处理　　D. 文稿演示

(3) PowerPoint 的核心是（ ）。
　　A. 标题　　　　B. 版式　　　　C. 幻灯片　　　　D. 母板

(4) 用户编辑演示文稿时的主要视图是（ ）。
　　A. 普通视图　　　　　　　　　　B. 幻灯片浏览视图
　　C. 备注页视图　　　　　　　　　D. 幻灯片放映视图

(5) 幻灯片中占位符的作用是（ ）。
　　A. 表示文本长度　　　　　　　　B. 限制插入对象的数量
　　C. 表示图形大小　　　　　　　　D. 为文本、图形预留位置

(6) 使用快捷键（ ）可以退出 PowerPoint 2007。
　　A. Ctrl+Shift　　B. Shift+Alt　　C. Ctrl+F4　　D. Alt+F4

(7) 在 PowerPoint 2007 中，撰写或设计演示文稿一般在（ ）视图模式下进行。
　　A. 普通视图　　　　　　　　　　B. 幻灯片放映视图
　　C. 幻灯片浏览视图　　　　　　　D. 版式视图

(8) 在演示文稿放映过程中，可随时按（ ）键终止放映，返回到原来的视图中。
　　A. Enter　　　　B. Esc　　　　　C. Pause　　　　D. Ctrl

(9) 单击（ ）功能区的相关命令可以插入文本框。
　　A. 插入功能区　　B. 设计功能区　　C. 视图功能区　　D. 格式功能区

(10) 设置幻灯片放映时间的命令是（ ）。
　　A. "幻灯片放映"菜单中的"预设动画"命令
　　B. "幻灯片放映"菜单中的"动作设置"命令
　　C. "幻灯片放映"菜单中的"排练计时"命令
　　D. "插入"菜单中的"日期和时间"命令

2. 填空题

(1) PowerPoint 提供了三种基本视图方式：_____、_____ 和 _____。

(2) 当某张幻灯片处于隐藏状态时，选定该幻灯片并再次单击隐藏幻灯片按钮，则表示_____。

(3) 使用_____功能区"文本"选项卡中的"艺术字"按钮可以插入艺术字。

(4) 对文本建立超链接后，该文本自动加下划线。超链接只有在幻灯片_____时才有效。

(5)_____是应用在幻灯片换片过程中的特殊效果,它决定以什么样的效果从一张幻灯片换到另一张幻灯片。

3. 简答题

(1)PowerPoint 2007 窗口由哪些部分组成?

(2)什么是演示文稿的母板,演示文稿的母板有什么作用?

(3)什么是自定义放映,如何创建自定义放映?

4. 操作题

请使用 PowerPoint 2007 制作演示文稿,介绍 Excel 2007 的主要组成及功能,每项组成最少用一张幻灯片介绍。具体要求如下:

(1)有必要的文字说明;

(2)幻灯片上配置相应的图片;

(3)幻灯片上的对象有动画效果;

(3)幻灯片有切换效果;

(4)能自动播放。

第 7 章　Visio 2007 图形设计与制作

　　一张好的图片所能传达的信息胜似千言万语。日常生活中经常接触的报纸、电视、杂志等媒体都采用了图像的方式直观地传达信息。Visio 2007 是一款优秀的绘图软件，其强大的功能与简单的操作特性受到了广大用户的青睐，已被广泛应用于软件设计、项目管理和企业管理等众多领域。本章重点介绍 Visio 2007 的基本功能和使用方法。

　　通过本章的学习，能够帮助读者掌握用 Visio 2007 软件创建绘图文档的方法和技巧。

7.1　认识 Visio 2007

　　Visio 是一款可视化的绘图软件，它能够创建绘图以便有效地传达信息。Visio 面向不同层次的用户，甚至是最初级的用户也可以很方便地使用 Visio 来绘图。Office Visio 2007 利用强大的模板、模具和形状等元素，实现各种图表与模具的绘制功能，其各种元素如下所述。

　　(1) 模板

　　模板是模具的集合。选择模板后，模具就会以选项卡的形式显示在左边形状面板中。

　　(2) 模具

　　与模板相关联的图件或者形状的集合。每一种模具都有一定数量的形状。

　　(3) 形状

　　Visio 的绘图就是由一系列形状组成的，可以将形状拖拽到绘图页中完成形状的绘制。

7.1.1　Visio 2007 的启动

1. 启动 Visio 2007

启动 Visio 2007 有以下几种方法。

(1) 从"开始"菜单启动

单击任务栏上左边的"开始"按钮，选择程序菜单中的"Microsoft Office"，在其子菜单中选择"Microsoft Office Visio 2007"命令，便可以进入 Visio 2007 绘图软件中。

(2) 利用已有 Visio 文档启动

如果系统中已经存在 Visio 2007 生成的文件，在"计算机"中的"资源管理器"中或者"开始"菜单下"我最近的文档"中找到它，打开该文件，便可进入 Visio 2007。

(3) 快捷方式启动 Visio 2007

双击桌面已建立的 Visio 2007 快捷方式图标，便可快速进入 Visio 2007。

2. Visio 2007 的启动界面

Visio 2007 的启动窗口如图 7.1 所示。中间的窗格显示的是最近打开的模板，如果是第一次进入，则窗口中间显示为空白。右边的窗格显示的是最近打开的文档。左边的窗格从上到下分别为"入门教程"、"示例"与"模版的类型"。

"入门教程"为 Visio 启动后的默认选项。选择"入门教程"后，将在窗口中展示 Visio 最近的概况（最近打开的文档与最近打开的模板）。

单击"示例"选项，则在中间窗格中显示一些绘图样本。

"示例"选项下面是 Visio 支持的模板类型。总共有 8 种：
- 常规：包含用于创建星形、圆形、矩形等基本形状的模板。
- 地图和平面布置图：包含用于创建地图和平面布置图的模板。
- 工程：包含用于创建基本逻辑电路图、仪表设备图、流体动力图以及其他工程绘图的模板。
- 流程图：包含用于创建各种流程图的模板。
- 日程安排：包含用于创建日历、甘特线和时间线等绘图的模板。
- 软件和数据库：包含用于创建软件开发流程图和数据库流程图等方面的绘图模板。
- 商务：包含用于创建组织结构图和其他商务绘图的模板。
- 网络：包含用于创建网站图和网络图等计算机网络方面的绘图模板。

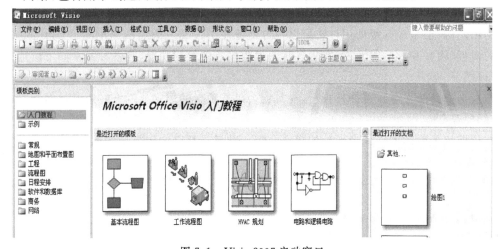

图 7.1　Visio 2007 启动窗口

7.1.2　Visio 2007 的退出

退出 Visio 2007 有以下几种方法。

①文件菜单的退出命令：单击 Visio 2007 窗口左上角的文件菜单，选择下拉菜单中的退出命令。

②直接单击 Visio 2007 窗口右上角的"关闭"按钮。

③使用快捷键 Alt＋F4。

7.1.3 Visio 2007 的工作界面

启动 Visio 2007 以后，选择一种需要的绘图类型，即可进入 Visio 2007 的工作界面。该窗口主要由标题栏、菜单栏、工具栏、形状任务窗格、任务窗格和绘图区等组成，如图 7.2 所示。

①标题栏、菜单栏与工具栏位于 Visio 2007 窗口的最上方，主要用来显示各级操作命令。Visio 2007 中的菜单与 Word 2007 中的菜单显示状态一致。

②用户通过单击主菜单的"视图"选项中的"任务窗格"命令，可以显示或者隐藏各种任务窗格。任务窗格位于 Visio 2007 窗口的右侧，主要用于进行专业化设置。Visio 2007 系统中有多种任务窗格，例如："主题-颜色"任务窗格、"数据图形"任务窗格、"文档管理"任务窗格与"剪贴画"任务窗格等。

③形状任务窗格中包含多个模具。例如，"箭头形状"模具，"边框和标题"模具与"背景"模具等。绘制各种类型的图表与模型时，可以通过将模具中的形状拖动到绘图页上的方法来实现。

④绘图窗口主要用来显示绘图页，用户可以通过绘图页添加、设置形状。

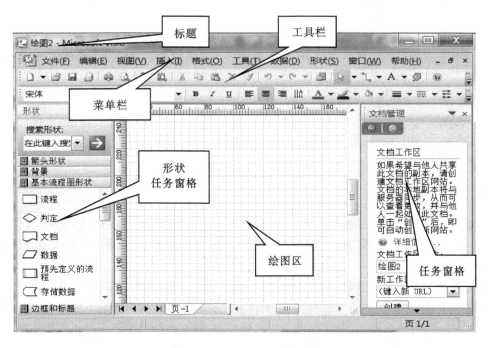

图 7.2　Visio 2007 工作界面

7.1.4 Visio 2007 的帮助

Visio 2007 的帮助系统可以帮助用户快速了解 Visio 2007 的各种功能。当在绘图过程中遇到问题时，单击主菜单的"帮助"中的"Microsoft Office Visio 帮助"命令，便可进入 Visio 2007 帮助系统。进入帮助系统后，可以直接选择所需帮助，也可以通过"搜索"文本框输入要查找的帮助内容。

7.2 文档的基本操作

 ### 7.2.1 创建 Visio 文档

在 Visio 中,不仅可以从头开始新建一个空白文档,还可以通过系统自带的模板或者现有的绘图文档来创建一个新的绘图文档。

(1)使用模板创建绘图文档

启动 Visio 2007,系统会自动进入到入门教程,如图 7.1 所示。在窗口左侧的"模板类别"窗格中选择需要的模板类型,在中间窗格中会显示相应的"特色模板",然后在"特色模板"列表中选择一种模板,单击"创建",即可创建一个模板绘图文档。

也可以通过单击主菜单的"文件"选项,选择"新建"子菜单中的"从模板新建绘图"命令,在弹出的"使用模板新建绘图"窗口中,选择一个已有的 Visio 模板,单击"打开"便可使用该模板。

(2)使用现有文档新建绘图文档

当所有的模板都不能满足要求时,可以通过已有的绘图文档新建一个绘图文档,新建的绘图文档将保留原文档的所有设置和内容。

(3)新建一个空白文档

如果想建立一个特殊的、与众不同的文档,可以单击主菜单的"文件"选项,选择"新建"子菜单中的"新建绘图"命令,可以创建一个空白绘图页;也可以使用快捷键 Ctrl+N 来新建一个空白绘图文档。

 ### 7.2.2 打开 Visio 文档

用户可以打开保存过的绘图文档,对其进行修改和编辑操作。执行主菜单中"文件"选项中的"打开"命令,在弹出的"打开"对话框中选择需要打开的 Visio 文档,单击"打开"按钮,即可打开相应的文档。

若要选择打开方式,在"打开"对话框中,选择需要打开的文件后,单击"打开"下拉按钮,选择一种打开方式,如图 7.3 所示。选择"以只读方式打开",则文件打开后不能修改;选择"以副本方式打开",则打开文件时,程序将创建文档的副本,对文档的修改将保存在该副本中。

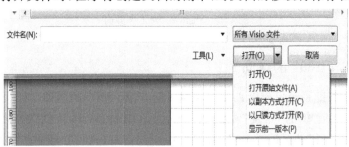

图 7.3 "打开"按钮下拉列表

在"打开"对话框的文件类型下拉列表中,可以选择需要打开的文件类型。默认为"所有 Visio 文件",如图 7.4 所示。

图 7.4　文件类型下拉列表

7.2.3　保存 Visio 文档

通过主菜单中的"文件"选项中的"保存"命令,对新建的绘图文档进行保存;也可通过快捷键 Ctrl+S 快速保存当前文档;还可以通过选择主菜单的"文件"选项中的"另存为"命令,将当前文档保存为其他格式的文件。

Visio 2007 提供了多种保存类型,表 7.1 为几种常用的文档类型。

表 7.1　Visio 保存类型

类型	扩展名
绘图	.vsd
模板	.vst
模具	.vss
XML 绘图	.vdx
Web 页	.htm 与 .html
JPEG 文件交换格式	.jpg
图形交换格式	.gif

7.2.4　保护 Visio 文档

通过 Visio 2007 提供的保护功能可以保护 Visio 文档,防止 Visio 文档中的数据泄露,如

图 7.5 所示,执行主菜单中"视图"选项的"绘图资源管理器"命令后,便会打开"绘图资源管理器"窗口,鼠标右键单击需要保护的文档,选择"保护文档"命令,在弹出的"保护文档"对话框中,根据文档的要求,选择需要保护的元素,单击确定,即可实现对该文档的保护。

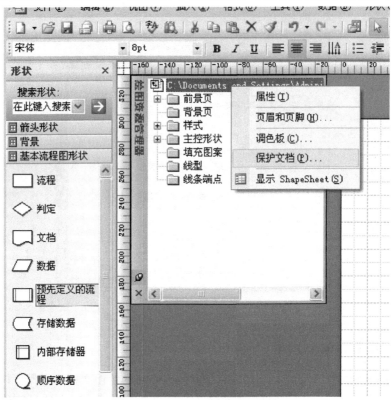

图 7.5 Visio 2007 绘图资源管理器窗口

7.3 Visio 绘图基础

形状是 Visio 绘图中的基本元素,任何一个 Visio 绘图都是由多个形状或者形状与线条的组合而构成的。Visio 2007 中存储了数百个内置形状,如果没有找到满足要求的形状,还可以利用 Visio 2007 的搜索功能使用网络形状。

7.3.1 形状分类

在 Visio 中,形状是表示信息的基本单位,它既可以表示实际的对象,也可以表示抽象的概念。

1. 简单形状和复杂形状

在 Visio 中,有很多种形状,其中既包括一些结构简单的形状,例如曲线、矩形和圆形等,如图 7.6 所示。也包括一些结构复杂的形状,如灭火器、压缩机和发电机等,如图 7.7 所示。

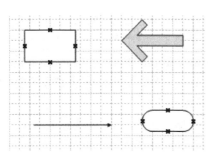
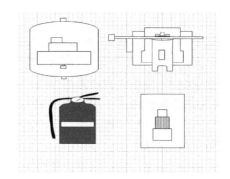

图 7.6　简单形状　　　　　　　图 7.7　复杂形状

2. 一维形状和二维形状

根据形状不同的行为方式,可以将形状分为一维和二维两种类型。

(1) 一维形状

一维形状就像线条一样,具有两个端点:起点和终点。起点用带"叉号"的绿色方块 表示。终点用带"加号"的绿色方块 表示。通过拖动一维形状的端点来旋转或者调整它的大小。有的一维形状除了两个端点之外,还有选择手柄,可以通过拖动选择手柄来控制该形状的外形。例如"花式箭头"形状,如图 7.8 所示。

一维形状通常位于两个形状之间,起到连接形状的作用。

(2) 二维形状

二维形状没有起点和终点,它具有两个以上的选择手柄,如图 7.9 所示,可以拖动其中的某个手柄来调整形状大小。

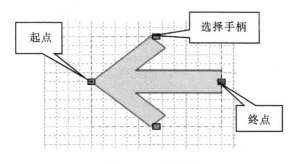
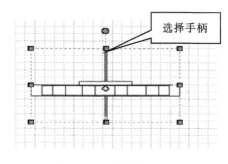

图 7.8　一维形状　　　　　　　图 7.9　二维形状

7.3.2　形状手柄

形状手柄是用户在选择形状后,形状周围出现的能够对形状外围进行调整的控制点,只有在选择形状时才会显示形状手柄。使用常用工具栏的"指针工具"按钮 便可以选择形状。形状手柄分为选择手柄、控制手柄、锁定手柄、旋转手柄、控制点、连接点和顶点等。

1. 用于调整形状的手柄

该手柄主要用于调整形状的大小、旋转形状等操作。包括选择手柄、控制手柄、锁定手柄和旋转手柄。

①选择手柄:选择形状后,形状上出现的绿色方块即为选择手柄,拖动选择手柄可以调整

形状的大小。如图所示7.10(a)所示。

②控制手柄:选择形状后,形状上出现的黄色菱形图案为控制手柄。控制手柄可以调整形状的角度和方向。只有部分形状具有控制手柄。如图7.10(b)所示。

③锁定手柄:一些形状被选择后,周围出现灰色的方框,即为锁定手柄,表示当前所选为锁定状态,无法调整该形状的大小或者旋转形状。如图7.10(c)所示。执行主菜单中"形状"子菜单中的"组合"选项中的"取消组合"命令,可以解除锁定状态。

④旋转手柄:选择形状后,形状顶端出现的绿色圆形为旋转手柄,将鼠标置于旋转手柄上,单击鼠标左键,然后拖动鼠标便可以旋转形状。如图7.10(d)所示。

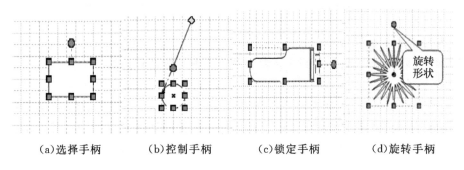

(a)选择手柄　　(b)控制手柄　　(c)锁定手柄　　(d)旋转手柄

图 7.10　调整形状的手柄

2. 控制点、顶点和连接点

①控制点:只有使用"绘图工具"中的"铅笔工具"或者自由绘制工具绘制形状后,形状上才会出现绿色圆形手柄即控制点,如图7.11(a)所示。控制点可以改变曲线的弯曲度。

②顶点:使用铅笔工具绘制形状时,在形状上会出现绿色菱形图案,即顶点,如图7.11(b)所示。拖动顶点可以调整图像。

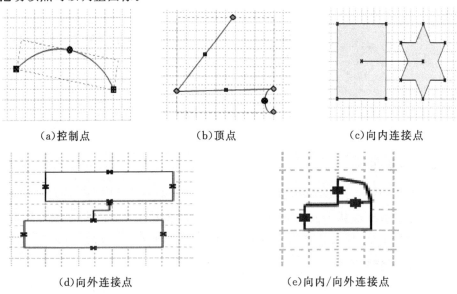

(a)控制点　　(b)顶点　　(c)向内连接点

(d)向外连接点　　(e)向内/向外连接点

图 7.11　控制点和顶点

③连接点:连接点是形状的一种特殊点,通过连接点将形状与其他形状或者连接线粘附在一起。并不是所有形状都有连接点。例如,默认情况下符号模具中的形状没有连接点。连接点分为向内连接点、向外连接点和向内/向外连接点。

④向内连接点:一般形状都有向内连接点,形状内部的蓝色叉号即向内连接点,如图7.11(c)所示。将鼠标从形状一个向内连接点拖动到其他形状的连接点上,即可使该形状的内部和其他形状连接在一起。

⑤向外连接点:形状边缘上的蓝色叉号表示向外连接点,如图7.11(d)所示。当鼠标移动到连接点附近时,会出现一个蓝色三角形图案,鼠标左键单击该三角形图案,即可快速和其他形状连接从外部在一起。

⑥向内/向外连接点:使用蓝色星号来表示向内/向外连接点,如图7.11(e)所示。这种连接点主要出现在家居形状上。

7.3.3 添加形状

使用 Visio 绘图时,根据图表类型获取不同的形状。除了使用 Visio 绘图中已经存储的形状,还可以使用网络或者本地文件夹中的形状。

1. 使用模具创建形状

创建一个 Visio 文档后,系统会自动根据 Visio 文档的类型将相应的模具显示在形状窗格中。选择一种模具后,选择该模具中的形状,并将该形状拖到绘图页上,这样便可以创建一个形状了。

除了使用模具中自动显示的形状外,还可以将其他类型的模具添加到形状窗格中,便可使用该模具中的形状了。通过主菜单中"文件"选项中的"形状"命令,选择一种绘图类型的模具,便可将该模具添加到形状窗格中。

2. 使用"搜索"功能创建形状

Visio 2007 提供了搜索形状功能,使用该功能可以在本地或者网络上搜索自己需要的形状。通过在形状窗格中的"搜索形状"文本框中输入搜索内容,然后单击 ➡ 便可完成搜索功能。

如果想重新设置搜索位置、搜索和结果等内容,可以将鼠标移动到"搜索形状"文本框中单击鼠标右键,选择"搜索选项",在弹出的"选项"对话框中选择"形状搜索"选项卡,来完成对搜索选项的设置。

3. 使用本地文件夹创建形状

在 Visio 2007 系统中,可以将已经下载好的模具文件复制到"C:\Documents and Settings\Administrator\My Documents\我的形状"目录中。在 Visio2007 中在主菜单中"文件"选项中选择的"形状"子菜单中的"我的形状"命令,即可选择添加的形状。

7.3.4 绘制形状

1. 绘制简单形状

如果需要创建独特的图形,可以使用绘图工具来绘制。使用常用工具栏的"绘图工具"按钮 ⌀ ,弹出"绘图"工具栏,如图7.12所示。使用"绘图"工具栏中的直线工具、弧线工具与自由绘图工具可以绘制简单的形状。绘制完后,还可以对形状进行调整。

2. 使用铅笔工具绘制形状

图 7.12 "绘图"工具栏

使用如图 7.12 所示的"绘图"工具中的铅笔工具 ![], 通过拖动鼠标,可以在绘图页中绘制各种形状。

3. 绘制墨迹形状

在"常用"工具栏上单击鼠标右键,选择"墨迹",如图 7.13 所示,弹出"墨迹"工具栏,如图 7.14 所示。在此工具栏里可以选择圆珠笔、荧光笔与签字笔等选项来绘制形状。通过"墨迹颜色"选项可以修改画笔颜色。

图 7.13 "墨迹"选项

图 7.14 "墨迹"工具栏

7.3.5 连接形状

在绘图时,需要将多种形状连接在一起,方便以后操作。

1. 自动连接

"自动连接"可以快速地连接形状。在绘图页中,选择一个形状,将其拖动到另一个形状上,当光标变成"自动连接箭头"时,释放鼠标,系统便自动可将这两个形状连接在一起。

2. 手动连接

虽然自动连接功能具有很多优势,使用起来非常方便,但是在制作某些图表时还需要利用传统的手动连接。手动连接利用连接工具来连接形状,主要包括使用连接线工具、使用模具等。

(1) 使用连接线工具

单击常用工具栏的"连接线工具"按钮,选择一个形状的连接点,按住鼠标左键,拖动到相应形状的连接点,释放鼠标,即在两个形状之间绘制一条连接线。

(2) 使用模具

Visio 2007 模版中包含了各种连接符。用户还可以通过单击主菜单的"文件"选项中的"形状"命令,在弹出的"形状命令"子菜单中选择"其他 Visio 方案"中的"连接符"命令,即可使用模具中的连接符,使用时将模具中的连接符拖动到形状的连接点即可。

3. 使用"连接形状"命令

选择需要建立连接的所有形状,执行"形状"菜单中的"连接"命令,即可创建所有的连接。

7.4 添加文本

通过在绘图页中添加文本信息，不仅可以清楚地说明形状的含义，而且可以准确地传递绘图信息。Visio 2007 中的文本信息主要是在形状中添加文本，或者添加注释文本。

7.4.1 创建文本

Visio 2007 不仅可以为形状创建文本，还可以通过文本块工具创建文本，而且可以创建文本段和注释，从而使图表的含义更加清楚。

1. 为形状添加文本

一般情况下，创建形状的同时，Visio 会自动创建一个隐含的文本框，双击形状后，便可进入文本编辑状态。编辑完后，按下 Esc 键或者在其他区域单击鼠标左键即可退出该文本的编辑状态。选择形状后使用 F2 键也可以为形状添加文本。

2. 使用文本块添加文本

单击常用工具栏的文本工具按钮"A"，在其下拉列表中选择"文本块工具"选项。将鼠标移动到绘图页中需要添加文本块的位置，拖动鼠标，绘制文本块区域，便可以在该文本块中编辑文本，在文本块中单击鼠标左键，即可以调整文本块的大小、位置，也可以旋转文本块。

3. 添加字段

通过执行主菜单中"插入"选项的"字段"命令，在弹出的"字段"对话框中选择一种字段类别，即可以将字段信息插入到形状中，如图 7.15 所示。

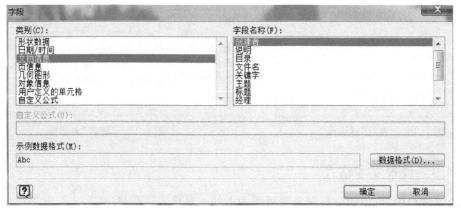

图 7.15 "字段"对话框

4. 添加注释

通过注释可以标注绘图中的一些重要信息。执行主菜单中"插入"选项的"注释"命令，弹出的注释框中包含了创建者名称、注释编号与注释日期。只需输入注释内容，按下 Esc 键或单击其他区域即可完成添加注释。

7.4.2 编辑文本

在 Visio 2007 中,可以对文本内容进行复制、粘贴、剪切等编辑命令,从而对已添加的文本进行修改与调整。

1. 选择文本

在对文本进行编辑之前,必须先选中需要编辑的文本内容。可以通过以下三种方法来选择文本:

①双击形状。鼠标左键双击需要选择的文本所在的形状,即可选中文本。

②使用"文本工具"。使用"常用"工具栏中的"文本工具"按钮,将鼠标移动到需要选择的文本上,单击鼠标左键,即可选中文本。

③快捷键。按下 F2 键,将鼠标移动到需要选择的文本上,单击鼠标左键,即可选中文本。

2. 查找文本

执行主菜单中"编辑"选项中的"查找"命令,在弹出"查找"对话框中,如图 7.16 所示。在弹出的"查找"对话框中,设置查找内容、搜索范围以及选项内内容。

3. 替换文本

执行主菜单中"编辑"选项中的"替换"命令,弹出"替换"对话框,如图 7.17 所示。在此对话框中设置查找内容、替换为和选项等内容。

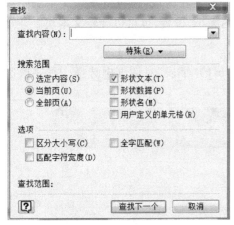

图 7.16 "查找"对话框

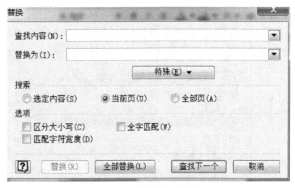

图 7.17 "替换"对话框

7.4.3 设置文本格式

在绘图过程中,可以随时根据需要对图表中的文本格式进行修改。

1. 设置字体格式

(1)使用工具栏设置字体格式

可以使用工具栏中的字体下拉列表、字体大小文本输入框和文本对齐方式等选项来设置字体格式。

(2) 使用"文本"对话框设置字体格式

执行"格式"→"文本"命令,弹出"文本"对话框,在其中的"字体"选项卡中可以设置字体格式,如图 7.18 所示。在"字体"栏中,可以设置所选文字的字体、字号、字形,在"常规"栏中,可以设置所选文字的大小、颜色和透明度等内容。

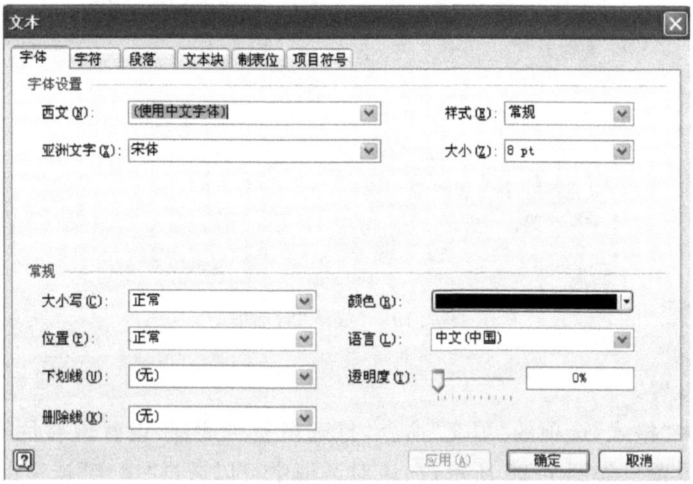

图 7.18 "文本"对话框

2. 设置段落格式

在"文本"对话框中选择"段落"选项卡,即可完成段落格式的设置。在段落选项卡中不仅可以设置段落的对齐方式,还可以设置首行缩进值、段前和段后距离等内容。

3. 设置项目符号

在"文本"对话框中选择"项目符号"选项卡,然后在"样式"列表中选择一种项目符号,即可为文本添加项目符号。

7.5 美化绘图

7.5.1 设置形状格式

在绘图页中,每个形状都有自己的默认格式,使得 Visio 容易变得千篇一律。因此,在设计过程中,为绘图页内的对象设置不同的格式,可以美化图表,更好地展示图表信息。

1. 设置线条格式

执行主菜单中"格式"选项的"线条"命令,打开"线条"对话框,如图 7.19 所示。设置该对话框中的各项选项,从而完成线条格式的设置。

2. 设置填充效果

仅仅对线条进行一些简单的设置无法增加图表的外观效果,有时需要对绘图页中的形状

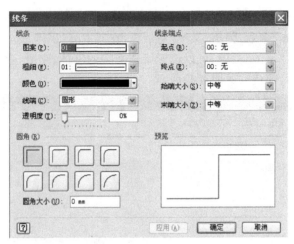

图 7.19 "线条"对话框

进行复杂的格式设置。

执行主菜单中"格式"选项的"填充"命令,打开填充对话框,设置该对话框中的各项选项,从而完成格式的设置。如图 7.20 所示,在该对话框中可以通过"填充"选项组设置填充颜色与填充图案等内容。通过"阴影"选项组为形状添加并设置阴影效果。

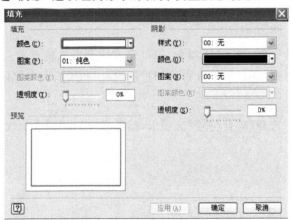

图 7.20 "填充"对话框

7.5.2 使用 Visio 主题

Visio 2007 中的主题包含主题颜色和主题效果两部分,使用主题可以快速美化图表。在"主题"任务窗格中选择相应的主题颜色或者主题效果即可应用该主题。

"主题"任务窗格主要包含以下选项。

①主题颜色:选择该选项,则在主题列表中显示所有的主题颜色,如图 7.21 所示。选择相应的颜色即可应用到形状中。

②主题效果:选择该选项,则在主题列表中显示所有的主题效果,如图 7.22 所示。选择需要的效果即可应用到形状中。

③将主题应用于新图形:勾选该选项后,可以将主题应用到新添加的形状中。

图 7.21 主题颜色

图 7.22 主题效果

④新建主题颜色(效果):勾选该选项后,可以创建自定义主题。

1. 应用主题

在主题任务窗格中选择相应的主题样式即可应用该主题。单击相应的主题样式,在该样式图标的右侧会出现一个下拉按钮,在弹出的下拉菜单中,可以选择将该主题应用于当前页或所有页。

2. 自定义主题

当 Visio 中的主题不能满足需求时,可以根据需要自定义主题。

(1)自定义主题颜色

在"主题颜色"任务窗格中,单击"新建主题颜色"按钮,即可打开"新建主题颜色"对话框,在其中可以设置主题颜色。

(2)自定义主题样式

在"主题效果"任务窗格中,单击"新建主题效果"按钮,即可打开"新建主题效果"对话框,在其中可以设置主题效果。

7.5.3 使用 Visio 样式

1. 应用样式

Visio 2007 中除了可以使用主题来美化图表外,还可以使用样式来制定形状格式从而达到美化图表的作用。

如果需要重复使用多种相同格式,可以利用"样式"功能来实现。使用"样式"功能之前,首先需要加载"样式"功能,执行主菜单中"工具"选项中的"选项"命令,弹出"选项对话框",在该对话框的"高级"选项卡中勾选"以开发人员模式"复选框,单击确定,即可完成"样式"功能的加载。然后,执行主菜单中"格式"选项中的"样式"命令,即可打开"样式"对话框,如图 7.23 所示,可以在该对话框中设置文字的样式、线条样式和

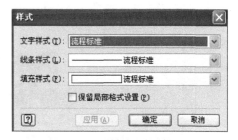
图 7.23 "样式"对话框

填充样式。

"样式"对话框中的文字、线条和填充样式下拉菜单中包含以下几种样式供选择：

①无样式：选择该样式后，"文字样式"为宋体、黑色、12磅、无空格、居中；"线条样式"为黑色实线。"填充样式"为实心白色。

②纯文本：选择该样式后，与"无样式"格式相同。

③无：选择该样式后，"文字样式"为12磅、黑色，无线条和填充且透明的格式。

④正常：选择该样式后，与"无样式"格式相同。

⑤参考线：选择该样式后，"文字样式"为宋体、蓝色、9磅；"线条样式"为蓝色虚线；"填充样式"为不带任何填充色、背景色且只显示形状边框格式。

⑥基本：该样式与形状中默认的样式一致。

2. 自定义样式

当Visio中自带的样式无法满足需要时，可以通过主菜单中"格式"选项中的"定义样式"命令，打开"定义样式"对话框，来设置文字、线条和填充的样式。

案例　使用 Visio 2007 绘制网络结构图

绘制网络结构图的步骤如下：

①运行 Visio 2007 软件，在打开的如图 7.24 所示的启动窗口左边"模具"列表中选择"网

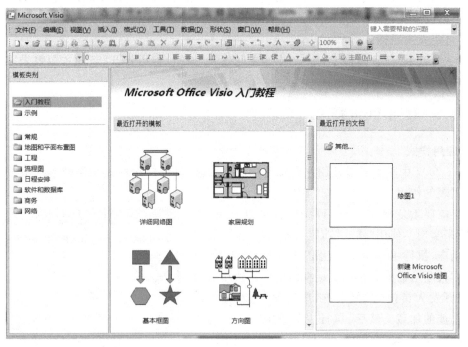

图 7.24　启动窗口

络"选项,然后在中间窗格中选择"详细网络图",单击创建。或者在 Visio 2007 中执行"新建"子菜单中的"网络"选项中的"详细网络图"命令,都可以打开如图 7.25 所示界面。

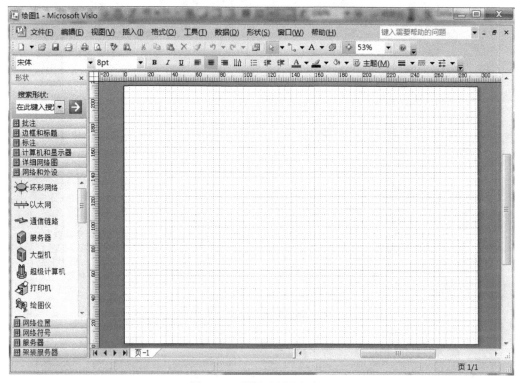

图 7.25 "详细网络图"窗口

②在左边窗格中选择"网络和外设"选项,在其中的形状列表中选择"交换机"形状(因为交换机通常是网络的中心,首先确定好交换机的位置),按住鼠标左键把"交换机"形状拖到中间的窗格中的相应位置,然后松开,得到一个交换机形状,如图 7.26 所示。拖动四周的绿色方格来调整形状大小;旋转图元顶部的绿色小圆圈,以改变形状的摆放方向;把鼠标放在形状上,然后按住鼠标左键拖动鼠标可以调整形状的位置。如图 7.27 所示是调整后的一个交换机形状,通过双击形状可以查看它的放大图。

③要为交换机标注型号可单击工具栏中的文本按钮,即可在形状下方显示一个小的文本框,此时可以输入交换机型号或其他标注,如图 7.28 所示。输入完后在空白处单击鼠标即可完成输入,形状又恢复原来调整后的大小。

标注文本的字体、字号和格式等都可以通过工具栏中的工具来设置。

④以同样的方法添加一台域控制器形状,并把它与交换机形状连接起来。域控制器形状的添加方法与"交换机"形状一样,然后通过连接点将两个形状连接起来,如图 7.29 所示。

⑤把其他网络设备形状一一添加并与网络中的相应设备形状连接起来,当然这些设备形状在左边窗格中的不同类别选项窗格下面。如果左边已显示的类别中没有包括需要的模具或者形状,则可通过单击工具栏中的"我的形状"按钮,打开一个类别选择列表,从中可以添加其他类别的模具或者形状显示在左边窗格中。图 7.30 是一个通过 Visio 2007 绘制的简单网络结构示意图。

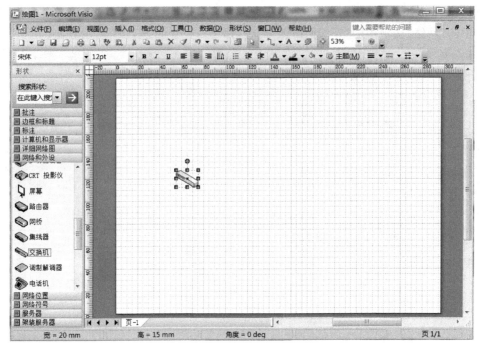

图 7.26 绘制"交换机"形状

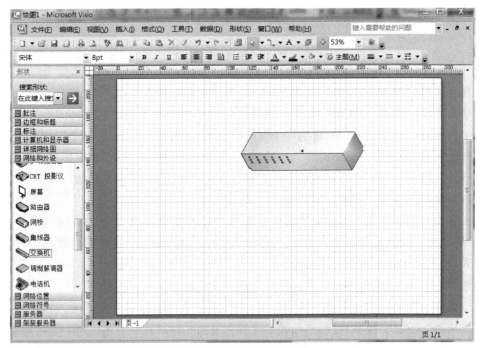

图 7.27 调整后的交换机形状

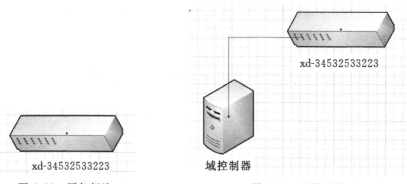

图 7.28　添加标注　　　　　　　　　图 7.29　连接形状

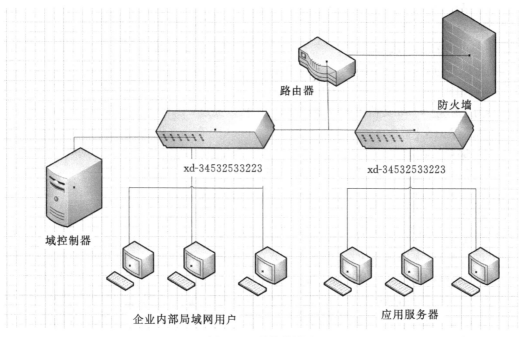

图 7.30　最终效果图

习　题

1. 选择题

(1) Visio 2007 是一个(　)软件。

　　A. 文字处理　　　　B. 表格处理　　　　C. 绘图　　　　　　D. 文稿演示

(2) 关于 Visio 2007 软件,以下说法不正确的是(　)。

　　A. 可以用图形方式显示有意义的数据和信息来帮助用户了解整体情况

　　B. 能协助用户分析和传递信息

C. 可以用动画方式跟踪数据变化来帮助用户了解数据变化趋势

D. 提供了许多形状和模板,可满足多种不同的绘图需要

(3) 两个形状间创建连接线的最快方式是( )。

　　A. 将一个形状拖到绘图上,然后将它放到另一形状旁边的蓝色箭头上

　　B. 使用线条工具绘制连接线

　　C. 搜索连接线并将连接线拖到页面上

　　D. 使用连接线工具

(4) 将某个形状从图表中删除,正确的操作是( )。

　　A. 双击该形状　　　　　　　　　B. 单击并按 Delet 键

　　C. 单击该形状　　　　　　　　　D. 将该形状拖出图标页

(5) 将某个形状从"形状"窗口中放入绘图页,正确的操作是( )。

　　A. 双击该形状　　　　　　　　　B. 单击该形状

　　C. 单击并拖拽该形状　　　　　　D. 右击该形状

(6) 可以通过选择形状后按( )键的方法,来为形状添加文本。

　　A. Ctrl+A　　　B. Ctrl+F2　　　C. F2　　　D. F4

(7) 为了防止 Visio 文档中的数据泄露,用户可以通过( )的方法来 Visio 保护文档。

　　A. "保护文档"命令　　　　　　B. 另存为文档

　　C. 保存文档　　　　　　　　　D. 删除文档

(8) Visio 中存储的主题包含( )与( )两部分。

　　A. 主题色彩　　　　　　　　　B. 主题格式

　　C. 主题效果　　　　　　　　　D. 主题颜色

(9) 数学老师用 Visio 工具对"一元二次方程"使用公式进行解题步骤和过程做图表化处理,以便能直观、清晰地传达信息,为此选用最合适的模板是( )。

　　A. 详细网络图　　B. 基本流程图　　C. 组织结构图　　D. 基本框图

(10) 在"文本"对话框中的"段落"选项卡中,执行( )命令时,可在文字中间添加线条。

　　A. 下划线　　　B. 删除线　　　C. 样式　　　D. 大小写

2. 填空题

(1) Visio 的绘图就是有一系列的 _____ 组成。

(2) 设置线条的格式,主要是更改线条的 _____ 、_____ 、_____ 及端点等内容。

(3) Visio 支持的模板类型有 _____ 、_____ 、_____ 和 _____ 等。

(4) 根据形状不同的行为方式,可以将形状分为 _____ 和 _____ 两种类型。

3. 简答题

(1) Visio 2007 软件中,如何在图形外添加文本?

(2) 如何使用"保护文档"命令来保护绘图文档?

(3) 如何连接形状?

(4) 如何修改自定义墨笔的属性?

(5) 如何在 Visio 2007 存储的形状中添加文本?

4. 操作题

画出函数 $y = \begin{cases} -1, & x < 0; \\ 0, & x = 0; \\ x^2, & x > 0 \end{cases}$ 解题过程的流程图,并将该流程图嵌入到 Word 文档中。

第 8 章 互联网基础及应用

当今人类已步入信息化的社会。虽说处于信息社会的初级阶段,但是计算机应用已经涉及到政治、经济、军事、日常生活等人类社会生活的各个领域。目前社会中各个不同单位和个人间要进行信息沟通,孤立单机的使用越来越不适应需要,这促使计算机网络迅速发展。计算机网络为信息高速公路和信息社会奠定了坚实的基础。本章主要介绍计算机网络基础知识及 Internet 日常应用,通过本章的学习,使读者掌握计算机网络的基本概念和基本应用。

8.1 计算机网络概述

8.1.1 计算机网络的发展史

计算机网络是计算机技术与通信技术共同应用而产生。一般认为,凡地理位置不同、并具有独立自主的多台计算机系统,利用通信设备和线路将分散在各地的计算机系统相互连接起来,并且配以功能完善的网络软件(网络操作系统和协议),按照约定的通信协议进行通信,实现资源共享的系统,称为计算机网络系统。例如:在一个办公室内多台计算机终端可以共享一台打印机来打印各自的数据,从而有效地节约了硬件资源。由于计算机用户能够共享网络中的软硬件资源,它不仅避免了单机系统的缺点,还为网络中的计算机用户提供了一种高速而廉价的信息传播手段,从而可以充分发挥各个计算机的作用和特长,不仅提高了工作效率和可靠性,而且降低了运行费用。由此可见,计算机网络化是计算机发展的一个必然方向。

目前计算机网络已成为计算机应用的主要领域之一,大到世界范围的远程数据网络,如国际互联网(Internet),也称因特网,小到学校里的校园网、某企业的办公网络。由于这些网络的存在,极大地提高了网内信息的流动速度,例如电子邮件、实时的电视电话会议等网络应用。

从计算机网络的出现到目前 50 多年,其增长速度异常迅速,它从简单到复杂经历了以下四个阶段。

1. 远程终端信息处理阶段

远程终端联机是利用通信线路与大型计算机(称为主机)相联,实现信息共享的。20 世纪 60 年代初期,美国航空公司投入使用的由一台中心计算机和全美范围内 2000 多个终端组成的飞机票预订系统就是远程联机系统开始的一个代表。这种网络本质上是以单个主机为中心的星型网,各终端通过通信线路共享主机的软硬件资源。

2. 计算机互联网络阶段

计算机互联网络是多个计算机通过通信线路互联起来,为用户提供各种网络服务。1969

年12月在美国国防部高级研究规划局(DARPA)的资助下建立了世界上第一个远程分组交换的 ARPANet,标志着计算机互联网络的兴起,也是 Internet 的前身。

3. 计算机网络体系结构形成阶段

随着 ARPANet 的建立,各个国家甚至大公司都建立了自己的网络,这些网络体系结构各不相同(如日本 DECNet 等),其协议也不一致。不同体系结构的产品难以实现互连,为网络的互联、互通带来困难。20世纪80年代开始,人们着手寻找统一网络结构和协议的途径。国际标准化组织 ISO 下属的计算机信息处理标准化技术委员会 TC97 为研究网络的标准化成立了一个分委员会,1984年正式颁布了"开放系统互连基本参考模型"。这里的"开放系统"是指对当时各个封闭的网络系统,它可以和任何其他遵守模型的系统通信。模型分为7个层次,故又称为 OSI7 层模型,其代表网络为 Internet。

4. 网络的互联和高速网络阶段

20世纪80年代末期以来,在网络领域最引人注目的就是起源于美国的(因特网Internet)的飞速发展。1990年 ARPANet 正式宣布关闭,而 NSFNet(美国国家科学基金会网络)主干网经过不断扩充,最终形成世界范围的 Internet。进入20世纪90年代后,网络向开放、高速、高性能方向发展,可以传送数据、语音和图像等多媒体信息,安全性也更好。1993年美国政府提出"NII 行动计划",即"国家信息基础设施",一般称为"信息高速公路",在全球掀起网络建设的高潮,各类高速网不断出现。现在 Internet 已发展成为世界上最大的国际性计算机互联网。由于因特网已影响到人们生活的各个方面,这就使得20世纪90年代成为 Internet 时代。

▶ 8.1.2 计算机网络的功能

计算机网络的主要功能表现在数据通信、资源共享、提高系统的可靠性、分布处理四个方面,根据其功能应用如下几个方面。

1. 办公自动化

在日常工作和学习中有许多管理工作,如制表、数据统计、保存档案、收发信息及打印文件等工作,使用传统的处理方式不仅需要大量时间,而且得到的结果不及时、不准确、不全面。现在的办公室自动化管理系统可以通过在计算机网络上安装文字处理机、智能复印机、传真机等设备来处理这些工作,使工作的可靠性和效率明显提高。

2. 数据库应用

网络支持数据库用户共享,数据库可以集中放在网络内部的一个资源站。一方面网络建立相应的安全和保密措施,不同的用户按不同的访问权限共享数据库资源;另一方面,网络也为数据库由集中处理走向分布处理提供了良好的环境和有效的工具。

3. 过程控制

在现代化的工厂中,各个生产任务及它们之间的相互协调需要许多计算机来共同完成,这些工作只能通过网络来完成。虽然现在计算机网络的实际应用还不够理想,但是计算机网络已逐步渗透到社会生活的各个部门。随着各种技术的不断发展,网络技术的应用会更加广泛。

4. 电子商务

电子商务的主要功能包括网上广告、宣传、订货、付款、货物递交、客户服务等,另外还包括市场调查分析、财务核算及生产安排等所有 Internet 网上的商务活动。由于电子商务带来的快捷商务交易方式,越来越为政府、企业所重视。电子商务包括电子邮件交换、电子数据交换、电子资金转帐、快速响应系统、电子表单和信用卡交易、网上交易安全系统等电子商务的一系列应用。

8.1.3 计算机网络的分类

从不同的角度看,计算机网络有不同的分类方法。按计算机联网的地理位置划分,网络可分为四种:国际网、广域网、城域网和局域网。Internet 就是世界上最大的国际网,另外还存在其他国际网类型,它们通常连接处于同一大洲或同一地域范围内的许多国家;广域网一般是指连接一个国家的各个地区的网络,分布距离一般在 100～1000 km 之间;城域网又称都市网,它的大小一般为一个城市,覆盖面积不超过十到几十平方千米;局域网覆盖面积小,如一个企业或一所学校甚至一个房间等,它是目前使用最多的计算机网络。

由于局域网与广域网在覆盖面积上有很大的不同,所以它们的特点也不相同。

局域网的特点在于它的地理范围有限,通常网络建在一个建筑物内、一个校园中,其通信速度快,能支持计算机高速通信,可靠性强,误码率低,网络节点的增加、删除比较容易。局部网络技术发展迅速,按照通信可分为总线网、令牌环网和令牌总线网;按照采用的技术、应用范围和协议标准的不同分为局部地区网络(Local Area Network,简称 LAN)、高速局部网络(High Speed Local Network,简称 HSLN)和计算机交换分机(Computer Branch Exchange,简称 CBX)三类。局域网的传输介质主要有双绞线、同轴电缆和光纤等。目前局部地区网络(简称局域网)LAN 技术发展迅速,应用日益广泛,是计算机网络中最活跃的领域之一。

广域网覆盖面积广,传输距离长,网络内的信息量大。但广域网的数据传输速度慢,误码率高,其网络结构多是不规则的。广域网上的计算机的型号多,所以广域网的连接也比较复杂。广域网的传输媒体主要有卫星和电话网等。目前国内的电话交换网、公用数字数据网、公用分组交换数据网等都是广域网。

8.1.4 计算机网络的基本组成

一般一个计算机网络通常由以下部分组成:

①物理设备:主计算机(服务器)、终端、通信处理机、通信线路等。

②软件:包括操作系统、网络应用软件等。

1. 服务器

网络服务器(见图 8.1)是指管理和传输信息的一种计算机系统。它是网络上一种为客户端计算机提供各种服务的高性能的计算机,它在网络操作系统的控制下,将与其相连的各种软硬件资源提供给网络上的客户站点共享,也能为网络用户提供集中计算、信息发表及数据管理等服务。它的高性能主要体现在高速度的运算能力、长时间的可靠运行、强大的外部数据吞吐能力等方面。

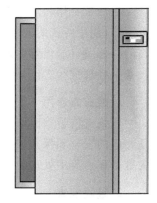

图 8.1 网络服务器

2. 工作站

工作站是连接局域网上的供用户使用网络资源的终端计算机，它通过网卡和传输介质连接至网络服务器上。每个工作站在访问网络资源时必须要具有相关的操作系统平台及相应的网络应用软件。工作站可分为有盘工作站和无盘工作站。

3. 网络适配器（Network Adapter）

网络适配器是局域网中的通信控制器或通信处理机，它一方面通过总线接口与计算机设备相连，另一方面又通过电缆接口与网络传输媒介相连。在局域网中网络适配器一般被做成板卡的样式安装在微机的扩展槽中，因此网络适配器又称网卡，网卡外形结构如图 8.2 所示。在 PC 机中使用的网卡一般是 PCI 总线接口。

图 8.2 网卡

4. 中继设备

中继器是用来延长网络距离。在对网络进行规划时，若网络物理传输距离已超出传输协议规定的最大距离，就要用中继设备来延伸。如图 8.3 和 8.4 所示，集线器和交换器都属于计算机网络中的中继设备。中继设备最基本的功能是对传输信号的放大和再生。

图 8.3 集线器   图 8.4 交换机

5. 网桥（Network Bridge）

网桥是是工作在 OSI 第二层（数据链路层）上的，通过网卡的物理地址它可以有效地连接两个局域网，并转发相应的信号至另一网段。网桥通常用于连接数量不多的、同一类型的网段，使本地通信限制在本网段内。网桥的外形结构如图 8.5 所示。当一个网络在距离和功能上不能满足用户需要时，用户可再配置一个网络，以扩展距离和功能。网桥通常有透明网桥和源路由选择网桥两大类。

6. 路由器（Router）

路由器是一种连接多个网络或网段的网络设备，它能将不同网络或网段之间的数据信息进行"翻译"，以使它们能够相互"读"懂对方的数据，从而构成一个更大的网络。如图 8.6 所示为 Cisco 的 17 系列路由器。路由器有两大典型功能，即数据通道功能和控制功能。数据通道功能包括转发决定、背板转发以及输出链路调度等，一般由特定的硬件来完成；控制功能一般用软件来实现，包括与相邻路由器之间的信息交换、系统配置、系统管理等。路由器不仅具有网桥的全部功能，还可以根据传输费用、网络拥塞情况以及信息源与目的地的距离等不同因素自动选择最佳路径来传送数据包。

图 8.5　网桥　　　　　　　　　　图 8.6　路由器

7. 网关(Gateway)

当需要将不同网络互相连接时，需要网关来完成不同协议之间的转换，所以网关又称为协议转换器。网关的作用一般是通过路由器或者防火墙来完成的。

8. 传输介质

传输介质是计算机网络用于数据通信的电缆。按其性质可分为：电缆线通信、光纤通信、无线通信和卫星通信。局域网络中，经常使用双绞线、同轴电缆、光纤等传输介质。

9. 调制解调器(Modem)

调制解调器(Modem)是调制器(Modulation)和解调器(Demodulation)的全称，因其发音与"猫"相近，被戏称为"猫"。它是一种能够使计算机通过电话线同其他计算机进行通信的设备。其作用是把计算机的数字信号变换成模拟信号，把电话线传输的模拟信号转换成计算机所能接收的数字信号。根据它的接口形式可将其分为外置式、内置式(卡式)和机架式三类，如图 8.7 所示。传输速率是 Modem 的一个主要技术指标，其单位是 b/s，即每秒钟可传输的数据位数。一般 9～10 b/s 可以传送一个英文字母，大约 20 b/s 传送一个汉字，因此一般速率为 28.8 kb/s、33.6 kb/s、55.6 kb/s 等不同规格，在选购 Modem 时速率越高越好。对于使用调制解调器联入因特网的计算机，最好选择 28.8 kb/s 以上传输速率的 Modem。但必须注意一点，传输速率还与电话线的质量有关，因而单纯靠提高 Modem 的传输速率不一定能够提高在因特网上的传输速率。

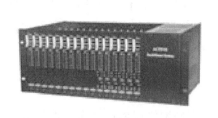  

　　(a)机架式　　　　　　　　(b)外置式　　　　　　　　(c)内置式

图 8.7　调制解调器

8.1.5 计算机网络协议

网络协议简单的说就是网络上所有设备(网络服务器、计算机及交换机、路由器、防火墙等)之间通信规则的集合,它定义了通信时信息必须采用的格式和这些格式的意义。目前在局域网上流行的数据传输协议有以下三种。

1. NetBEUI

NetBEUI 是为 IBM 开发的非路由协议,用于携带 NetBIOS 通信。NetBEUI 缺乏路由和网络层寻址功能,既是其最大的优点,也是其最大的缺点。因为它不需要附加的网络地址和网络层头尾,所以很快并很有效且适用于只有单个网络或整个环境都桥接起来的小工作组环境。

因为不支持路由,所以 NetBEUI 永远不会成为企业网络的主要协议。NetBEUI 帧中唯一的地址是数据链路层媒体访问控制(MAC)地址,该地址标识了网卡但没有标识网络。路由器靠网络地址将帧转发到最终目的地,而 NetBEUI 帧完全缺乏该信息。

网桥负责按照数据链路层地址在网络之间转发通信,但是有很多缺点。因为所有的广播通信都必须转发到每个网络中,所以网桥的扩展性不好。NetBEUI 特别包括了广播通信的记数并依赖它解决命名冲突。一般而言,桥接 NetBEUI 网络很少超过 100 台主机。

2. IPX/SPX

IPX/SPX 是 Novell 公司在它的 NetWare 局域网上实现的通信协议。

IPX(Internet Packet Exchange Protocol)是在网络层运行互联网包交换协议。该协议提供用户网络层数据包接口。IPX 使工作站上的应用程序通过它访问 NetWare 网络驱动程序。网络驱动程序直接驱动网卡,直接与互联网络内的其他工作站、服务器或设备相连接。IPX 使得应用程序能够在互联网络上发送包和接收包。

SPX(Sequenced Packet Exchange Protocol)为运行在传输层上的顺序包交换协议,SPX 提供了面向连接的传输服务,在通信用户之间建立并使用应答进行差错检测和恢复。

3. TCP/IP

TCP/IP 是 20 世纪 70 年代中期,美国国防部为其 ARPANet 广域网开发的网络体系结构和协议标准,到 80 年代它被确定为因特网的通信协议。TCP/IP 虽不是国际标准,但它是被全世界广大用户和厂商接受的网络互联的事实标准。

TCP/IP 是一组通信协议的代名词,是由一系列协议组成的协议簇。它本身指两个协议集:TCP 为传输控制协议和 IP 为互联网络协议。TCP 协议、IP 协议都不是 OSI 标准,但它们是目前最流行的商业化的协议,并被公认为当前的工业标准或"事实上的标准"。

传输控制协议(Transmission Control Protocol,简称 TCP)用于保证被传送信息的完整性。网际互连协议(Internet Protocol,简称 IP)负责将信息从一个地方传送到另一个地方。

(1) TCP/IP 协议的特点

TCP/IP 协议的主要特点有:

① 开放的协议标准,免费使用,并且独立于特定的计算机硬件与操作系统;

② 独立于特定的网络硬件,可以运行在局域网、广域网,更适用于互联网中;

③ 统一的网络地址分配方案,使得整个 TCP/IP 设备在网中都具有唯一的地址;

④ 标准化的高层协议,可以提供多种可靠的用户服务。

(2) TCP/IP 的结构

TCP/IP 协议也采用分层结构，共分成四层：

①应用层——常用的应用程序。例如，远程登录 Telnet、简单邮件传输协议 SMTP、文件传输协议 FTP、域名系统 DNS 等。应用层位于传输层的上面，负责将网络传输的内容转换成人们能够识别的信息。应用层包含的协议随着技术的发展在不断扩大。如 NNTP 协议，用于传递新闻文章；还有 HTTP 协议，用于在万维网上获得主页等。

②传输层——提供端到端的通信。它的功能是使源端和目的端主机上的对等实体可以进行会话，将会话信息格式化，数据确认和丢失重传等作用。这里定义了两个端到端的协议。

传输层提供 TCP(Transmission Control Protocol)传输控制协议与 UDP 用户数据协议(User Datagram Protocol)。TCP 是一个面向连接的协议，允许从一台机器发出的字节流无差错地发往互联网上的其他机器。UDP 是一个不可靠的、无连接协议，用于不需要 TCP 的排序和流量控制能力而是由自己完成这些功能的应用程序。

③网际网层——该层包括以下协议：IP（网际协议）、ARP(Address Resolution Protocol，地址解析协议)、RARP(Reverse Address Resolution Protocol，反向地址解析协议)。ICMP(Internet Control Message Protocol，因特网控制报文协议)。IP 协议在 TCP/IP 协议组中处于核心地位，负责不同网络或同一网络中计算机之间的通信，主要处理数据包和路由；ARP 协议用于将 IP 地址转换成物理地址；RARP 协议用于将物理地址转换成 IP 地址；ICMP 协议用于报告差错和传送控制信息。网际网层的核心是 IP 协议。

④网络接口层——这是 TCP/IP 协议的最低一层，包括有多种逻辑链路控制和媒体访问协议。网络接口层的功能是接收 IP 数据报并通过特定的网络进行传输，或从网络上接收物理帧，抽取出 IP 数据报并转交给网际网层。它包含所有现行网络访问标准，如以太网、ATM 和 X.25 等。TCP/IP 与 OSI 参考模型对照关系如表 8.1 所示。

表 8.1 TCP/IP 与 OSI 参考模型对照关系

OSI 参考模型	TCP/IP 模型
应用层	应用层
	表示层
	会话层
传输层	传输层
网际网层	网络层
网络接口层	数据链路层
	物理层

TCP/IP 与 OSI 模型是不同的，OSI 模型来自于国际标准化组织，而 TCP/IP 不是人为制定的标准，它产生于 Internet 的研究和应用实践中。OSI 参考模型与 TCP/IP 参考模型的共同之处是：它们都采用了层次结构的概念，在传输层中二者定义了相似的功能。但是，二者在层次划分与使用的协议上，有很大区别。无论是 OSI 参考模型与协议，还是 TCP/IP 参考模型与协议都不是完美的，对二者的评论与批评都很多。在 20 世纪 80 年代几乎所有专家都认

为 OSI 参考模型与协议将风靡世界,但事实却与人们预想的相反。TCP/IP 协议在 20 世纪 70 年代诞生以来已经成功地赢得了大量的用户和投资。TCP/IP 协议的成功促进了 Internet 的发展,同时 Internet 的发展又进一步扩大了 TCP/IP 协议的影响。TCP/IP 首先在学术界争取了一大批用户,同时也越来越受到计算机产业界的青睐。OSI 参考模型与协议迟迟没有成熟的产品推出,妨碍了第三方厂家开发相应的硬件和软件,从而影响了 OSI 产品的市场占有率与今后的发展。要获得更多关于 TCP/IP 的资料,请访问 http://www.internic.net。

8.2 Internet 概述

Internet 网络是计算机和通信两大现代技术相结合的产物。它代表着当代计算机体系结构发展的一个重要方向,由于 Internet 的成功和发展,人类社会的生活理念正在发生变化,可以毫不夸张地说,Internet 网络是人类文明史上的一个重要里程碑。今天的 Internet 已经远远不只是一个计算机网络的涵义,而是整个信息社会的缩影。

8.2.1 Internet 的基本概念

以"信息高速公路"为主干网的 Internet 是世界上最大的互联网络,它是通过分层结构实现的,它包括了物理网、协议、应用软件和信息四大部分。

(1) 物理网

物理网是 Internet 的基础,它包括了大大小小不同拓扑结构的局域网、城域网和广域网。通过成千上万个路由器或网关及各种通信线路进行连接。

(2) 协议

Internet 是一个基于 TCP/IP 协议集的国际互联网,TCP/IP 协议集负责网上信息的传输和将传输的信息转换成用户能够识别的信息。Internet 正是依靠 TCP/IP 协议才能实现各种网络的互联。

(3) 应用软件

应用软件是使用 Internet 服务的支持程序,通过它给出用户使用的界面,所以通过应用软件可以获取 Internet 提供的某种服务。如通过 WWW 浏览器软件可以访问 Internet 上的 Web 站点,使用电子邮件软件可实现信件交换、文件传输等。

(4) 信息

Internet 上的信息资源是极为丰富的,可以说,凡是人类知识的每一方面,几乎都可以在网上找到,Internet 就像一个人类可以共同享用的永不关闭的全球图书馆。

Internet 的核心内容是全球任何地区的计算机都可以通过它达到信息共享,包括文本、声音、图像等多媒体信息的共享。Internet 的本质是高速数字化的通信网络。图 8.8(a) 表示从用户角度去看,Internet 是一个最大的互联网络,图 8.8(b) 表示从 Internet 内部结构角度去看,它由具体的各种物理网组成。

8.2.2 Internet 提供的服务

Internet 上的资源分为信息资源和服务资源两类。Internet 的主要功能大体上可分为 4

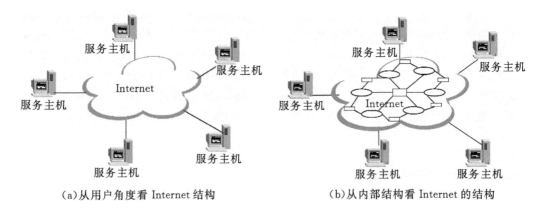

(a)从用户角度看 Internet 结构　　(b)从内部结构看 Internet 的结构

图 8.8　Internet 结构

个方面:网上信息查询、电子邮件 E-mail、文件传输 FTP 和远程登录 Telnet。

①网上信息查询和网上交流包括了万维网 WWW 信息资源、专题讨论(Usenet)、菜单式信息查询服务(Gopher)、广域信息服务系统(WAIS)、网络新闻组(Netnews)和电子公告栏(BBS)等。

②电子邮件(E-mail):通过网络技术收发以电子文件格式编写的邮件。

③文件传输:通过 FTP 程序,用户可以将 Internet 上一台计算机内的文件复制到网上另一台计算机上。

④远程登录:通过 Telnet 或其他程序登录到 Internet 的一台主机上,使用户的计算机成为该主机的一个远程终端,这样用户就可以如同终端一样使用主机上的资源了。

8.2.3　Internet 的工作模式

Internet 采用客户机/服务器方式访问资源。用户连接 Internet 后,首先启动客户机软件,例如 Internet Explorer 或 Netscape,向主机发出一个请求,通过网络将请求发送到服务器,然后等待回答。服务器由一些更为复杂的软件组成,它在接收到客户端发来的请求后分析请求,并给予回答,应答信息也通过网络返回到客户端。客户端软件收到服务器端发送的信息后将结果显示给用户,其过程如图 8.9 所示。

与客户机端不同,服务器程序必须一直运行着,随时准备好接收请求,以便客户机可以在任何时候访问服务器。

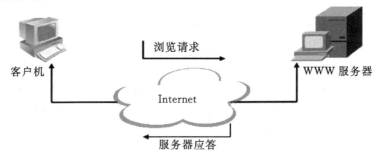

图 8.9　Internet 的工作方式示意图

8.2.4 Internet 的现状

Internet 的形成与发展,经历了试验研究网络、学术性网络以及商业化网络这三个历史阶段。随着各国信息基础设施(信息高速公路)建设步伐的加快,Internet 网络规模与传输速率的不断扩大,在网上的商务活动也日益增多,一些大的公司纷纷加入 Internet 的行列。同时,还出现了专门从事 Internet 活动的企业,例如向单位和个人提供 Internet 接入服务的 Internet 服务提供商,并建立了各自的主干网络。

8.2.5 中国的 Internet 网络形成

在中国公用分组交换数据网 ChinaPAC 和中国公用数字数据网 ChinaDDN 的基础上,覆盖全国范围的数据通信网络已初步形成,为 Internet 在我国的形成奠定了良好的基础。1994年我国四大骨干网正式联入国际 Internet,实现了和 Internet 的 TCP/IP 连接,从而开通了 Internet 的全功能服务。我国四大骨干网是:

①中国公用计算机互联网(ChinaNet)。ChinaNet 由邮电部负责组建与管理,网管中心设在北京国家邮电部数据通信局,以营业商业活动为主。它用 169 线路与全国各省信息港相连,用 163 线路与国际 Internet 网络互联,出口设在北京、上海和广州。广州出口经过香港、澳门的 Internet 与国际网相联。

②中国国家计算机与网络设施(The National Computing and Networking Facility of China,简称 NCFC)。NCFC 由中国科学院计算机网络信息中心建立。NCFC 即称为中国科技网(CSTNet),由中科院主持,联合北京大学、清华大学共同建设的全国性的网络。

③中国教育和科研计算机网(China Education and Research Network,简称 CERNet)。CERNet 是国家计委、国家教委组建的一个全国性的教育科研网,其网络中心设在清华大学。CERNet 的用户是我国的教育和科研单位、政府部门及非盈利机构。CERNet 由全国主干网、地区网和校园在内的三级层次结构网络组成。

④国家经济信息的金融网(China Golden Bridge Net,简称 ChinaGBNet)。ChinaGBNet 是国家经济信息的金融网,又称金桥网,金桥网控中心已在全国 24 个省市联网开通。

目前四大骨干网是团体和个人用户接入互联网的主要方式。

8.3 如何连入 Internet

要使用 Internet 上的资源,首先必须使自己的计算机通过某种方式接入 Internet。Internet 的连接方式可以分为两类:单机连接和局域网连接方式。接入 Internet 网络连接示意图如图 8.10 所示。

8.3.1 普通拨号上网

用户可通过调制解调器使用拨号接入 Internet。拨号入网主要适用于传输量较小的单位和家庭,以公共电话网为基础,只需一个调制解调器(或一块调制解调卡)和一根电话线。拨号

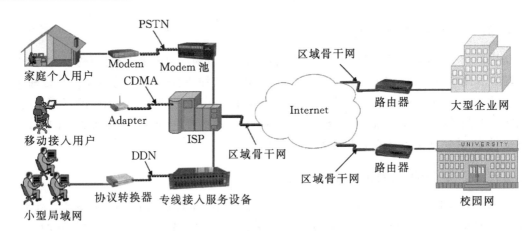

图 8.10 Internet 接入示意图

入网传输速率较低,通常低于 56 kb/s。

如果需要更高的上网速度,可申请一个 ISDN(综合业务数字网)或者 ADSL 宽带账户。ISDN 允许通过普通电话线进行高速连接,提供双向 128 kb/s 的速度。这是一种最简单、最容易的方式,特别适合于个人、家庭用计算机。ADSL 技术是一种不对称数字用户线实现宽带接入互联网的技术。ADSL 作为一种传输层的技术,充分利用现有的铜线资源,在一对双绞线上提供上行 640 kbps,下行 8 Mbps 的带宽。另外,根据计算机所在地的通信线路一般选择普通电话线线路连接。网络物理线路建立后要应用网络上的资源还需要相应的支持软件。网上所需的软件包括操作系统和常用的网络应用软件。

(1)操作系统

上网计算机的操作系统可以选用 Windows 2000,Windows XP,Windows 2007,UNIX 操作系统等,建议使用 Windows XP 或 Windows 7。由于在 Windows 7 中对网络的支持大大加强,所以上网的系统配置任务比较简单,而且在 Windows 7 中包含 WWW 浏览器、电子邮件收发软件、新闻阅读器、因特网会议系统、Web 网页编辑器以及多媒体支持组件等。即使不用安装其他网络应用软件,也能通过 Windows 7 在因特网中享受大多数网络服务。

(2)网络应用软件

常用网络应用软件包括:网页浏览器 IE,Netscape Communicator 等;文件传输工具 Cut-FTP 等;远程登录工具 Telnet,Netterm 等;电子邮件收发软件 Outlook Express,Foxmail 等;网上下载工具:网络蚂蚁,网际快车,迅雷等。

(3)向 ISP(网络服务提供商)申请入网账户

根据个人入网需求选择合适的服务提供商和入网服务。根据申请到的账户和密码通过网上相应的入网认证客户端软件进行网络连接。当本地计算机同 ISP 建立网络连接后,同时因 ISP 的服务器又和因特网相连,于是用户的计算机就通过 ISP 的服务器间接地连入了因特网。

8.3.2 ADSL 拨号接入

ADSL(Loop 非对称数字用户线环路)是一种新的数据传输方式,它因其下行速率高、频带宽、性能优等特点而深受广大用户的喜爱,成为继 Modem、ISDN 之后的又一种全新、更快捷、更高效的接入方式。目前的电话双绞线是用 0~4 khz 的低频段来用于电话通信,现在的

Modem 拨号上网也是使用的这一很窄的带宽,这么窄的带宽怎么可能把大量的数据、信息及时地传送给用户呢？因此,ADSL 就利用电话线的高频部分(26 khz~2 Mhz)来进行数字传输。其原理也相当简单:经 ADSL Modem 编码的信号通过电话线传到电话局,经过一个信号识别/分离器,如果是语音信号,就传到电话交换机上,接入 PSTN 网,如果是数字信号就直接接入 Internet。

ADSL 之所以被称为非对称数字用户线环路,是因为上行最高 640 kbps,下行最高 8 Mbps。ADSL 在网络拓扑的选择上采用星型拓扑结构,为每个用户提供固定、独占的保证带宽,而且可以保证用户发送数据的安全性。ADSL 的 Modem 和目前的拨号 Modem 不一样,调制方式及网络结构均不同,而且到 PC 机的接口是 100BaseT 以太网接口而不是 RS232 串行口或并行口,其连接原理如图 8.11 所示。

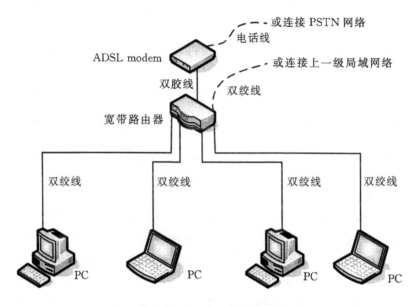

图 8.11 Internet 接入示意图

使用 ADSL 浏览因特网时,并没有经过电话交换网接入 Internet,即没有使用其用于语音传输的低频部分,只是占用 PSTN 线路资源和宽带网络资源,因此不用缴纳电话网络的使用费用,只需承担一定的 ADSL 月租费,这一点对大多数用户来说太有吸引力了。

安装 ADSL 也很简单,只要在原有的电话线上加载一个复用设备,用户不必再增加一条电话线。原先的电话号码也无需要改号。但由于目前的技术,只能在直线电话上接 ADSL 终端设备,不能在分机上接 ADSL 设备。

ADSL 接入 Internet 有虚拟拨号和专线接入两种方式。采用虚拟拨号方式的用户采用类似 Modem 和 ISDN 的拨号程序,在使用习惯上与原来的方式没什么不同。但现在用的拨号 Modem 由于调制方式及网络结构均不同不可以当作 ADSL 的 Modem 使用。采用专线接入的用户只要开机即可接入 Internet。所谓虚拟拨号是指用 ADSL 接入 Internet 时同样需要输入用户名与密码(与原有的 Modem 和 ISDN 接入相同),但 ADSL 连接的并不是具体的接入号码如 163 或 169,而是所谓的虚拟专网 VPN 的 ADSL 接入的 IP 地址。ADSL 接入 ISP 只有快或慢的区别,不会产生接入遇忙的情况。

8.3.3 园区局域网接入

目前很多大的企事业单位和高等院校都建立了自己的局域网,有的是 Windows 系列网络,有的是 Novell 网等。用户接入局域网后并被赋予了接入互联网络的权限,那么就可以通过局域网同 Internet 建立连接,用户就能间接地访问 Internet 上的资源了。

园区局域网络与 Internet 连接一般采用各种专线接入方式,以防止用户信息在进入 Internet 网之前的这段传输线路上堵塞。

不管以何种方式进入 Internet,用户都必须通过某一个或多个 Internet 网络服务提供商 ISP(Internet Service Provider)接入。如早一些 ChinaNET 在各地的 Internet 接入服务点 163 或 169。ISP 应向用户明确以下几点:

①ISP 应确定用户选择接入方式,是 ISDN、ADSL 还是普通电话线路拨号上网(拨号上网号码)等。

②明确用户使用的数据传输带宽(ISP 接入主干网的带宽)及收费标准。

③ISP 明确提供的服务,如 WWW、邮件、Telnet 及 FTP 服务等及用户接入账户和接入密码、邮件服务器域名或 IP 地址、与用户约定 E-mail 地址和打开电子信箱的密码。

 ### 8.3.4 IP 地址和域名

Internet 使用的是 TCP/IP 网络体系结构。在 Internet 计算机网络技术中,地址是运行 TCP/IP 协议唯一的一种标识符,用于标记某台计算机(主机服务器)在网络中的物理位置,如同现实生活中每个人都有一个家庭住址一样。这个物理地址也称为网卡地址,不同网络类型的网卡地址是不相同的,即不是统一的格式。为了保证不同拓扑结构、不同操作系统的物理网络之间能互相通信,需要对地址进行统一设定(不能改变原来的物理地址)。TCP/IP 网络协议技术就是将不同的物理地址统一起来的高层软件技术,它提供一个网间地址,使同一系统内一个地址只能对应一台主机的地址。TCP/IP 协议提供这种统一格式的 IP 地址,该 IP 地址保证了 Internet 网上的每一个网络和每一台主机分配一个网络地址,即一个 IP 地址在 Internet 网上是唯一的。

(1)IP 地址的格式

IP 地址采用分段结构,由网络地址和主机地址两部分组成,用以标识特定主机的位置信息,如图 8.12 所示。

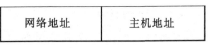

图 8.12 IP 地址结构

其中,网络地址代表在 Internet 中的一个逻辑网络,主机地址代表在这个网络中的一台主机。例如 IP 地址 210.73.140.2,则它的网络地址为 210.73.140.0,主机地址为 2,合起来构成了一个完整的 IP 地址。

TCP/IP 协议规定 Internet 上的地址长为二进制的 32 位,分为 4 个字节,每个字节可对应一个十进制的整数(即 0~255),数之间用点号分隔,形如:XXX.XXX.XXX.XXX。这种格式的地址被称为"点分十进制"地址。采用这种编址方法可使 Internet 地址覆盖多达 40 亿台计算机。

(2) IP 地址的类型

Internet 地址根据网络规模的大小分成五种类型,其中 A 类、B 类和 C 类地址为基本地址,如图 8.13 所示。

A 类	0			网络地址(7bit)	主机地址(24bit)
B 类	1	0		网络地址(14bit)	主机地址(16bit)
C 类	1	1	0	网络地址(21bit)	主机地址(8bit)

图 8.13　Internet 上的地址类型格式

从地址的格式中可以看出,A 类地址最左边的一位为"0",表示网络的地址为 7 位,第一个字节地址范围在 1～126(0 和 127 除外,另有含义),主机地址为 24 位。所以,主机多的网络多数选用 A 类地址,它可提供一个大型网,每个这样的网络可含 2^{24} 个主机地址,即 1677214 台主机。

B 类地址最左边的 2 位是"10",表示网络的地址为 14 位,第一个字节地址范围在 128～191(10000000B～10111111B),这样的网络地址可有 2^{14} 个,即 16382 个,主机地址有 16 位。这是一个可包含 2^{16} 个主机地址,即可以拥有 65534 台主机的中型网络。

C 类地址最左边的 3 位是"110",表示网络的地址有 21 位,第一字节地址范围在 192～223(11000000B～11011111B),主机地址有 8 位。代表的是一个小型网络。一共可以有 2097152 个 C 类小型网络,每个网络可以含有 254 台主机(主机地址中的全 0 和全 1 有特殊用途)。

采用点分十进制地址的方式可以很容易通过第一字节值识别 Internet 地址属于哪一类。例如"202.112.0.36(中国教育科研网)"是 C 类地址。通常以 IP 地址标识一台主机,但当地址为全 0 和全 1 时,是专用地址,具有特殊用途。

主机地址为全 1 表示可向网络内全部主机进行信息传递。比如,一个报文送到地址 202.112.0.255,就表示把报文送到 202.112.0 这个网上的所有主机。如果不知道网络地址,可将网络地址置为全 1,即 32 位全是 1,则为在本网络内传递信息的地址。

主机地址为全 0,表示该 IP 地址是一个网络地址。例如 202.112.0.0 表示这是网络 202.112.0。这样的表示常用在路由表中。若网络地址为全 0 标识本网络。若主机试图在本网络内通信但又不知道网络地址,此时可采用 0 地址。

(3) 子网掩码

在主机之间通信时,如何确定主机属于哪一个网络呢? 除了 IP 地址外,还需要通过子网掩码来配合实现。

子网掩码也是一个二进制 32 位的模式,若它的某位为 1,表示该位所对应 IP 地址中的一位是网络地址部分中的一位,若某位为 0,表示它对应 IP 地址中的一位是主机地址部分中的一位。通过子网掩码与 IP 地址的逻辑"与"运算,可分离出网络地址。例如,中国教育科研网的地址是 202.112.0.36,属于 C 类,网络地址共 3 个字节,故它的子网掩码是 255.255.255.0。显然,A 类地址的子网掩码应是 255.255.255.0,B 类地址的子网掩码是 255.255.0.0。在 Windows 的网络属性对话框内可对局域网上的主机设置子网掩码,如图 8.14 所示。

(4) IP 地址的管理

为了确保 IP 地址在 Internet 上的唯一性,IP 地址统一由各级网络信息中心 NIC(Net-

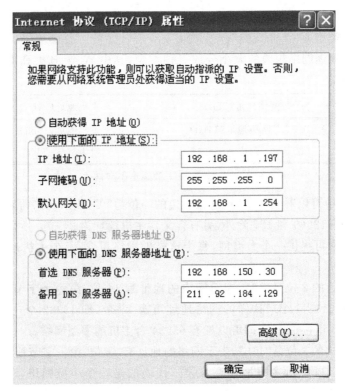

图 8.14　设置子网掩码

work Information Center)分配。NIC 面向服务和用户(包括不可见的用户软件)，在其管辖范围内设置各类服务器。

　　国际级的 NIC 中的 InterNIC 负责美国及其他地区的 IP 地址的分配，RIPENIC 负责欧洲地区的 IP 地址的分配，APNIC 负责亚太地区的 IP 地址的分配。

8.4　Internet 信息的获取

8.4.1　网页信息浏览和保存

　　浏览器是一种专门用于定位和访问 Web 信息，获取自己希望得到的资源的导航工具，它是一种交互式的应用程序。目前的 WWW 浏览主要使用微软公司的 Internet Explorer 和网景公司的 Netscape。下面将通过介绍 Internet Explorer 来说明浏览器的作用。

　　每一个 Web 网站在 Internet 上都有唯一的地址，简称为网址或主页地址。格式应符合 URL 的约定。该约定的 URL 格式如下：

　　　　＜资源类型＞://＜域名＞/＜路径＞

其中：

＜资源类型＞可以取 http(Web 服务)、ftp(文件传输)、news(新闻组)等。当 URL 被作为主页地址时应取"http"（Hyper Text Transfer Protocol，超级文本传输协议）。http 原是浏览器与 Web 服务器之间的通信协议，用在这里表示资源类型是"Web 服务"。

<域名>应取相应资源服务器的域名或 IP 地址。这里应是欲访问的主页所在 Web 服务器的域名或 IP 地址。

<路径>指明服务器上某类资源的具体存放路径，采用"目录/子目录/…/文件名"格式。

双击桌面上的 Internet Explorer 图标，启动浏览器 IE，如图 8.15 所示为西安交通大学网站的主网页。窗口中的地址栏用于输入网站的域名地址。

图 8.15　浏览器 IE 窗口的 xjtu.edu.cn 的主网页

已知古城热线的域名地址为 http://www.xaonline.com，接入"古城热线"的主页。在 IE 窗口的"地址"栏内输入域名地址 http://www.xaonline.com，并按回车键，信息传送时，可看到窗口右上方的地球图标在转动。若链接成功，即可接入，如图 8.16 所示。也可以在地址栏内直接输入网站的 IP 地址，例如通过输入 202.100.4.11 可进入古城热线的主页。

浏览 Web 上的网页时，可以保存整个 Web 页，也可以保存其中的部分文本、图形的内容。此外，也可以将网页上的图形作为计算机墙纸在桌面上显示，或将网页打出来。保存当前网页，可执行浏览器窗口中的"文件"选择"另存为"选项，打开如图 8.17 所示的"保存网页"对话框，指定目标文件的存放位置、文件名和保存类型即可。

网页保存类型中的"网页，全部"选项负责对整个网页作保存，包括页面结构、图片、文本币链接点信息等，页面中的嵌入文件被保存在一个和网页文件同名的文件夹内；"Web 档案，单个文件"选项仅保存可视信息（不保存链接点、窗体结构）成为 htm 类型的电子邮件类文档；

图 8.16 "古城热线"的主页

图 8.17 "保存网页"对话框

"网页,仅 HTML"仅保存当前页的提示信息,例如标题、所用文字编码、窗口框架等信息,而不保存当前页的文本、图片和其他可视信息。"保存文本"这种保存类型只对当前页中文本信息进行保存。如果要保存网页中的图像或动画,可用鼠标右键单击所需对象(网页背景图应选择无其他对象的背景图区域上),弹出快捷菜单,按菜单命令对图片对象进行处理。

浏览器窗口菜单栏中的"收藏"命令对应一种以"收藏夹"形式保存网络地址与网页内容的功能。用收藏夹可以设定的所保存的页面"脱机浏览"性质，同时也能从"收藏夹"中找到曾经浏览过的网站。如将搜狐的主页收藏到收藏夹中。在 IE 窗口的"地址"栏内输入域名地址 http://www.sohu.com 并按回车键，进入搜狐网站的主页，如图 8.18 所示。单击搜狐主页面上的"收藏"菜单或工具栏上"收藏"按钮，打开收藏夹栏，单击"收藏夹"栏中的"添加"按钮，弹出如图 8.19 所示的"添加到收藏夹"对话框。对话框中的"允许脱机使用"选项确定所保存的页面是否可以"脱机浏览"。通过单击对话框中的"确定"按钮完成对当前网页的保存。

图 8.18　搜狐网站的主页

图 8.19　添加到收藏夹对话框

当使用浏览器窗口菜单上的"历史"命令时，会显示曾经浏览过的网址记录列表，这一记录提供了按日期、网址、访问次数和今天访问的顺序 4 种查看方式。

"历史记录"一般保存 20 天以内用户曾经访问过的网址，可以在"Internet 选项"中修改历史记录的保存时间,而保存在"收藏夹"中的页面不受时间限制。

 ## 8.4.2 信息的检索

网络信息检索方式指网络信息检索系统或数据库在检索首页界面或网页的各个不同检索区上设置的检索入口的总称。检索方式有:简单检索、复合检索、高级检索、分类(浏览)检索、导航检索和专家检索等。

(1) 简单检索(Simple search)

也有称初级检索、自由词检索、基本检索。指在数据库首页的检索词输入框(或称查询提问框)内输入一个单词或词组,提交检索工具查询的一种检索方式。这是最基本的检索方式。

(2) 复合检索(Complex search)

也称布尔逻辑组配检索(Boolean search),或简称组配检索(Combine search)。复合检索指在任意字段情况下,在检索式输入框内输入复合逻辑检索式查询的一种检索方式。

(3) 高级检索(Advanced search)

高级检索指在已设定的高级检索窗口中输入多个检索词,运用逻辑组配关系,查找同时满足多个检索条件的数据,在高级检索界面上一次性实现本应多次检索的一种检索方式。

(4) 目录检索(Catalog search)或称分类检索(Category search)

有些检索工具,如雅虎、万方,提供分类目录检索。目录检索是指目录按类名分类,每类又分若干子类目,层层逐级展开,最后点击末级类名,显示网页名链接和简短内容摘要,点击链接,显示相关网页内容(如雅虎),或显示该类的文献记录(如万方、维普)。

(5) 导航检索(Navigation search)或称浏览检索(Browse search)

导航检索与目录检索相似,指在系统设置的导航区内按检索树格式逐级展开和进行浏览选择的检索方式。导航检索有学科分类导航检索和刊名导航检索。分类导航检索在选择到分类末级时会显示该类的全部文献记录。刊名导航则在按刊名分类或字顺查到所需刊名时会显示该刊年份和期号,在选定期号后即会显示该期的目录,以供选择某文的题录、文摘或全文,如维普。

(6) 专家检索(Expert search)

指系统在检索页面上设置一个较大的提问框供用户输入检索策略。用户可根据检索课题的需要,调用相应的检索技术编制比较细致复杂的检索提问式,以一次达到比较满意的检索结果。这种检索方式适用于有丰富检索经验的用户。

一般用户经常使用的是简单检索,就是使用互联网上提供的众多搜索引擎。搜索引擎(Search Engine)是用来搜索网上的资源,是一种浏览和检索数据集的工具。通常搜索引擎是这样一些因特网上的站点:它们有自己的数据库,保存了因特网上的很多网页的检索信息,并且还在不断更新。在用户查找某个关键词的时候,所有在页面内容中包含了该关键词的网页都将作为搜索结果被搜出来,在经过复杂的算法进行排序后,这些结果将按照与搜索关键词的相关度高低依次排列,呈现在结果网页中。结果网页罗列了指向一些相关网页地址的超链接,这些网页可能包含用户要查找的内容,从而起到信息导航的目的。

搜索引擎通过采用分类查询方式或主题查询方式获取特定的信息。表8.2列出了一些当前比较典型的"搜索引擎"的URL。

表 8.2 常用搜索引擎

搜索引擎名称	URL 地址
谷歌 Google	http://www.google.com.hk
百度 Baidu	http://www.baidu.com
中文 Yahoo	http://www.yahoo.com.cn
搜狐	http://www.sohu.com
网易	http://www.163.com

可以在浏览器的地址栏中直接输入所用搜索引擎的网址，启动该搜索引擎，也可通过单击浏览器工具栏上的"搜索"按钮，打开搜索对话框。对话框内显示 Internet 提供的搜索引擎，选择对话框中的一个搜索引擎，在搜索文本框内输入要查询项目的关键字后，再单击文本框右侧的"搜索"按钮，浏览器窗口将显示查到的结果信息。

例如：通过使用百度 Baidu 搜索校名或与"西安交通大学城市学院"有关的院校网络地址。在浏览器的地址栏键入百度的网址 http://www.baidu.com 进入到百度网站的中文主页。在搜索文本框内填入关键字"西安交通大学城市学院"，如图 8.20 所示。单击"检索"按钮，即进入查找，搜索结果如图 8.21 所示。

图 8.20 baidu 搜索引擎

在搜索引擎中设置查询条件时，可以用"&"符号代表逻辑与运算 AND，用"|"符号表示逻辑或运算 OR，用"!"符号代表逻辑非运算 NOT。使用逻辑运算符可起到限制搜索范围的作

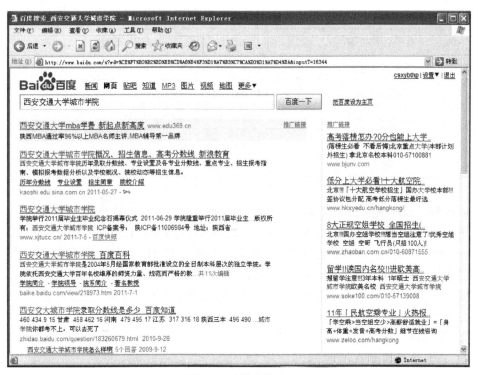

图 8.21 搜索结果

用,提高搜索效率。

8.4.3 网络资源的下载

文件传输(FTP)与远程登录(Telnet)是计算机网络中两个应用广泛的服务,它们在网络中的服务功能和 WWW 服务有着很大差别。

FTP(File Transfer Protocol)是在不同的计算机系统之间传送文件,FTP 可以让 FTP 客户端连接到 FTP 服务器上,从 FTP 服务器下载文件到 FTP 客户端,或将客户本地的文件上传到 FTP 服务器上,它与计算机所处的位置、连接方式以及使用的操作系统无关。从远程计算机上复制文件到本地计算机的过程称为下载(Download),将本地计算机上的文件拷贝到远程计算机上的过程称为上载(Upload)。

远程登录是由本地计算机通过网络,连接到远端的另一台计算机上去,作为这台远程主机的终端,可以实时地使用远程计算机上对外开放的全部资源,也可以查询数据库、检索资料或利用远程计算机完成大量的计算工作。

需要指出的是:这里的"远"并不意味着物理距离的远近。通常把用户正在使用的计算机称为本地机,把非本地系统的计算机系统称为远程系统。"远程主机"指要访问的另一系统的计算机,它可以与本地机在同一个房间内,或同一大楼里,或在同一地区,也可以在不同地区或不同国家。

FTP 与 Telnet 都采用客户机/服务器方式。FTP 与 Telnet 可在交互命令下实现,也可利用浏览器工具。

计算机系统中信息存储、处理和传输是以文件为基本单位的,用户在网络上对文件使用可将数据或信息设为共享。例如从服务器上下载设为共享的开放软件,可以将自己 PC 机上的重要文件传送到文件服务器上保存,当需要时再下载到本机的硬盘中;以文件形式在网络中进行数据交换。

Internet 上的文件传输功能是依靠 FTP 协议实现的,UNIX 或 Windows 系统都包含这一协议文件。FTP 是基于客户/服务器模型而设计的,客户机和服务器之间利用 TCP 建立连接。与其他客户/服务器模型不同的是,FTP 客户机与服务器之间要建立双重连接:一是控制连接,二是数据连接。建立双重连接的原因在于 FTP 是一个交互式会话系统,当用户每次调用 FTP 时,便与服务器建立一个会话,会话以控制连接来维持,直至退出 FTP。控制连接负责传送控制信息,如文件传送命令等。客户可以利用控制命令反复向服务器提出请求,而客户每提出一个请求,服务器便再与客户建立一个数据连接,进行实际的数据传输。

在实现文件传输时,需要使用 FTP 程序。IE 和 Netscape 浏览器都带有 FTP 程序模块,可在浏览器窗口的地址栏直接输入远程主机的 IP 地址或域名,浏览器将自动调用 FTP 程序。如要访问主机域名为 192.168.8.198 的服务器,在地址栏输 ftp://192.168.8.198,回车确认后会弹出如图 8.22 用户身份认证对话框,在对话框中输入正确的用户名和密码后,点击登录按钮,连接成功后,浏览器窗口显示出该服务器上的文件夹和文件名列表,如图 8.23 所示。

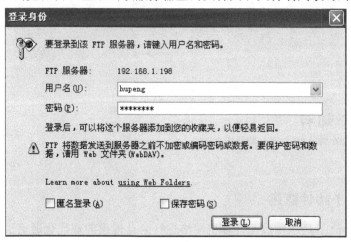

图 8.22　FTP 登录对话框

用户可直接将远程文件复制到本地系统(下载),远程文件一旦复制到本地系统,用户可以对该文件进行读写等操作。从站点上下载文件,可参考站点首页的文件。找到需要的文件,用鼠标右键单击所需下载文件的文件名,弹出快捷菜单,执行"目标地点另存为"命令,选择路径后,下载过程开始。用户也可将本地文件复制到远程系统(上载),如果想将文件上载,对服务器而言是"写入",这就牵涉到使用权限问题。只有当用户拥有"写入"权限时,才能够完成文件复制的上载过程。

若用户没有账户,则不能正式使用 FTP,只能匿名使用 FTP。匿名 FTP 允许没有账户和口令的用户以 anonymous 或 FTP 特殊名来访问远程计算机。当然,这样会有很大的限制,如不能在远程计算机上建立文件或修改已存在的文件,匿名用户一般只能获取文件,对可以复制的文件也有严格的限制。用户以 anonymous 或 FTP 登录后,FTP 可接收任何字符串作为口令,一般要求用电子邮件的地址作为口令,这样服务器的管理员能知道谁在使用,在需要时可

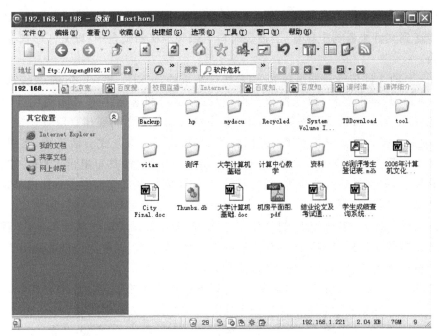

图 8.23 在 IE 中访问 FTP 站点

及时联系。

8.5 电子邮件

8.5.1 电子邮件概述

电子邮件(E-mail)是一种应用计算机网络进行信息传递的现代化通信手段,它是 Internet 提供的一项基本服务,任何一台入网的计算机都可以与世界任何地方进入 Internet 的计算机通信。

E-mail 的工作过程遵循客户机/服务器模式。在 Internet 上有许多处理电子邮件的计算机,称为邮件服务器,邮件服务器包括接收邮件服务器和发送邮件服务器。

邮件服务器中包含了众多用户的电子信箱,电子信箱实质上是邮件服务提供机构在服务器的硬盘上为用户开辟的一个专用存储空间。

一份电子邮件的发送牵涉到发送方和接收方。当发件方发出一份邮件时,电子邮件由发送邮件服务器发送,它依照邮件地址送到收信人的接收邮件服务器中对应收件人的电子信箱内。发送邮件服务器的工作性质如同邮局,它把收到的各种目的地信件分拣后再传送到下一个"邮局",直到该电子邮件的收件服务器上。发送邮件服务器遵循简单邮件传输协议 SMTP (Simple Mail Transfer Protocol),所以发送邮件服务器又被称为 SMTP 服务器。

接收邮件服务器用于暂时寄存对方发来的邮件。收件人将计算机连接到接收邮件服务器并发出"接收"指令后,位于电子信箱内的邮件会像文件下载一样传送到用户计算机的收件箱文件夹中。多数接收邮件服务器对邮件的管理采用邮局协议 POP3(Post Office Protocol Version 3),所以接收邮件服务器也称为 POP3 服务器。图 8.24 显示了电子邮件收发示意图。

图 8.24 E-mail 工作示意图

在 Internet 上,每一个电子邮件用户拥有的电子邮件地址称为 E-mail 地址,它具有统一格式。其中,用户名就是用户在向电子邮件服务机构注册时获得的用户码,@符号后面是用户使用的计算机主机域名,如 zhangsan@sohu.com,就是一个用户的 E-mail 地址。它表示搜狐(sohu)主机上的用户 zhangsan 的 E-mail 地址。

注意:用户名区分字母大小写,主机域名不区分字母大小写。E-mail 的使用并不要求用户与注册的主机域名在同一地区。

8.5.2 电子邮箱的申请

在公众互联网上电子邮箱的申请一般有以下几个步骤构成:

①进入网站用户登录和注册的页面,如图 8.25 所示。在此页面,单击"注册按钮"进行注册。

图 8.25 用户登录和注册

② 填写注册信息和安全信息设置，如图 8.26 所示。

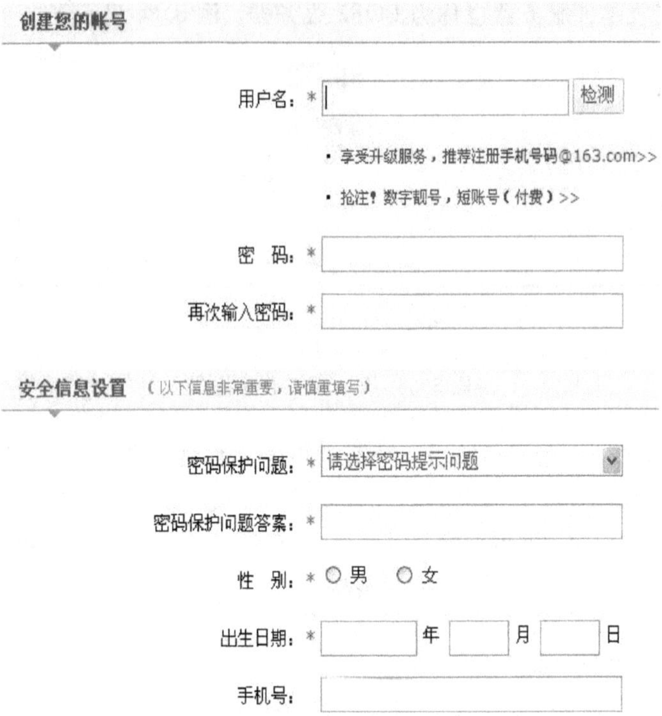

图 8.26 填写注册信息

在填写完邮件用户名后，单击右侧的"检测"按钮查看是否已被注册过。检测通过后再进行密码的账号设置（一般要求输入两次）。接下来要对账号的安全信息进行设置，有密码保护问题及答案、账号基本信息等，这些信息主要用于对账号安全的管理。

③ 电子邮箱账户申请成功。申请成功后会弹出如图 8.27 所示的页面。

图 8.27 用户邮箱申请成功

电子邮件的具体应用操作（包括以 Web 方式邮件的收发及邮件客户端软件的使用）可参

考与本书配套的实验指导书。

8.6 互联网络安全使用基础

8.6.1 互联网络安全概述

互联网和电子邮件逐渐成为21世纪生活中越来越重要的一部分,但各种安全威胁和风险也伴随而来。所以,如何应对这些威胁就显得尤为重要。过去,计算机面临的主要威胁来自病毒和蠕虫。这些程序的主要目的是大肆进行传播,其中有些程序也可能会对计算机或计算机文件造成破坏。这些恶意程序,或者说恶意软件的行为可以被认为是"网络蓄意破坏"。大多数情况下,这些病毒或蠕虫的目的是尽量传播,因为高感染率能够使得该恶意程序名声大噪。

近几年,各种犯罪软件、黑客攻击、钓鱼网站、垃圾邮件、恶意广告等网络新型的不安全因素层出不穷,对互联网络资源的安全访问带来了很大的威胁。

8.6.2 来自互联网络的威胁

威胁一 犯罪软件攻击

犯罪软件是偷偷安装在计算机上的恶意软件。大多数犯罪软件事实上就是木马程序。木马程序包含很多种,它们具有不同的功能。例如,有些木马是用来记录用户的键盘操作(键盘记录器),有一些是在用户访问网银站点时进行屏幕截图,有些木马会下载其他恶意代码,而另外一些木马的功能则是允许黑客远程访问受感染系统。但它们都有一个共同的目的,即窃取用户的机密信息,例如密码、个人身份密码并将这些窃取到的信息发送给网络犯罪分子。利用这些窃取的信息,网络犯罪分子就可以盗取用户的钱财。

威胁二 黑客攻击

黑客一词曾经指的是那些聪明的编程人员。但今天,黑客是指利用计算机安全漏洞,入侵计算机系统的人。你可以把黑客攻击想象成为电子入室盗窃。黑客不仅会入侵个人电脑,还会入侵那些大型网络。一旦入侵系统成功,黑客会在系统上安装恶意程序、盗取机密数据或利用被控制的计算机大肆发送垃圾邮件。

今天的计算机软件非常复杂,往往由成千上万行代码组成。由于软件是由人编写的,所以软件中包含编程错误并不稀奇,这些错误就是所谓的漏洞。黑客可以利用漏洞入侵计算机系统。恶意代码编写者也可以利用漏洞让恶意程序在用户计算机上自动运行。

威胁三 网络钓鱼攻击

网络钓鱼攻击是一种特殊形式的网络犯罪。犯罪分子会选中某个金融机构的网站,复制一个几乎同真实网站相同的假冒网站,诱骗用户访问假冒网站,从而泄露用户的个人详细信息,包括用户名、密码、个人身份识别密码等。利用这些假冒的网站,网络犯罪分子就可以窃取到用户信息,并用这些信息获利。

网络钓鱼者通常会使用多种技巧诱使用户访问其制作的假冒网站,例如冒充银行的名义发送电子邮件给用户。这些邮件通常采用正规的金融机构标志(logo),格式也非常专业,邮件标题以假乱真。一般来说,这些邮件的内容是通知用户银行的 IT 设施发生变动,需要所有的客户重新核对个人信息。如果邮件收件人点击邮件中包含的链接,就会被定向到假冒的网站。此网站就会试图获取客户的个人信息。

威胁四 垃圾邮件

垃圾邮件是匿名的、不请自来的、数量庞大的电子邮件。垃圾邮件对应现实中通过邮局投递的实体垃圾信件。垃圾邮件发布者会大量发送垃圾邮件,事实上在邮件的接受者中,只有很少比例的人会对垃圾邮件作出回应,但这也足够使垃圾邮件的发布者获利了。垃圾邮件还可以用来进行网络钓鱼攻击以及传播恶意代码。

在过去的十年中,垃圾邮件的用途和传播发生了演化。最早的时候,垃圾邮件是直接发送到计算机用户的,很容易就被屏蔽和拦截。但在后来的几年中,高速的互联网连接使得垃圾邮件发布者可以廉价、简便地大量发送垃圾邮件。此外,由于有人发现任何人不管在全球任何地方,都可以访问个人用户的调制解调器,因为没有防护措施,这也使得垃圾邮件进一步泛滥。换句话说,那些看似正常的互联网用户的连接也有可能被用来大量发送垃圾邮件。

直到硬件制造厂商意识到这个问题,开始增强设备的安全性,情况才有所好转。垃圾邮件过滤器逐渐成为比较有效的阻止垃圾邮件的工具。但是,垃圾邮件发布者的技术也在进步,其技术进步不仅体现在发送垃圾邮件的方式上,还表现在对抗垃圾邮件过滤器方面。其结果是垃圾邮件发布者和反垃圾邮件人员之间开展了一场旷日持久的战争。在这场战争中,只有在反垃圾邮件方面取得优势,才能避免垃圾邮件阻塞互联网信息高速公路的畅通。

威胁五 木马软件

"特洛伊木马"一词原指古希腊人所使用的木马,古希腊人利用木马潜入特洛伊城并最终将该城征服。而现在,对特洛伊木马的经典定义是指一种程序,这种程序伪装成合法软件,一旦运行将造成危害。木马本身不能够传播自己,这就将其与病毒和蠕虫区别开来。

木马通常会隐匿地安装到计算机上,并且会在用户不知情的情况下秘密执行自身的恶意功能。现在的大多数犯罪软件都包含几类不同的木马程序,它们都是被精心设计,用以执行特定的恶意功能。最为普遍的有后门木马(通常会包含一个键盘记录器)、间谍木马、盗号木马以及代理木马。其中,代理木马能够将受感染计算机转化成为一个垃圾邮件发布机。

威胁六 "浏览即下载"页面

"浏览即下载"指的是计算机在访问某个包含恶意代码的网站时会被感染的情况。网络犯罪分子会在互联网上搜索包含有漏洞且易于被攻破的网页服务器。他们可以在这些服务器上的网页中注入恶意代码(通常采用恶意脚本的形式)。如果你的计算机系统或者应用程序中并未安装系统漏洞补丁,恶意程序就会在你访问这些已经被感染的网页时自动下载到计算机中。

威胁七 广告软件

广告软件这个称呼适用于那些会弹出广告(通常是弹出式广告条)或重定向搜索结果到销售网站的程序。广告软件经常会被植入到免费软件或共享软件中,如果你下载安装了某个免费软件,其附带的广告软件会在你不知情或者未同意的情况下安装到系统中。有时候,木马程序也会从某个网址偷偷下载并安装广告软件到用户计算机。

那些并非最新版的网页浏览器,通常会包含一些漏洞。这些浏览器很容易遭受黑客工具(通常被称为浏览器劫持者)的侵害而下载广告软件到用户计算机。浏览器劫持者可能会修改浏览器设置、将拼写错误或不完整的 URL 地址重新定向到特定的网址,或者更改浏览器的默认主页,甚至会将用户重定向到按次收费浏览的网站(通常是色情网站)。

一般情况下,广告软件不会在系统上以任何方式曝露自己的存在,不会出现在"开始|程序"菜单下,也不会在系统托盘或任务列表中显示图标。而且通常不会包含卸载程序,如果用户试图手动卸载广告软件,通常会造成该广告软件的载体软件发生故障。

8.6.3 互联网络的安全使用

为了互联网络的安全使用有如下几种方法:

(1) 保护计算机避免遭受黑客攻击

黑客就像是电子入室窃贼,他们利用程序的瑕疵,即程序漏洞入侵用户的计算机系统。用户可以使用防火墙软件阻止黑客的攻击,保护计算机安全。反病毒软件包中通常会包含防火墙程序,它可以检测到潜在的入侵者,并且可以使黑客扫描不到安装防火墙的计算机,从而保护用户的计算机安全。

(2) 避免遭受钓鱼攻击

防范钓鱼网站方法的方法是,用户要提高警惕,不登录不熟悉的网站,不要打开陌生人的电子邮件,安装杀毒软件并及时升级病毒知识库和操作系统补丁。使用安全的邮件系统,如Gmail通常会自动将钓鱼邮件归为垃圾邮件,IE浏览器和FireFox也有网页防钓鱼的功能,访问钓鱼网站会有提示信息。

(3) 避免垃圾邮件的侵害

使用至少两个电子邮箱。其中一个为私人邮箱,只用于私人通信,另外一个邮箱可用于注册公共论坛、聊天室和订阅邮件列表。私人邮箱应该不容易被猜到。因为垃圾邮件发布者会利用常见人名、词汇以及数字进行组合,生成可能的邮箱地址列表。私人邮箱不应该使用简单名字和姓氏。在创建自己的邮箱地址时,尽量个性化和有创意一些。

将你的公共邮箱地址作为一个临时邮箱。因为如果你经常在互联网上使用该地址的话,垃圾邮件发布者很容易就截获到该地址。所以,不要怕经常更换自己的公共邮箱。

不要回复垃圾邮件。大多数垃圾邮件发布者会确认邮件回执和登录反馈。如果你对垃圾邮件进行了反馈,将会收到更多垃圾邮件。不要点击来源不明的邮件中包含的"退订"链接。垃圾邮件发布者经常发送假冒的退订信,试图收集活跃的电子邮箱地址。如果你点击了这些邮件中的"退订"按钮,只会增加你接收到的垃圾邮件数量。永远不要将私人邮箱地址公布到公共可访问的资源上。

(4) 避免账号及密码被盗

在大多数人当中,账号和密码被盗多是因为缺少网络安全保护意识以及自我保护意识,以致被黑客盗取引起经济损失。在账号和密码信息设置时尽量做到以下两点:

① 使用复杂的密码。

密码穷举对于简单的长度较少的密码非常有效,但是如果网络用户把密码设的较长一些而且没有明显规律特征(如用一些特殊字符和数字字母组合),那么穷举破解工具的破解过程就变得非常困难,破解者往往会对长时间的穷举失去耐性。通常认为,密码长度应该至少大于6位,最好大于8位,密码中最好包含字母数字和符号,不要使用纯数字的密码,不要使用常用英文单词的组合,不要使用自己的姓名做密码,不要使用生日做密码。

② 使用软键盘。

对付击键记录,目前有一种比较普遍的方法就是通过软键盘输入。软键盘也叫虚拟键盘,用户在输入密码时,先打开软键盘,然后用鼠标选择相应的字母输入,这样就可以避免木马记录击键。另外,为了更进一步保护密码,用户还可以打乱输入密码的顺序,这样就进一步增加了黑客破解密码的难度。

习 题

1. 选择题

(1)关于计算机网络的论述中,下列哪个观点是正确的?(   )

　　A. 组建计算机网络的目的是实现局域网的互联

　　B. 联入网络的所有计算机都必须使用同样的操作系统

　　C. 网络必须采用一个具有全局资源调度能力的分布操作系统

　　D. 互联的计算机是分布在不同地理位置的多台独立的自治计算机系统

(2)关于电子邮件,下列说法中正确的是哪个?(   )

　　A. 你必须先接入 Internet,别人才可以给你发送电子邮件

　　B. 你只有打开了自己的计算机,别人才可以给你发送电子邮件

　　C. 只要有合法的 E-Mail 地址,别人就可以给你发送电子邮件

　　D. 要查看邮件内容必须联入互联网络

(3)VLAN 在现代组网技术中占有重要地位,同一个 VLAN 中的两台主机(   )。

　　A. 必须连接在同一交换机上　　B. 可以跨越多台交换机

　　C. 必须连接在同一集线器上　　D. 可以跨业多台路由器

(4)TCP/IP 协议是一种开放的协议标准,下列哪个不是它的特点?(   )

　　A. 独立于特定计算机硬件和操作系统

　　B. 统一编址方案

　　C. 政府标准

　　D. 标准化的高层协议

(5)关于 TCP/IP 协议的描述中,下列哪个是错误的?(   )

　　A. 地址解析协议 ARP/RARP 属于应用层

　　B. TCP、UDP 协议都要通过 IP 协议来发送、接收数据

　　C. TCP 协议提供可靠的面向连接服务

　　D. UDP 协议提供简单的无连接服务

(6)在下列任务中,哪些是网络操作系统的基本任务?(   )

　　①屏蔽本地资源与网络资源之间的差异

　　②为用户提供基本的网络服务功能

　　③管理网络系统的共享资源

　　④提供网络系统的安全服务

　　A. ①②　　　　　B. ①③　　　　　C. ①②③　　　　　D. ①②③④

(7)下列哪项不是网络操作系统提供的服务?( )
　　A.文件服务　　　　　　　　B.打印服务
　　C.通信服务　　　　　　　　D.办公自动化服务
(8)下列的 IP 地址中哪一个是 B 类地址?( )
　　A.10.10.10.1　　　　　　　B.191.168.0.1
　　C.192.168.0.1　　　　　　 D.202.113.0.1
(9)关于 WWW 服务,下列哪种说法是错误的?( )
　　A.WWW 服务采用的主要传输协议是 HTTP
　　B.WWW 服务以超文本方式组织网络多媒体信息
　　C.用户访问 Web 服务器可以使用统一的图形用户界面
　　D.用户访问 Web 服务器不需要知道服务器的 URL 地址
(10)局域网与广域网、广域网与广域网的互联是通过哪种网络设备实现的?( )
　　A.服务器　　　B.网桥　　　C.路由器　　　D.交换机

2. 填空题

(1)计算机网络拓扑主要是指_____子网的拓扑构型,它对网络性能、系统可靠性与通信费用都有重大影响。

(2)计算机网络层次结构模型和各层协议的集合叫做计算机网络_____。

(3)描述数据通信的基本技术参数是数据传输速率与_____。

(4)因特网中的每台主机至少有一个 IP 地址,而且这个 IP 地址在全网中必须是_____的。

(5)典型的以太网交换机允许一部分端口支持 10BASE-T,另一部分端口支持 100BASE-T。在采用了_____技术时,交换机端口可以同时支持 10 Mbps 和 100 Mbps。

(6)网络操作系统的发展经历了从对等结构向_____结构演变的过程。

(7)TCP 协议能够提供_____的、面向连接的、全双工的数据流传输服务。

(8)路由器可以包含一个特殊的路由。如果没有发现到达某一特定网络或特定主机的路由,那么它在转发数据包时使用的路由称为_____路由。

(9)在因特网中,远程登录系统采用的工作模式为_____模式。

(10)网络管理的目标是最大限度地增加网络的可用时间,提高网络设备的利用率,改善网络性能、服务质量和_____。

3. 简答题

(1)什么是计算机网络,计算机网络有哪些功能?

(2)计算机网络中常用的拓扑结构有哪几种,它们的特点各是什么?

(3)Internet 网的协议中 TCP 的功能是什么,IP 的作用又是什么?

(4)IP 地址和域名地址有什么联系和区分?

(5)Internet 提供了哪些服务?并简述各种服务功能。

第 9 章 多媒体制作软件

随着多媒体技术的发展,多媒体制作软件的应用日趋普遍,当前可用于制作类的多媒体软件种类繁多。通过使用多媒体制作软件,可以将文字、声音、图形、图像、动画和视频等多媒体素材根据创作人员的创意融为一体,形成具有良好的控制性、交互性的多媒体产品。

9.1 多媒体光盘的介绍

光盘又称为 CD,在 CD 上通过冲压设备压制或激光烧刻产生一系列凹槽来实现记录信息的目的。多媒体光盘可以同时存储文字、图形、图像、声音、视频等多媒体信息,用作企业形象光盘、产品展示光盘、教学光盘、影视娱乐、多媒体电子书等。

9.1.1 多媒体光盘的基本概念

运用计算机技术对多媒体信息——文字、图形、图像、声音、视频等相关素材进行编辑,再使用光盘作为载体进行存储,这种光盘叫做多媒体光盘。多媒体光盘能够运用丰富的媒体来呈现和表达内容,具有丰富生动的表现力。

9.1.2 光盘的标准

随着光盘的出现和存储内容的不断增加,需要制定一些相应的标准来规范存储格式,光盘存储格式标准如表 9.1 所示。

表 9.1 光盘标准

光盘标准	光盘类型	标准的基本内容
红皮书	C-DA	CD 标准的第一个文本,用于 CD 音乐的规范。发表于 1982 年,这个标准是整个 CD 工业的最基本标准
蓝皮书	CD-WORM	于 1985 年制定的 CD-WORM 标准
黄皮书	CD-ROM	1988 年发表的 ISO9660 标准,规定了 CD-ROM 的基本数据格式,是红皮书的扩充
绿皮书	CD-I	1988 年制定的交互式光盘 CD-I 的标准,是用于家庭娱乐的交互式 CD 的专用格式。它把高质量的声音、文字、动画、图像及静止的图形以数字形式存放于 CD-ROM 盘上,并实现了交互式操作
橙皮书	CD-R	1990 年发表,在黄皮书的基础上增加了可写入 CD 的格式标准
白皮书	Video CD	于 1993 年制定,主要用于全动态 MPEG 音频、视频信息的存储

后来问世了 DVD 标准，单层 DVD 盘片可以存储 4.7 GB 的数据，133 分钟的 MPEG-2 Video，并同时混缩 Dolby AC3/MPEG-2 Audio 质量的声音。以 Sony 的蓝光 DVD 标准和 Toshiba 的 HD-DVD 标准作为下一代光盘标准的代表，其数码光盘技术具有各自的特点和优势。蓝色激光多用途光盘具有容量大的特点，其单面容量为 25 GB，如果采用双面录制，其容量就可以达到 50 GB。HD 多用途数码光盘的单面容量为 15 GB，双面容量约为 30 GB。

9.1.3 多媒体光盘刻录

1. 光盘刻录的注意事项

（1）光盘刻录过程中应避免执行任何与刻录无关的程序

这些程序不仅包括屏幕保护程序和内存驻留程序，而且还包括其他后台运行的程序以及游戏等等。这些程序会占用有限的系统资源，从而影响数据流的正常传输而引发缓存欠载等问题。

（2）使用质量可靠的盘片

目前市场上 CD/DVD 空白盘片的选择范围较大，按反射层材料的不同可分白金盘、金盘、蓝盘、钻石盘四大类。这四种盘片并没有明显的优劣差别，从特性上来说，白金盘具有较好的兼容性，低速到高速的刻录机都适用，价格也很便宜；金盘有较好的抗光性；蓝盘在写入和读取数据时有较高的准确性；钻石盘有最高的认盘和读取速度，但需要高速的光盘刻录机才能很好地进行刻录。

2. 多媒体光盘刻录软件 Nero 的介绍及应用

Nero 是一个德国公司出品的老牌光碟烧录程序，在众多的多媒体光盘刻录软件中被誉为"最佳刻录软件"。Nero 功能强大，支持中文长文件名烧录，也支持 ATAPI(IDE) 的光碟烧录机，可烧录多种类型的光碟片，支持多种光盘格式的烧录。现用 Nero 8 刻录 DVD 视频举例如下：

①安装好 Nero 8.0 软件后，在桌面点击"Nero StartSmart"图标，进入 Nero 8 主界面，如图 9.1 所示。

②点击左下角按钮，在弹出菜单中选择"Nero Vision"，如图 9.2 所示。

图 9.1　Nero 8 主界面　　　　　　　图 9.2　进入 Nero Vision

③进入 Nero Vision 5 界面，在弹出菜单栏中选取"制作 DVD"→"DVD-视频"，进行 DVD 视频制作，如图 9.3 所示。

④选择"添加视频文件",如图 9.4 所示。

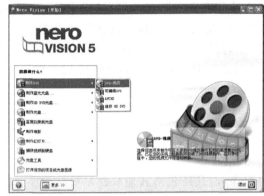
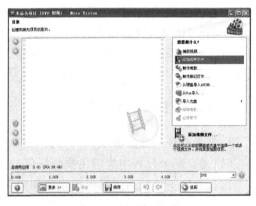

图 9.3　选择 DVD-视频制作　　　　　　图 9.4　添加视频文件

⑤在"打开"对话框中选择要刻录的视频素材,如图 9.5 所示,再进行添加,如图 9.6 所示,并点击"下一个"。

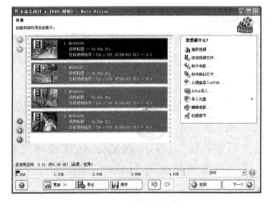

图 9.5　选择视频素材　　　　　　图 9.6　添加视频素材

⑥进入 DVD 播放菜单的编排,可以选择标准 2D 或华丽的 3D 菜单模板,标题和章节菜单中的文字可以自行修改,如图 9.7 所示。

图 9.7　DVD 播放菜单

⑦点击"自定义",可以添加背景音乐;选择"光盘/项目"中的"光盘设置",选择"技术操作"为"播放下一标题",这样可以一个接一个按顺序播放所有章节的视频,否则播放完一个章节的视频后,将返回到主菜单,如图9.8所示。

图 9.8　DVD 播放菜单

⑧点击按钮"下一个",可以在刻录程序中模拟 DVD 视频的选择和播放,如图 9.9 所示。

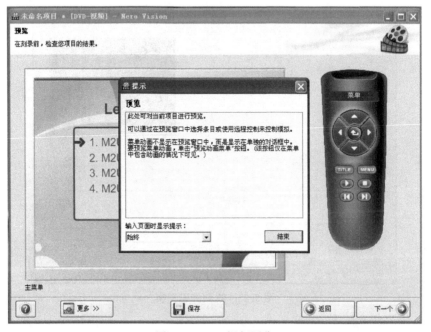

图 9.9　DVD 视频预览

⑨点击按钮"下一个",选择安装好刻录设备,点击"刻录"按钮,就可以开始刻录自己的DVD视频光盘了,如图9.10所示。

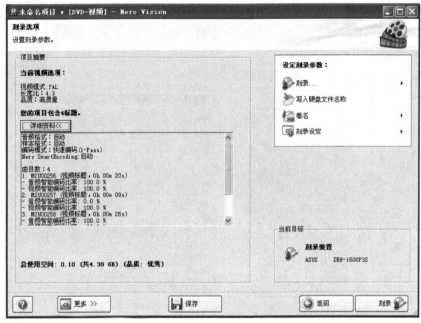

图 9.10　DVD 光盘刻录

⑩Nero 将自动进行视频编码的转换,再将转好的视频刻录到 DVD 光盘上,如图 9.11 所示。

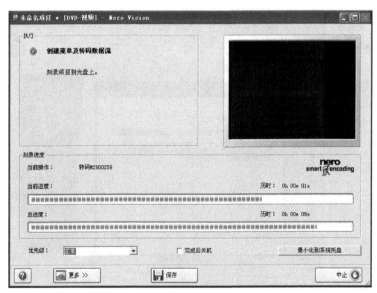

图 9.11　视频编码转换

9.2 声音处理工具的介绍

由于计算机只能记录和处理二进制的数字信号,所以音频信号必须经过数字化处理后才能在计算机中进行编辑和存储。音频数字化是通过声卡对模拟音频信号进行每秒上千次的采样,然后把每个采样值按一定的比特数量化。声音信号首先输入音频卡,在音频卡中进行数模转换、量化、处理及合成,再通过音频处理软件进行编辑、录制、转换格式以及增加特效等操作,完成数字音频的制作。

音频素材的处理通常包括音频文件的连接处理、混合处理、音频文件的放大、降低噪音、增加效果等。

常用声音处理工具有:Goldwave、Soundforg、CoolEdit Pro、Adobe Audition 及 Windows 自带的录音机软件等。

9.2.1 Windows 自带"录音机"软件介绍

要启动"录音机",可以单击"开始",选择"所有程序"→"附件"→"录音机","录音机"界面如图 9.12 所示。

图 9.12 "录音机"界面

插入并调整好麦克风,点击"录音机"面板中的"开始录制"按钮,就可以进行录音,录制完毕后点"停止录制",就会弹出"另存为"对话框,这时就可以存储录制的音频文件。在 Windows XP 中,"录音机"只能录制 1 分钟时长的声音,但在 Windows 7 中,则没有限制录制时长。

9.2.2 音频处理软件 Cool Edit Pro 的介绍

Cool Edit Pro 是 Syntrillium Software 公司出品的一款优秀的多轨音频处理软件,功能强大,简便易学。它主要用于数字音频的后期处理,内置了几十种音频处理效果器,最多可以同时处理 128 轨音频。Cool Edit Pro 可以对音频素材进行放大、降低噪音、压缩、扩展、回声、失真、延迟等,也可以同时处理多个音频文件,对其进行剪切、粘贴、合并、重叠声音等操作。

1. Cool Edit Pro 2.1 界面

Cool Edit Pro 2.1 主界面如图 9.13 所示。

在"音频控制面板"中,"R"按钮代表录音按钮,"S"代表独奏按钮,"M"代表静音按钮。按下工具栏 按钮,可进行多轨模式和单轨模式的切换。

2. 用 Cool Edit Pro 2.1 录制音频

运行 Cool Edit Pro 2.1 软件,调整并测试好麦克风,在音轨 1 的"音频控制面板"中按下

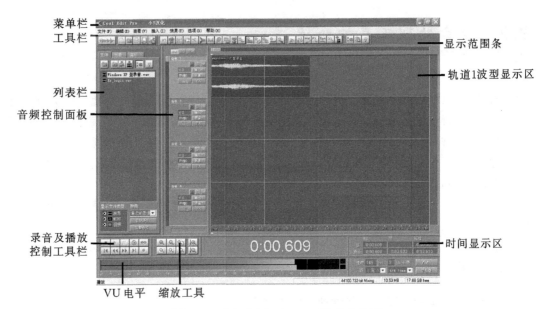

图 9.13 "Cool Edit Pro 2.1"软件主界面

按钮准备录音,并在"录音及播放控制工具栏"中按下 按钮的同时进行录音,如图 9.14 所示。

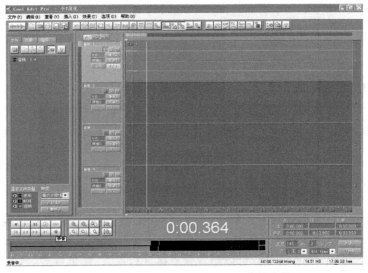

图 9.14 用 Cool Editor Pro 2.1 进行录音

录制完毕后选择"文件"菜单→"混缩另存为",就可以把刚录制好的声音存储为一个音频文件。

3. 用 Cool Edit Pro 2.1 对音频素材进行编辑

Cool Edit Pro 2.1 可以在单轨模式中对音频事件进行复制、剪切和粘贴,还可以选择"效果"菜单下面的"滤波器"、"效果器"等对音频素材进行处理。

4. Cool Edit Pro 2.1 播放音频

在控制面板的"录音及播放控制工具栏"中,按下 ▶ 按钮(或键盘的空格键),就可以进行播放。编辑线也同时向右走,时间按"分:秒.样本数"格式显示音乐播放的进程。当再次敲击空格键(或按下"声音播放工具栏"中的 ■ 键)时,则停止播放。

Cool Edit Pro 功能及具体使用方法将会在本书配套实验教材中进行详细介绍。

9.3 图像处理工具 Photoshop CS5 操作的介绍

Photoshop 是美国 Adobe 公司开发的,是目前市场上最为流行的平面图形处理和制作软件。Photoshop 界面简捷,功能完善,性能稳定,图形图像处理功能强大,被广泛应用在图形图像的编辑、数码照片后期处理、广告设计、电脑绘图、室内装潢等诸多领域,并具有很好的兼容性。

9.3.1 Photoshop CS5 的界面和基本概念

1. Photoshop CS5 的界面

2003 年 Adobe Photoshop 推出 8.0 版本,官方版本号改称为 CS。下面就介绍一下 Photoshop CS5 也就是 12.0 版的工作界面。

Photoshop CS5 工作界面由菜单栏、选项栏、工具箱、调板组、工作区等几部分组成,如图 9.15 所示。

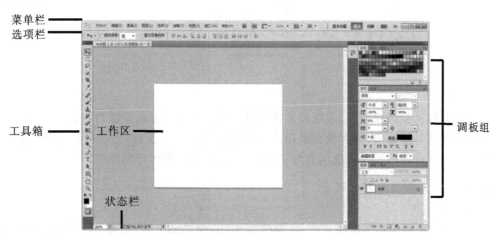

图 9.15 Adobe Photoshop 的工作界面

工具箱位于工作区的左侧,当选择不同的工具时,在"选项栏"中会显示出不同的工具选项,当用户设定不同的参数时,使用工具就会出现不同的效果。Photoshop 的工具可分为选取工具、着色工具、编辑工具、路径工具、切片工具、文字工具等。选择工具时可以用鼠标点击工具按钮,也可以使用字母快捷键。工具右下角有三角符号的按钮代表某一类工具,当鼠标移到这个工具按钮上点击左键(不松开鼠标)或单击鼠标右键时,就可以显示这个工具按钮上的所有工具。Photoshop CS5 工具箱如图 9.16 所示。

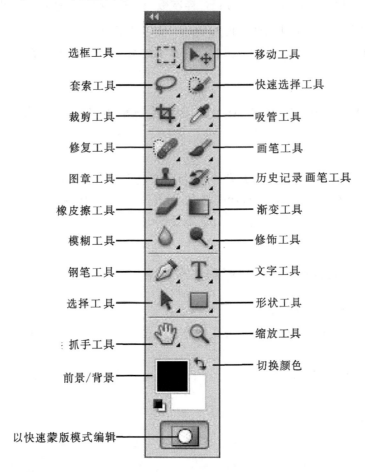

图 9.16　Photoshop CS5 工具箱

工具箱下部是蒙版控制器,蒙版控制器提供了快速进入和退出蒙版的方式。

工作区右侧是调板组,通过调板组用户可以很方便地选择颜色、显示信息、图层、通道、路径等操作。用户也可以根据自己的喜好任意组合、显示或隐藏所有的调板。

2. Photoshop 的几个基本概念

(1)图像模式

Photoshop 最常用的图像模式有:灰度模式、RGB 模式和 CMYK 模式。灰度图中有黑到白的各种灰度层次,常用 8 位的灰度,即把黑→灰→白连续变化的灰度值量化为 256 个灰度级。RGB 彩图用按 RGB(红、绿、蓝)三种颜色的不同比例配合合成所需要的任意颜色,适于显示器屏幕显示的彩图。CMYK 彩图模式用于彩图印刷,RGB 模式的彩图在印刷时某些颜色可能会出现与设计色的偏差。

(2) 绘图

用户可以在 Photoshop 工具箱中选用所需绘图工具进行设计,同时也可以利用修饰工具进行修改。

(3) 图像调整

图像调整是 Photoshop 的核心,通过色阶、曲线、色彩平衡、亮度和对比度、色相和饱和度、可选颜色、通道混合器、渐变映射、反相、黑白调节、色调分离等调整方法来改变图像的亮度、对比度、颜色,把对图片的控制推到极致,产生千变万化的效果。

(4) 图层

每个 Photoshop 文件可以包括一个或多个图层。一个图层可以看作是一层透明的纸,一副图像可以看作是由一个或若干个图层叠加在一起形成的。当对一个图层进行操作时,图像文档的其他图层将不受影响,也就是说我们可以对每个图层进行独立的编辑和修改。

(5) 蒙板

蒙板作用就相当于对当前层再蒙上一个"层",此层起到对当前层的隐藏与显示的作用,通过灰度级来控制(如黑色隐藏、灰色起到半透明、白色为显示)。蒙板只对当前层起到屏蔽的效果,故不损伤当前层,且可随时修改。

(6) 通道

Photoshop 使用通道来存储彩色信息、保存选区和保存蒙版。RGB 格式的文件包含红、绿、蓝三个颜色通道。而 CMYK 格式的文件则含有青色、洋红色、黄色和黑色四个颜色通道。

(7) 滤镜

滤镜是 Photoshop 中最神奇的部分,滤镜使用简便,功能强大,在创作中常能得到出其不意的效果。Photoshop 滤镜分为内置滤镜和外挂滤镜。由第三方软件开发商开发的滤镜称为外挂滤镜。

9.3.2 Photoshop CS5 的基本操作

1. 新建文件

要制作一个新的图像,就要在 Photoshop 中新建一个图像文件。使用菜单"文件"→"新建",弹出新建文件对话框 。在名称选项后面的文本框中可以输入新建图像的文件名。在预设选项后面的下拉列表框中可以选择固定格式的文件大小,也可以在宽度和高度选项后面的数值框内输入需要设置的数值。分辨率选项的数值框中可以输入需要设置的分辨率。颜色模式选项用于设定图像的颜色模式。在图像大小处显示当前图像文件的大小,如图 9.17 所示。

2. 打开现有文件

要打开现有文件,可点击菜单"文件"→"打开"命令,弹出"打开"对话框,选取正确的路径、文件类型和想要打开的文件,单击"打开"按钮。

在"文件"菜单中,还有一个与"打开"类似的命令"打开为",它可以指定打开文件所使用的文件格式,在打开文件的同时转换文件的格式。

3. 改变图像的显示比例

当打开一个图像文件时,点击"窗口"菜单勾选"导航器"选项,则在调板的左下角,会显示出现该图像的显示比例。此时只要用鼠标拖动"导航器"的缩放滑块即可改变图像的显示比例,如图9.18所示。也可以使用工具箱缩放工具进行缩放。

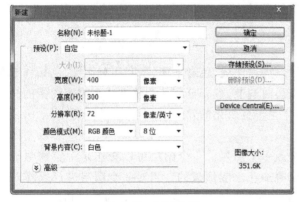
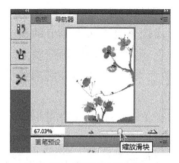

图9.17 新建文件　　　　　图9.18 改变显示比例

4. 图像尺寸的调整

在平面设计过程中,点击菜单"图像"→"图像大小",弹出"图像大小"对话框,修改宽度或高度的数值,就可以对图像的尺寸进行调整。勾选约束比例选框时,图像将会按照原来长宽尺寸比例缩放,如图9.19所示。

5. 恢复操作

如果在图像的编辑过程中出现误操作或对所编辑的效果不满意,可以点击"窗口"菜单勾选"历史记录"选项,使用"历史记录"调板取消误操作或恢复图像编辑过程中的任何状态,如图9.20所示。如果产生了无可挽回的错误操作,可通过"文件"菜单下的"恢复"命令,恢复到文件打开时的初始状态。

图9.19 图像尺寸的调整　　　　　图9.20 用"历史记录"恢复操作

6. 保存图像效果

要保存一个新建的图像文件或把已经保存过的图像文件保存为一个新文件,可点击菜单"文件"→"存储为"命令,在弹出对话框的"格式"下拉选项框中选择要保存的图像格式。已经保存过的图像可以点击菜单"文件"→"存储"命令进行覆盖,如图9.21所示。

7. 图像调整举例

(1)色阶和自动色阶

"色阶"命令用于调整图像的对比度、饱和度和灰度。

图 9.21　保存图像

点击菜单"图像"→"调整"→"色阶"在弹出的"色阶"对话框中,"通道"选项可以从其下拉菜单中选择不同的通道来调整图像。"输入色阶"选项控制图像的选定区域的最暗和最亮色彩,可以通过输入数值或拖动三角滑块来调整图像。"输出色阶"选项可以通过输入数值或拖动三角滑块来控制图像的亮度范围,如图 9.22 所示。在"色阶"对话框中点击"自动"按钮,可以让 Photoshop 对图像的色阶进行自动调整。另外在 Photoshop 中同样可以使用"图像"菜单下的"自动色调"、"自动对比度"、"自动颜色"选项对图像进行调整。

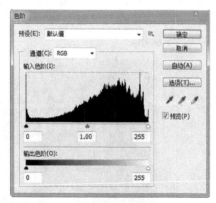

图 9.22　色阶调整对话框

(2)曲线

曲线是 Photoshop 中最常用到的调整工具,理解了曲线就能触类旁通很多其他色彩调整命令。通过曲线可以通过调整图像色彩曲线上的任意一个像素点来改变图像的色彩范围。在曲线调整图中,X 轴为色彩的输入值,Y 轴为色彩的输出值,输入和输出数值显示的是图表中光标所在位置的亮度值,曲线则代表了输入和输出的色阶的关系。左方和下方有两条从黑到白的渐变条。我们使用默认的渐变条,对于线段上的某一个点来说,往上移动就是加亮,往下移动就是减暗,如图 9.23 所示。对于通道我们也可以在下拉菜单中选择三原色中的一种颜色,那么对于图像的调整来说,往上移动就是增加选定的颜色,往下移动就减少这种颜色。

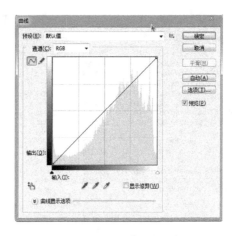

图 9.23　曲线调整对话框

8. 滤镜的运用

Filter(滤镜)是 Photoshop 的特色之一,主要是用来实现图像的各种特殊效果,具有强大的功能。我们只需经过相当简化的几个参数的设置,就能利用滤镜工具创造出丰富的效果。以下就举一个滤镜使用的简单实例,操作步骤如下:

打开圣母子雕塑原图,如图 9.24 所示。选择"套索工具"中的"磁性套索工具"勾出白色的"圣母子"图像选区,在菜单中点击"选择"→"反向",反选所选区域,再点击菜单"滤镜"→"模糊"→"径向模糊",模糊方法"缩放,数量为 15",就能做出"圣光照耀"的视觉冲击的效果图,如图 9.25 所示。

图 9.24　圣母子雕塑原图　　　图 9.25　圣母子雕塑后期处理效果图

"径向模糊"滤镜可以产生中心辐射的柔滑效果,可以用来模拟拍摄时镜头变焦或旋转相机所得到的相片。

另外:Photoshop 还提供了镜头模糊特效,镜头模糊是专门用来模拟镜头的景深效果,当照片拍摄时没有层次感时,就可以使用 Photoshop 来进行后期处理。

Photoshop 的滤镜相当多,需要读者自己来操作和体会,在此就不一一举例了。

9. 图层操作

点击"窗口"菜单勾选"图层"选项,在图层调板的按钮中,点击 fx. 按钮,可以增加图层样式,如增加投影、发光、斜面和浮雕等;点击 按钮,可以增加图层蒙版;点击 按钮,可以创建新的填充或调整图层;点击 按钮,可以创建新的图层组;点击 按钮,可以增加图层;点击 按钮,可以删除当前图层。

图 9.26　图层调板

9.3.3　图像处理实例——立体字的制作

1. 新建图像

参数设置如图 9.27 所示,前景色设置为橙色,然后用"横排文字工具"输入"城市学院"四个字,字体大小为 72 点,黑体,如图 9.28 所示。

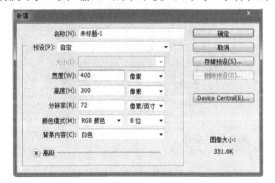

图 9.27　新建图像参数设置

图 9.28　新建图像参数设置

2. 栅格化文字并载入文字选区

选择菜单"图层"→"栅格化"→"文字",再执行菜单"编辑"→"变换"→"扭曲"命令,将字体拉成类似透视状,如图 9.29 所示。按住 Ctrl 键和鼠标左键并点击"城市学院"文字图层,出现"蚂蚁线",载入文字选区,如图 9.30 所示。

图 9.29　透视文字

图 9.30　载入文字选区

3. 线性填充

在图层调板上,点击 按钮增加一个新的图层,然后用渐变工具由白→黑进行"线性渐变"填充,如图 9.31 所示。

图 9.31　渐变填充

4. 改变图层顺序

拖动"图层 1"至"城市学院"文字图层之后,改变图层的顺序,如图 9.32 所示。选择菜单中的"选择"→"取消选择"(或按 Ctrl+D 组合键取消选择)。

图 9.32　改变图层顺序

5. 阴影的制作

点击工具 ,少许移动"图层 1",完成制作,如图 9.33 所示。

图 9.33　立体文字最终效果图

9.4　视频编辑工具绘声绘影操作的介绍

会声会影是友立公司出品的一款一体化视频编辑软件,它集视频捕获、剪接、转场、特效、覆叠、字幕、配乐、录音、刻录等功能于一身,通过影片向导或简单的编辑工具制作简便快捷地完成影片的制作，并可创建高质量的高清及标清影片、相册和 DVD。

9.4.1 会声会影软件的界面介绍

会声会影的工作界面主要由菜单栏、步骤面板、选项面板、素材面板及时间轴等几部分组成。会声会影 9.0 的工作界面如图 9.34 所示。

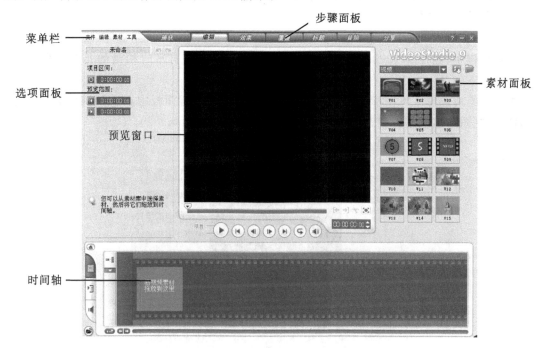

图 9.34 会声会影的工作界面

9.4.2 会声会影的基本操作

步骤面板分为七块，从"捕获"、"编辑"、"效果"、"覆叠"、"标题"、"音频"到"分享"其实就是一个完整的制片流程。

①"捕获"用于加载视频，把视频素材导入会声会影素材库中，并可在预览窗口中观看。

②"编辑"视频文件加入视频轨中，选择"多重修整视频"，按照自己的要求设置开始位置和终止位置编辑视频。

③"效果"主要为视频文件转场效果，把选好的转场效果拖入两个视频中即可。

④"覆叠"是为视频添加画中画效果，并且利用遮罩功能可以把画中画的相同背景色去掉，达到视频的叠加和融合。

⑤"标题"可以直接输入文字，并能改变字号、字体、字的颜色，添加字的文字背景和边框、阴影和透明度并增加文字动画等。

⑥"音频"可以从加载音频框中添加电脑中现成的音乐或配音，也可以通过录制声音按钮对视频添加旁白（说话者不出现在画面上，但直接以语言来介绍影片内容、交待剧情或发表议论，包括对白的使用）。

⑦"分享"可以把做好的作品按照需要制成不同的视频方式，也可以按照向导制作 DVD

或 VCD。

通过文件菜单中的"保存"和"另存为"可以把编排好的会声会影文件进行保存。

案例 1　个人照片 MV 专辑的制作

在本案例中,照片 MV 专辑的主题为:金色童年。素材来自平时拍摄的儿童数码照片。创作步骤如下:

①双击绘声绘影 9.0 图标,选择"绘声绘影编辑器",在步骤面板中点击"编辑"按钮,再点击"时间轴视图",出现编辑状态下的时间轴视图,如图 9.35 所示。

图 9.35　编辑状态的时间轴视图

②将会声会影内置视频素材"Classic-Open.avi"作为片头素材从视频素材库管理器中拖曳到视频轨上,如图 9.36 所示。

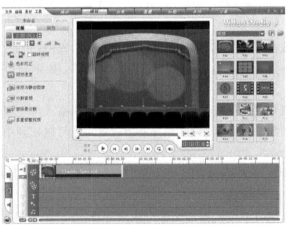

图 9.36　将片头视频素材放入视频轨

③步骤面板中点击"标题"按钮准备为 MV 添加标题,如图 9.37 所示。

第 9 章 多媒体制作软件 233

图 9.37 准备添加标题

④双击预览窗口添加文字——"金色童年",并在左侧编辑区选择文字样式,如图 9.38 所示。

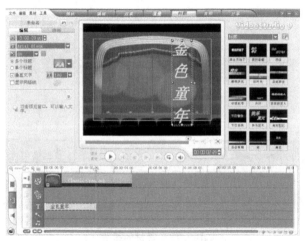

图 9.38 添加标题

⑤在左侧选项面板中点击"动画",为"金色童年"文字选择动画类型,并把文字显示时间拉长,与"Classic-Open.avi"长度保持一致,如图 9.39 所示。

图 9.39 文字显示时间与片头长度一致

⑥插入个人照片:在视频轨上按右键选择插入图像,如图 9.40 所示。并调入照片素材,如图 9.41 所示。

⑦适当拖动时间轴缩放滑块,素材排放如图 9.42 所示。

⑧点击素材面板下拉菜单,选择"转场"(注:构成电影的最小单位是镜头,镜头连接在一起叫做段落,每个段落都有单一的相对完整的意思,段落与段落之间、场景与场景之间的过渡或

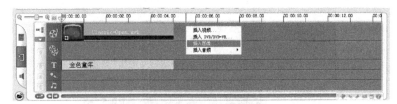

图 9.40 选择插入图像

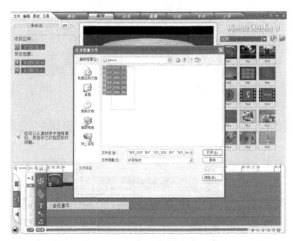

图 9.41 插入照片素材

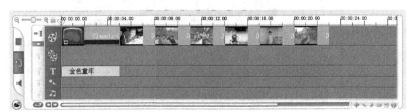

图 9.42 素材的排放

转换、衔接就叫做转场),如图 9.43 所示。

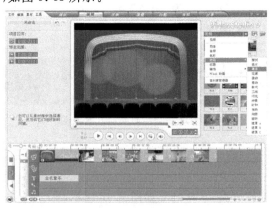

图 9.43 选择转场

⑨在开场动画和首幅图照片之间以及照片和照片之间加入转场。添加方法：将选定的转场效果拖曳到两个素材之间，如图 9.44 所示。

图 9.44　添加转场

⑩从内置视频素材中选择"V09.avi"作片尾动画加入时间轴，如图 9.45 所示。

图 9.45　添加片尾动画

⑪背景音乐的添加。点击步骤面板"音频"按钮，选择 A05 号音频文件添加到音乐轨上，如图 9.46 所示。

图 9.46　添加背景音乐

⑫音乐剪辑。很明显,音乐长度超过了视频时间的长度时,我们就需要对音乐进行删减。点击音乐轨,在预览窗口下有一个"剪辑素材"按钮,按下此按钮,将音乐素材剪断并删除掉后面多余的音乐,如图 9.47 所示。

⑬音乐虽然去除掉多余的部分,但是还需要对其进行处理,对"嘎然而止"的音乐进行"淡出"处理,使音乐声在结尾处慢慢消失。处理方法:在音乐轨的选项面板中点击,就可以实现结尾音的淡出,如图 9.48 所示。

⑭作品分享。编排好所有的素材之后就可以创建我们的视频文件或是刻录光盘了,只需在步骤面板中点击"分享",按照软件提示的步骤即可完成。

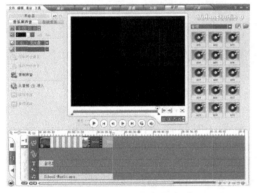
图 9.47 删除多余的音乐

图 9.48 音乐的淡出

案例 2 个人 DV 的制作

在 DV 制作中需要对拍摄的视频素材进行采集,会声会影也提供了视频采集功能。会声会影的视频采集方法如下:计算机连接 DV 设备,在会声会影的步骤面板中按下"捕获"按钮,设定捕获区间和捕获来源并选择好采集的文件格式后,在选项面板中点击"捕获视频",按照软件提示即可完成视频采集工作,如图 9.49 所示。

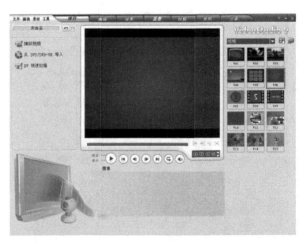
图 9.49 视频采集

采集来的视频素材需要进行剪辑,使用会声会影"剪辑素材"按钮去掉拍摄失败的部分和需要删减的部分。剪辑好视频素材后,再进行有效素材的连接,个人 DV 的制作步骤与案例 1"个人照片 MV 专辑的制作"步骤基本相同,在此就不再赘述。

习 题

简答题
(1)常用多媒体制作软件有哪些?分别应用在多媒体素材处理的哪些方面?
(2)光盘刻录有哪些注意事项?
(3)简述 Photoshop 滤镜的特点,并举出你所熟悉的两种滤镜并说明它们的作用。
(4)试述文字阴影图层的制作过程。
(5)简述一个完整的视频编辑制作过程。

第 10 章　网页设计与制作

通过本章的学习,读者应了解和掌握 HTML 的各种标记和语法并掌握使用网页设计工具 Dreamweaver 设计简单的静态页面。

10.1　HTML 语言基础

HTML 的英文全称是 Hyper Text Markup Language,它是网页超文本标记语言的缩写,是 Internet 上用于编写网页的主要语言。HTML 标记是 HTML 的核心与基础,用于修饰、设置 HTML 文件的内容及格式。

HTML 文件中包含了所有将显示在网页上的信息,其中也包括了对浏览器的一些指示,如文字应放置在何处,显示模式如何等。如果还有一些图片、动画、声音或是任何其他形式的资源,HTML 文件也会告诉浏览器到哪里去查找它们,以及它们将放置在网页中的什么位置。

本节首先介绍一些与网页设计有关的名词和概念。

10.1.1　网页基础知识

1. 万维网

WWW(World Wide Web)中文名字为万维网,即环球信息网,也称为 Web。

用户在使用浏览器来访问 Web 的过程中,无需关心一些技术性的细节即可得到丰富的信息资料。WWW 是 Internet 上发展最快和目前使用最广泛的一种服务。

简单的说,WWW 是漫游 Internet 网的工具,它把 Internet 上不同地点的相关信息聚集起来,通过 WWW 浏览器,无论用户所需的信息在何处,需要浏览器为用户检索到之后,就可以将这些信息(文字、图片、动画、声音等)"提取"到用户的计算机屏幕上。

2. 超文本传输协议 HTTP

超文本传输协议 HTTP(Hypertext Transport Protocol)是互联网上应用最为广泛的一种网络协议。所有的 WWW 文件都必须遵守这个协议标准。设计 HTTP 最初的目的是为了提供一种发布和接收 HTML 页面的方法。

HTTP 协议是用于从 WWW 服务器传输超文本到本地浏览器的传送协议。它可以使浏览器更加高效,使网络的传输量减少。它不仅保证了计算机正确快速地传输超文本文档,还确定传输文档中的哪一部分,以及哪部分内容首先显示(如文本先于图形)等。这就是你为什么在浏览器中看到的网页地址都是以"http://"开头的原因。

3. 统一资源定位器 URL

统一资源定位符 URL 是用于完整地描述 Internet 上网页和其他资源的地址的一种标识方法。Internet 上的每一个网页都具有一个唯一的名称标识,通常称之为 URL 地址,这种地址可以是本地磁盘,也可以是局域网上的某一台计算机,更多的是 Internet 上的站点。简单地说,URL 就是 Web 地址,俗称网址。如在浏览器的 URL 处输入 http://www.sohu.com/index.html 就可以访问搜狐网站的主页了。

URL 的第一部分"http://"表示要访问的资源类型。其他常见资源类型中,ftp:// 表示 FTP 服务器,gopher:// 表示 Gopher 服务器,new://表示 Newgroup 新闻组。

第二部分"www.sohu.com"是主机名,它说明了该网站的名称,其中.com 则指出了该网站的服务类型。目前常用的网站服务类型的含义如下:com 特指事务和商务组织;edu 表示教育机构;gov 表示政府机关;mil 表示军用服务;net 表示网关;org 表示公共服务或非正式组织。

第三部分"index.html"表示要访问主机的哪一个页面文件,可以把它理解为该文件存放在服务器上的具体位置。

4. 超文本标记语言 HTML

HTML 使用一些约定的标记对页面上各种信息(包括文字、声音、图形、图像、视频等)、格式以及超级链接进行描述。当用户浏览 WWW 上的信息时,浏览器会自动解释这些标记的含义,并将其显示为用户在屏幕上所看到的网页。这种用 HTML 编写的网页又称为 HTML 文档。

5. HTML 标记

HTML 标记用于修饰、设置 HTML 文件的内容及格式。一般情况下,HTML 标记是成对出现的,使用下面的格式:

    <标记> 内容 </标记>

标记必须要填在一对尖括号"< >"内,它们通常是英文单词的缩写或首字母。

书写标记时,英文字母的大、小写或混合使用大小写都是允许的。如 HTML、Html、html 的作用是一样的。

标记内可以包含属性。标记属性由用户设置,否则将采用默认的设置值。属性名出现在标记后面,多个属性用空格隔开,使用下面的格式:

    <标记名称 属性1 属性2 属性3 …>

10.1.2 HTML 文档的基本结构

一个完整的 HTML 文件由标题、段落、表格和文本等各种嵌入的对象组成,这些对象统称为元素,HTML 使用标记来分隔并描述这些元素。实际上整个 HTML 文件就是由元素与标记组成的。

下面是一个 HTML 文件的基本结构。

    <html>文件开始标记
    <head>文件头开始的标记
    ……文件头的内容(网页的标题)
    </head>文件头结束的标记
    <body>文件主体开始的标记

......文件主体的内容

</body>文件主体结束的标记

</html>文件结束标记

从上面的代码可以看出,HTML 代码分为 3 部分,其中各部分含义如下。

①<html>…</html>:告诉浏览器 HTML 文件开始和结束的位置,其中包括<head>和<body>标记。HTML 文档中所有的内容都应该在这两个标记之间,一个 HTML 文档总是以<html>开始,以</html>结束。事实上,现在常用的 Web 浏览器都可以自动识别 HTML 文档,并不要求有 <html>标签,也不对该标签进行任何操作,但是为了使 HTML 文档能够适应不断变化的 Web 浏览器,还是应该养成不省略这对标签的良好习惯。

②<head>…</head>:HTML 文件的头部标记,在其中可以放置页面的标题以及文件信息等内容,通常将这两个标签之间的内容统称为 HTML 的头部。在浏览器窗口中,头部信息是不被显示在正文中的,在此标签中可以插入其他标记,用以说明文件的标题和整个文件的一些公共属性。若不需头部信息则可省略此标记,良好的习惯是不省略。

③<title>和</title>是嵌套在<head>头部标签中的,标签之间的文本是文档标题,它被显示在浏览器窗口的标题栏。

<body>…</body>:标记标明 HTML 文件的标题,是对文件内容的概括。一个好的标题能使读者从中判断出该文件的大概内容。文件的题目一般不会显示在文本窗口中,而以窗口的名称显示出来。title 的长度没有限制,但过长的题目会导致一行内无法写完,一般情况下它的长度不应超过 64 个字符。

1. <title>标记

<title>和</title>标记标明 HTML 文件的标题,是对文件内容的概括。一个好的标题能使读者从中判断出该文件的大概内容。文件的题目一般不会显示在文本窗口中,而以窗口的名称显示出来。title 的长度没有限制,但过长的题目会导致一行内无法写完,一般情况下它的长度不应超过 64 个字符。

2. <body>标记

<body>标记对应的内容是 HTML 文档的主体部分。在此标记对之间可包含众多的标记和信息。它们所定义的文本、图像等将会在浏览器的窗口内显示出来。<body>标记还可以设置一些属性,如表 10.1 所示。

表 10.1 <body>标记中的属性

属性	用途	示例
<body bgcolor="#rrggbb">	设置背景颜色	<body bgcolor="red">红色背景
<body text="#rrggbb">	设置文本颜色	<body text="#0000ff">蓝色文字
<body link="#rrggbb">	设置超链接颜色	<body link="blue">链接为蓝色
<body vlink="#rrggbb">	设置已使用的超链接的颜色	<body vlink="#ff0000">已使用的超链接为红色
<body alink="#rrggbb">	设置正在被点击的超链接颜色	<body alink="#rrggbb">被点击的超链接为黄色

表内的各属性可以结合使用,如<body bgcolor="red" text="#0000ff">。引号内的 rrggbb 是用 6 个十进制数表示的 RGB(即红、绿、蓝)3 色的组合。此外,还可以使用 HTML 语言所给定的常量名来表示颜色。如:

棕色 brown	红色 red	橙色 orange	黄色 yellow	
绿色 green	蓝色 blue	紫色 purple	灰色 gray	
白色 white	黑色 black	橄榄色 olive	石灰色 lime	
海军蓝 nave	栗色 maroon	紫红 fuchsia	银色 siver	水色 aqna

3. HTML 中的注释

在 HTML 网页文档中可以使用"<!--注释-->"这种格式加入注释,注释的内容将被浏览器忽略。可以使用注释来解释文档中的某些部分的作用和功能,也可以使用注释的形式在网页的文档中插入制作者的姓名、地址和电话号码等个人信息,此外,还可以使用注释来暂时屏蔽某些 HTML 语句,让浏览器暂时不要理会这些语句,等到需要时,只需简单地取消注释标签,这些 HTML 语句又可以发挥作用了。例如,下面的代码在网页的头部插入三行注释:

```
<head>
<title>关于文档注释的演示</title>
<!--
Author          刘安
Company         IT 联讯交流网
Contact Info    www.it315.org
-->
</head>
```

注意:"<!--…-->"中不能嵌套有"<!--…-->",例如,下面的注释是非法的:

```
<!--大段注释
……
    <!--局部注释-->
……
-->
```

因为第一个"<!--"会以在它后面第一次出现的"-->"作为与它配对的结束注释符。

10.1.3 正文及标题

正文是网页的核心内容,用户可使用 HTML 语言在网页内对正文进行划分段落、插入标题、修改字体、设置字号等操作。

1. 标题标记<Hn>

一般文章都有标题、副标题、章和节等结构,HTML 中也提供了相应标题标记<Hn>,其中 n 为标题的等级。HTML 提供了 6 个等级的标题,n 越小,标题字号越大。

例 10.1 使用标题标记,如图 10.1 所示。

```
<html>
<head>
<title>
段落示例
</title>
</head>
<body>
<H1>一级标题</H1>
<H2>二级标题</H2>
<H5>五级标题</H5>
<H6>六级标题</H6>
</body>
</html>
```

图 10.1 标题标记

2. 段落标记<p>

HTML 的浏览器是基于窗口的,用户可以随时改变显示区的大小,所以 HTML 将多个空格以及回车等效为一个空格,这是和绝大多数字处理器不同的。HTML 的分段完全依赖于分段元素<p>。比如下面两个例子中源文件有相同的输出。

<p></p>也可以有多种属性,比较常用的属性是:aligh=#,# 可以是 left,center,right,其含义是左对齐、中对齐和右对齐。

例 10.2 段落标记,如图 10.2 所示。

```
<html>
<head>
<title>段落示例</title>
</head>
<body>
<p align="left">第一段文字左对齐</p>
<p align="center">第二段文字中对齐</p>
<p align="right">第三段文字右对齐</p>
<p>上面三段文字被设置的 p 标记</p>
</body>
</html>
```

图 10.2 设置段落对齐方式

3. 文本格式标记

<font></font>标记用来设置文字字体。它的 face 属性用来指定浏览器所显示字体类别,而 size 属性和 color 属性则可以设置文本的字体大小和颜色。具体标记如下:

<font face="宋体,仿宋体,隶书" size=7 color="blue">需要设置的文本内容</font>

除正常字体外，用户还可以为文本设置粗体、斜体和下划线等字型。
<b></b>标记：用来使文本以黑体字形式输出。
<i></i>标记：用来使文本以斜体字形式输出。
<u></u>标记：用来使文本以加下划线字形式输出。
下面的标记用于设置文本的强调、加重等效果。
<tt></tt>标记：用来输出打字机风格字体。
<cite></cite>标记：用来输出引用方式的字体。
<em></em>标记：用来输出需要强调的文本。
<strong></strong>标记：用来输出加强显示效果的文本。

例 10.3 给文本设置不同的字体，如图 10.3 所示。

```
<html>
<head>
<title>
段落示例
</title>
</head>
<body>
<p><b>黑体字文本</b></p>
<p><i>斜体字文本</i></p>
<p><u>下划线文本</u></p>
<p><tt>打字机风格文本</tt></p>
<p><cite>引用方式的文本</cite></p>
<p><em>强调的文本</em></p>
<p><strong>加重的文本</strong></p>
</body>
</html>
```

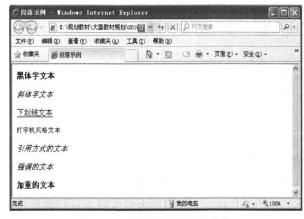

图 10.3 设置不同样式的字体

10.1.4 超链接

超链接一般可分为外部链接(External Link)和内部链接(Internal Link)。单击外部链接时,浏览器窗口将显示其他文档的内容。单击内部链接时,访问者会看到网页的其他部分并显示在当前浏览器窗口里。

1. 外部链接

一个外部链接有以下3个部分组成:首先是超链接标记<a></a>,然后是属性 href 及其值。其格式如下:

    <a href="URL">链接文字</a>

例如,下面的代码就是在网页中添加一个"中华网"的超链接:

    <a href=http://www.china.com>中华网</a>

此外,<a href=" "></a>还具有 Target 属性,表示浏览时目标框架,如表10.2所示。

表10.2 Target 属性的取值与用途

属性	用途
Target="框架名称"	设定目标网页显示在"框架名称"的框架中
Target="_blank"	将链接目标的内容打开在新的浏览器窗口中
Target="_parent"	将链接目标的内容打开在上一个页面
Target="_self"	将链接目标的内容显示在当前窗口中(默认值)
Target="_top"	将框架中链接目标的内容,显示在没有框架的窗口中

2. 创建内部链接

所谓内部链接就是网页中的书签。在内容较多的网页内建立内部链接时,它的链接目标不是其他文档,而是网页内的其他位置。在使用内部链接之前,需要在网页内确定书签的位置,并使用<a>标记的 name 属性为书签命名。其格式如下:

    <a name="书签名称">书签内容</a>

其中,"书签名称"是代表"书签内容"的字符串,用户可以使用简短、有意义的字符串代表。如下面的示例:

    <a name="标签A">书签内容</a>
    <a href="#标签A">单击此处将跳到"标签A"处</a>

3. 创建邮件链接

邮件链接可使访问者在浏览时,只需单击邮件链接就可以打开默认的邮件编辑软件,向指定的地址发邮件。其格式如下:

    <a href=mailto:"e-mail 地址">邮件链接文本</a>

其中,E-mail 地址是用户在 Internet 上的电子邮件地址,而"邮件链接文本"是访问者单击的文本。

常见的邮件编辑软件如微软的 Outlook Express。

10.1.5 插入图像

HTML 采样的图像格式有 GIF、PNG 和 JPG 3 种。在网页中插入图像使用＜img＞标记。其格式如下：

＜img src＝″URL″＞

其中，URL 是图像所在位置，可以使用绝对路径，也可以使用相对路径。

＜img＞标记还有相应的属性用来设置图像在网页中的格式和布局。其用法如表 10.3 所示。

表 10.3 图像的属性及其用法

属 性	用 途
＜img src＝″″＞	图片位置
＜img width＝″″ height＝″″＞	图片的大小，一般采用像素作为单位
＜img hspace＝″″ vspace＝″″＞	设定图片边沿空白，hspace 用于设定图片左右的空间，vspace 用于设定图片上下的空间
＜img border＝″″＞	图片边框厚度
＜img alt＝″″＞	用来描述该图片的文字，若图片不能显示时，这些文字将会替代图片被显示
＜img lowsrc＝″″＞	设定显示低解析度的图片

10.2 网页布局设计

表格和框架对于制作网页是很重要的，利用它们可以设计网页的布局结构。

10.2.1 表格的创建及编辑

表格不仅可以固定文本或图像的输出，也是网页布局常用的方式之一。

一个表格由＜table＞标记开始，以＜/table＞标记结束。表格内容由＜tr＞标记和＜td＞标记定义。其中，＜tr＞标记说明表格的一个行；＜td＞标记设定表格的一个单元格。

例 10.4 创建带有表格的网页，如图 10.4 所示。

```
＜html＞
＜head＞
＜title＞
表格示例
＜/title＞
＜/head＞
```

```
<body>
<table border = 1>
    <tr>
        <td>编号</td>
        <td>姓名</td>
        <td>成绩</td>
    </tr>
    <tr>
        <td>20100601</td>
        <td>王国强</td>
        <td>85</td>
    </tr>
</table>
</body>
</html>
```

图 10.4 创建表格

10.2.2 框架的创建及编辑

框架页面把浏览器窗口分割成了几个独立的部分。打开链接的目标文件只占用浏览器的某个区域。利用框架进行网页设计,使得访问者在浏览器窗口中观察多个网页。

1. 框架标记

框架页面使用<frame></frame>标记。当出现<frame>的页面中不再出现<body>标记。其基本结构如下:

```
<html>
<head>
<frameset>
    <frame src = "URL">
```

```
            </frame>
        </frameset>
    </body>
</html>
```

在网页内添加框架页面时,就意味着对浏览器窗口进行纵向与横向的划分。rows 用来规定主文档中各个横向划分的框架的行定位,而 cols 用来规定主文档中各个纵向划分的框架的列定位。如下例所示:

<frameset rows="*,*,*"> 表示共设置有 3 个按列排列的框架,每个框架占整个浏览器的 1/3。

<frameset cols="40%,*,*"> 表示共有 3 个按行排列的框架,第一个占整个窗口的 40%,剩下的空间平均分给另外两个框架。

2. 确定框架目标页面

在框架网页内单击超链接时,链接目标就会出现在目标框架内。在确定目标框架前应该为它命名。确定目标框架网页的通用格式如下:

<frame name="框架页面名称">

<a href=URL,target="框架页面名称">

框架页面示例如图 10.5 所示。

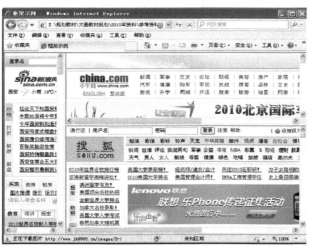

图 10.5 框架页面示例

10.3 CSS 的使用

CSS(Cascading Style Sheets)的含义是层叠样式表,一种用来为结构化文档(如 HTML 文档)添加样式(如字体、间距和颜色等)的计算机语言。CSS 本身是 HTML 的扩展,CSS 的语法很简单,它使用一组英语词来表示不同的样式和特征,能够对文字间距、字体、列表、颜色、背景、位置等多种属性进行精确控制。HTML 在定义样式时必须在每个需要设置的地方使用格式标记,CSS 技术从根本上克服 HTML 方式的缺陷,它可以就某个特定的标记设置格式。如下面的例子所示,其对应的界面如图 10.6 所示。

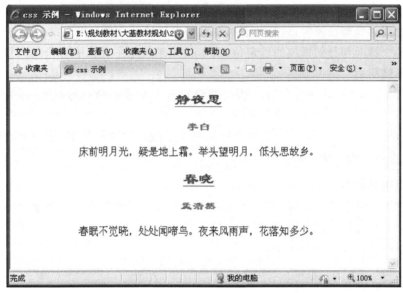

图 10.6　使用 CSS 样式

```
<html>
<head>
<title>css 示例</title>
<style type="text/css">
    <!--
        H2{color:red;font-family:隶书;
        text-decoration:underline;text-align:center;}
        H3{color:#996633;font-family:隶书;
        text-decoration:none;text-align:center;}
        P{color:blue;font-family:宋书;text-decoration:none;text-align:
          center;}
    -->
</style>
</head>
<body>
<div>
<h2>静夜思</h2>
<h3>李白</h3>
<p>床前明月光,疑是地上霜。举头望明月,低头思故乡。</p>
<h2>春晓</h2>
```

```
<h3>孟浩然</h3>
<p>春眠不觉晓,处处闻啼鸟。夜来风雨声,花落知多少。</p>
</div>
</body>
</html>
```

上面的代码在 style 标记里定义了 CSS 样式 H2、H3、P,该样式分别应用于网页中的所有的 H2、H3、P 标记。我们可以发现,采样 CSS 样式的 HTML 文档在修改显示效果时要比传统的 HTML 方式方便很多。

实际上,CSS 样式表不仅可以应用于单个 HTML 标记,而且可以应用于用户定义的类和 ID 等,从而提供强大的样式修饰能力。如果将多个样式定义汇集到一个样式表文件中,则可以使多个网页应用同一套样式,而保证网页格式的一致性。

10.3.1 CSS 样式定义

CSS 样式表的编辑与 HTML 一样,可以是任何文本编辑器或网页编辑器。一个 CSS 样式表由样式规则组成,以告诉浏览器怎样去呈现一个文档。其格式如下:

选择符{属性1:属性1值;属性2:属性2值;…}

上面例子里的 H2{color:red;font-family:隶书;text-decoration:underline;text-align:center;},就是告诉浏览器用隶书(font-family:隶书)、红色(color:red)字体去显示二级标题,并且二级标题加下划线(text-decoration:underline)、居中(text-align:center)对齐。

在 CSS 中有三种选择符:HTML 标记,用户创建的类 CLASS 和自定义 ID。

1. HTML 标记

任何一个 HTML 标记元素都可以是一个 CSS 的选择符。如上例中的 H2、H3、P 标记。当为某个 HTML 标记定义样式后,在页面中,这个标记的内容就按照定义的方式来显示。

2. 用户创建的类 CLASS

用户自己创建类(CLASS)的方式可以为同一个 HTML 标志指定多种风格。
其格式如下:

标志.类名{属性1:属性1值;属性2:属性2值;…}

引用方式是:

<标记 CLASS="类名">

如,定义样式:

.redone{color:red; text-decoration:underline;}
.blueone{color:blue}

应用到不同的标记中去,如:

<h1 CLASS="blueone">蓝色标题
<p CLASS="blueone">蓝色的段落
<H1 CLASS="redone">红色且加了下划线的标题一

3. 自定义 ID

用户也可以定义一个 ID 作为选择符,ID 选择符其实跟独立的类 CLASS 选择符的功能一样,而区别在于它们的语法和用法不同,并且有 ID 的 HTML 元素可以被 CSS-P 定位和用 javascript 来操纵。

自定义 ID 的格式如下:

♯ ID 名{属性 1:属性 1 值;属性 2:属性 2 值;…}

例如下面的 ID 定义:

♯yellowone{color:yellow}

可以将其运用到任何有同样 ID 名字的标记中,如

<p ID="yellowone">黄色的一个段落</p>

10.3.2 在网页中使用 CSS

在网页中使用 CSS 样式的方式有三种:内部文件头方式、直接插入方式和外部文件方式。

1. 内部文档头方式

内部文档头方式实在 HTML 文档的<head></head>标记之间插入一个<style></style>块对象。如下例所示:

```
<html>
<head>
<title>css 示例</title>
<style type="text/css">
    <!--
    样式表的定义语句
    -->
</style>
</head>
```

2. 直接插入方式

这种方式直接在需要定义样式的 HTML 标记中书写属性及属性值。例如:

<table style="color:red;font-size:10pt">

3. 外部文件方式

这种方式是将 CSS 写成一个文件的方式,在 HTML 文档头通过文件引用来使用。CSS 文件的扩展名是.CSS。其基本格式如下:

<link rel="STYLESHEET" href="文件名.CSS" type="text/css">

这种方式的好处是用户可以在每个需要样式的地方引用外部文件,从而保证整个站点的样式风格统一,且避免重复的 CSS 属性设置。

在网页中使用 CSS 样式,如图 10.7 所示。

main.css 文件:

```
h2 {
    color: red;
    text-decoration: underline;
    text-align: center;
```

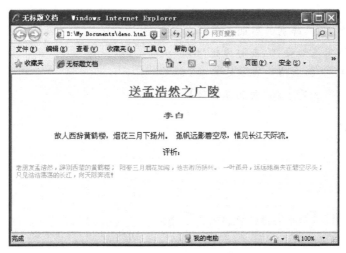

图 10.7 使用三种 CSS 方式的界面图

```
}
p {
    font-family:"宋体";
    color:blue;
    text-decoration:none;   text-align:center;
    font-size:14px;
}
```

使用 css 文件的页面源码：

```
<html>
<head>
<title>无标题文档</title>
<link rel="stylesheet" href="main.css" type="text/css" />
<style type="text/css">
<!--
    H3{color:#996633;font-family:"隶书";text-align:center;}
    .redone{color:red;font-family:"宋体";text-align:left;}
-->
</style>
</head>
<body>
<h2>送孟浩然之广陵</h2>
<h3>李白</h3>
<p>故人西辞黄鹤楼,烟花三月下扬州。
孤帆远影碧空尽,惟见长江天际流。
<p style="redone">评析:</p>
```

```
<p style="color:orange;text-align:left;font-size:12px">
老朋友孟浩然,辞别西楚的黄鹤楼;
阳春三月烟花如海,他去游历扬州。
一叶孤舟,远远地消失在碧空尽头;
只见浩浩荡荡的长江,向天际奔流!
</p>
</body>
</html>
```

10.4 初识 Dreamweaver CS5

制作网页实际上就是对 HTML 文件进行编辑。HTML 语法简单、功能强大,但是想要快速编写漂亮的页面往往还需要借助成熟的网页制作工具的支持。网页编辑器可以分为所见即所得网页编辑器和非所见即所得网页编辑器(即原始代码编辑器)。所见即所得网页编辑器的优点就是直观性,使用方便,容易上手,在所见即所得网页编辑器进行网页制作和在 Word 中进行文本编辑不会感到有什么区别,但它同时也存在难以精确达到与浏览器完全一致的显示效果的缺点。非所见即所得的网页编辑器的工作效率一般较低,进行网页制作必须具有一定的 HTML 基础。

常见的 Dreamweaver、FrontPage 都是所见即所得的网页编辑工具,而 Word、Notepad、UltraEdit 等文本编辑工具都可作为非所见即所得的网页编辑器。

Macromedia Dreamweaver 是由 Adobe 公司推出的一款专业的网页设计软件,用于对 Web 站点、Web 页和 Web 应用程序进行设计、编码和开发。Dreamweaver 具有可视化编辑功能,提供了可视化的设计方式,可以查看所有站点元素或资源并将它们从使用的面板直接拖到文档中。

本节以 Dreamweaver CS5 为例,介绍其功能和设计、编辑网页的方式。

Dreamweaver 的工作界面如图 10.8 所示。

1. 文档工具栏

文档工具栏中包含许多按钮,这些按钮使用户可以在文档的不同视图间快速切换:代码视图、设计视图、同时显示代码和设计视图的拆分视图。工具栏中还包含一些与查看文档、在本地和远程站点间传输文档有关的常用命令和选项,如图 10.9 所示。

2. 状态栏

状态栏显示了用户正在创建的与文档有关的其他信息,如图 10.10 所示。

其中,手形工具可以单击文档并将其拖入"文档"窗口。单击选取工具可禁用手形工具。缩放工具和设置缩放比率弹出式菜单可以为文档设置缩放比率。"窗口大小"弹出式菜单(仅在设计视图中可见)用来将"文档"窗口的大小调整到预定义或自定义的尺寸。"窗口大小"弹出式菜单的右侧是页面(包括全部相关的文件,如图像和其他媒体文件)的文档大小和估计下

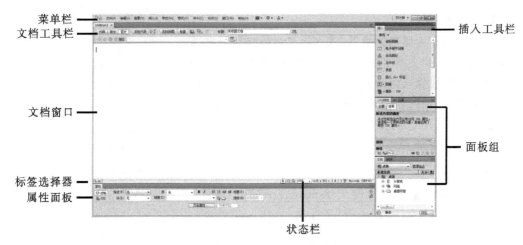

图 10.8　Dreamweaver CS5 的工作界面

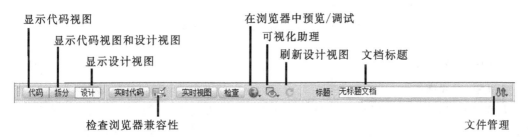

图 10.9　Dreamweaver CS5 的文档工具栏

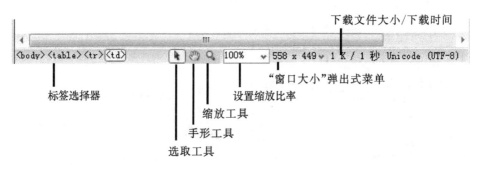

图 10.10　Dreamweaver CS5 的状态栏

载时间。

3. 插入工具栏

插入栏包含用于创建和插入对象（如表格、图像、脚本等）的按钮，如图 10.11 所示。点击"常用"标签右侧的三角▼，可以切换到其他标签组。另外点击插入栏右侧的三角可以"隐藏"或"显示"标签。在隐藏标签状态下，当鼠标指针指到一个按钮上时，会出现一个工具提示，其中含有该按钮的名称。

4. 属性面板

属性面板也称为属性检查器,其作用可以检查和编辑当前选定页面元素(如文本和插入的对象)的最常用属性。属性面板中的内容根据选定的元素会有所不同。例如,选择页面上的一个图像,则属性面板将改为显示该图像的属性(如图像的文件路径、图像的宽度和高度、图像周围的边框,等等),如图 10.12 所示。

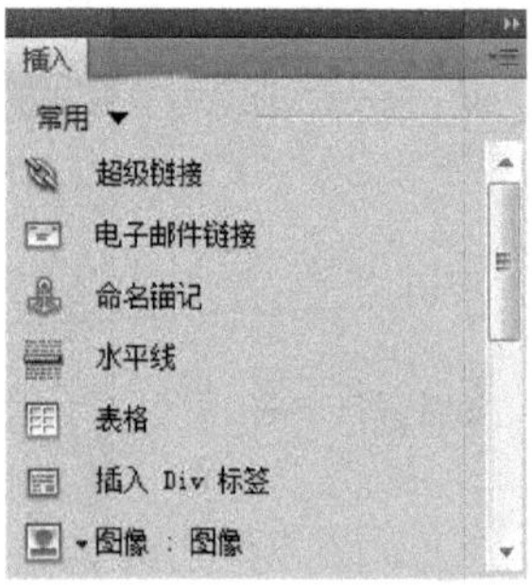

图 10.11 插入工具栏

5. 文件面板

文件面板用于查看和管理 Dreamweaver 站点中的文

图 10.12 Dreamweaver CS5 的属性面板

件,如图 10.13 所示。

6. CSS 样式面板

使用 CSS 样式面板可以跟踪影响当前所选页面元素的 CSS 规则和属性("当前"模式),或影响整个文档的规则和属性("全部"模式)。使用 CSS 样式面板顶部的切换按钮可以在两种模式之间切换。使用 CSS 样式面板还可以在"全部"和"当前"模式下修改 CSS 属性。Dreamweaver CS5 的 CSS 样式面板如图 10.14 所示。

图 10.13 Dreamweaver CS5 的文件面板

图 10.14 "CSS 样式"面板

10.5　本地站点的搭建与管理

当利用 Dreamweaver 进行网站设计时,必须为创建的每一个新 Web 站点定义 Dreamweaver 本地文件夹。本地文件夹是用户在硬盘上用来存储站点文件的工作副本的文件夹。

下面是 Dreamweaver 建立本地站点的步骤：

①启动 Dreamweaver CS5,点击菜单"站点"→"新建站点",弹出"站点设置对象"对话框。

②在"站点设置对象"对话框中输入"站点名称"并选择"本地站点文件夹",如图 10.15 所示。点击"保存"按钮,保存新建的站点。

此时文件面板显示当前站点的新本地根文件夹。文件面板中的文件列表将充当文件管理

图 10.15　用 Dreamweaver CS5 新建站点

器,允许您复制、粘贴、删除、移动和打开文件,就像在计算机桌面上一样,如前图 10.13 所示。

10.6　Dreamweaver CS5 的基本操作

10.6.1　文本的处理

文本是网页中最基本的元素,是传递信息的基础。输入文本一般选择 Dreamweaver CS5 的"设计视图",在"文档窗口"中直接进行输入,与文字处理软件 Word 中输入文本的方法类似。"文档窗口"也支持文字的复制、粘贴、删除、移动等功能。

在 Dreamweaver CS5 中,可以在"属性面板"对文本格式进行设置,类似于 Word 中对文本的属性设置,设置中包括字体大小、字体加粗、字体倾斜、对齐方式、文字链接及段落的格式等,如图 10.16 所示。如果要设置字体的其他形式,可以建立 CSS 样式来控制字体。

图 10.16　文本属性面板

10.6.2　页面属性设置

在 Dreamweaver CS5 的"属性"面板中点击"页面属性",在"页面属性"对话框中可以定义

页面字体、背景颜色、背景图像、设置页面的边距等,如图10.17所示。

图 10.17 "页面属性"对话框

10.6.3 添加图像

在网页中插入图像有多种方式:可以在"插入栏"的下拉列表中选择"常用"类别,单击"图像"进行插入,如图10.18所示。也可以选择菜单"插入"→"图像"命令来实现。

在弹出的"选择图像源文件"对话框中选择要插入图像的存放路径,单击"确定"按钮即可在网页中插入一幅图像,如图10.19所示。

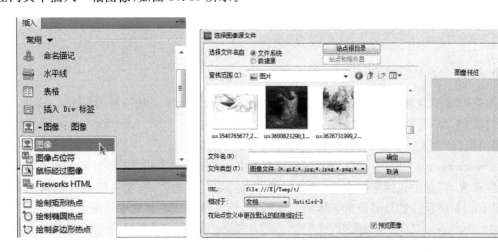

图 10.18 "插入栏"选择插入图像　　　　图 10.19 "选择图像源文件"对话框

插入图像后,图像周围会出现三个黑色的控制手柄,可以用鼠标拖动这些手柄来调整图像的大小。在图像的"属性"面板可以设置图像的各种属性,包括图像命名、位置定义、图像大小、链接及设置热点区域等和图像的修饰处理等,如图10.20所示。

图 10.20　图像"属性"面板

10.6.4　插入声音、视频

在网页中插入声音及视频,都可以点击菜单"插入"→"媒体"→"插件"来实现,如图 10.21 所示。

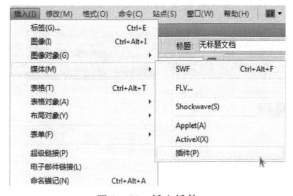

图 10.21　插入插件

在弹出的"选择文件"对话框中选择要插入的声音或视频文件,单击"确定"即可在网页中加入声音或视频。当然,还要对插入的声音和视频的播放区域进行必要的设置,如调整插件"属性"面板的高度和宽度的数值,如图 10.22 所示。

图 10.22　调整插件属性

如果要在后台播放背景音乐,隐藏播放窗口,可以点击属性面板"参数"按钮进行参数的编辑。在弹出的"参数"对话框中,"参数"栏位输入"hidden","值"栏位输入"true",如图 10.23 所示。单击"确定"按钮,就可以对播放窗口进行隐藏。

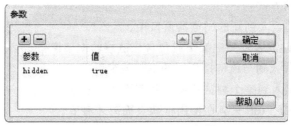

图 10.23　隐藏播放窗口的参数设置

10.6.5 超链接的使用

网站实际上都由很多的网页组成,如何使独立的页面之间建立联系?这就需要使用超链接技术。使用超链接后,每个网页不再是一个单独的个体,而是通过超文本技术统一起来了。如果按照使用对象的不同,网页中的链接又可以分为:文本超链接、图像超链接、E-mail 链接、锚点链接、多媒体文件链接、空链接等。

1. 添加外部链接

链接的载体一般为文字或图片,以下主要介绍如何在文本上添加链接,举例如下。

鼠标选中"西安交通大学城市学院"文字,在属性面板中的"链接"文本框中输入链接网址"http://www.xjtucc.cn",即可实现外部链接的添加,如图 10.24 所示。

图 10.24 "属性"面板的"链接"文本框

2. 添加内部链接

内部链接添加可以点击"链接"文本框右侧的文件夹图标,打开"选择文件"对话框,在对话框中选择要链接的目标文件,如图 10.25 所示。或选择"指向文件"图标,按住鼠标左键将指针拖动到一个目标链接文件上,如图 10.26 所示,即可完成内部链接的添加。

3. 链接目标

确定完链接目标之后,在"属性"面板中可以点击链接"目标"。在"目标"下拉列表框中可以选择目标文件打开的方式:

blank:将目标文件载入到新的浏览器窗口中。

parent:将目标文件载入到父框架集或包含该链接的框架窗口中。

self:将目标文件载入到与该链接相同的框架或窗口中。

top:将目标文件载入到整个浏览器窗口并删除所有框架。

其中:_parent、_self、_top 只有在使用框架页面时才有效。

图 10.25 在"选择文件"对话框中选择链接目标文件

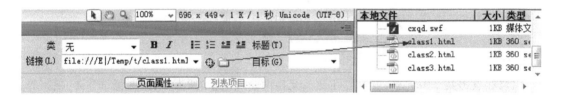

图 10.26 用文件指针创建链接

10.6.6 表格的应用

表格是一种能够有效的描述信息的组织方式,它可以控制文字、图形及其他所有页面元素之间的位置并实现网页的排版和定位。

1. 创建表格

表格的创建可以点击菜单"插入"→"表格"命令,或在"插入栏"的"常用"类别中,单击"表格"按钮,都会弹出"表格"对话框,如图 10.27 所示。在"表格"对话框中可以设置表格的各种参数。例如:如果设置边框粗细为 0,那么在浏览网页时表格边框将不可见。

点击"确定",就会创建一个 3×3、宽度为 200 像素的表格,如图 10.28 所示。

创建好表格后,就可以在表格的"属性"面板中表格进行各项设置了。

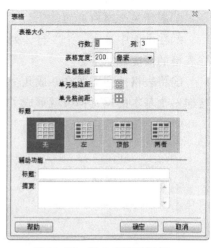

图 10.27 插入表格对话框

2. 表格的拆分及合并

对于建立好的表格,可以进行如下编辑:

①选中已经建立的 3×3 表格左侧的三个单元格,单击"属性"面板上的合并单元格按钮 ▣,可以将左侧的三个单元格合并成一个单元格,如图 10.29 所示。

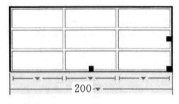

图 10.28　新建的表格　　　　图 10.29　合并单元格

②选定已经合并了的单元格,单击拆分单元格按钮 ⚏,弹出"拆分单元格"对话框,如图 10.30 所示,可以将单元格进行拆分,拆分后的效果如图 10.31 所示。

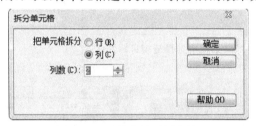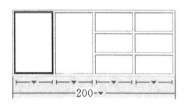

图 10.30　"拆分单元"对话框　　　　图 10.31　拆分后的单元格

用鼠标点击某个单元格,就可以在此单元格中输入文字,插入声音、图像、Flash、视频等。

3. 用表格进行页面布局

在 Dreamweaver 中,表格的作用不仅仅是安放文字、图片、Flash 网页素材,还有一个更为重要的作用就是排版布局,将网页的 Logo、导航栏、页面栏目等网页的各个元素固定在页面的某个位置,完成页面的"谋篇布局"。下面举例介绍一下如何利用表格来页面布局。

①新建一个空白页面。

②在页面中插入一个 3 行 2 列的表格,将边框宽度设置为 0,使边框为不可见并预先设定好表格的高度和宽度。

③将表格按照需要合并成几个大的单元格,再对单元格进行适当调整,如图 10.32 所示。这样一个基本的网页构架就形成了。

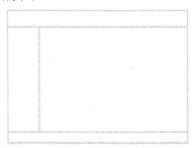

图 10.32　利用表格布局后的网页架构

10.6.7 使用 Dreamweave 创建框架网页

除了以上介绍的用表格进行布局,我们也可以用 Dreamweave 直接创建框架网页。

举例:点击 Dreamweave CS5 菜单"文件"→"新建"命令,弹出"新建文档"对话框,选择"实例中的页"→"框架页"→"上方固定,左侧嵌套",如图 10.33 所示。

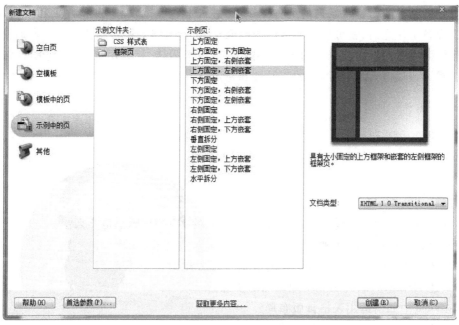

图 10.33 新建框架网页

点击"创建"按钮,为每一个框架制定标题后,就可以很方便地创建一个框架网页,如图 10.34 所示。

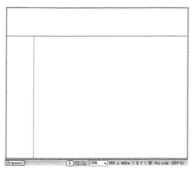

图 10.34 创建好的框架网页

单击"文档工具栏"上的"在浏览器中预览/调试"按钮,在 IE 浏览器中即可查看创建的模板页的效果。

除了自己创建网页布局,我们在新建页面文档时,也可以使用 Dreamweaver 或外部提供的模板来快速设计出网页。

10.7 网页的发布与维护

网页做好之后,就要将它上传至 Web 服务器,以供更多的用户进行浏览。

在发布网站前要做好一系列的准备工作,如进行本地测试、确定发布方式和申请域名等。做好这些准备工作之后,就可以上传自己做的网页。当然,网页还要经常更新和定期维护。网站的管理维护主要包括检测网站的错误、保证网站正常运转、处理用户信息、定期更新网页内容和修正网页错误等,以确保网页的实时性和稳定性。

习 题

简答题

(1) HTML 一个网页的基本结构是什么?相应的 HTML 标记是什么?

(2) 颜色属性的值有哪两种表示方法?

(3) 超链接中外部链接和内部链接的区别是什么?

(4) 试述 Dreamweaver 建立本地站点的步骤。

(5) 在网页中如何运用表格排版布局?

(6) 简述如何进行本地网页的测试。

参考文献

[1] 詹国华.大学计算机应用基础教程[M].2版.北京:清华大学出版社,2009.
[2] 邵玉环.Windows 7 实用教程[M].北京:清华大学出版社,2012.
[3] 高升宇.大学计算机基础:信息处理技术基础教程[M].北京:中国人民大学出版社,2010.
[4] 倪玉华.大学计算机基础[M].北京:人民邮电出版社,2009.
[5] 周维武.大学计算机基础[M].北京:电子工业出版社,2008.
[6] Excel Home.Word 实战技巧精粹[M].北京:人民邮电出版社,2008.
[7] Excel Home.Excel 高效办公:财务管理[M].北京:人民邮电出版社,2008.
[8] Excel Home.Excel 数据处理与分析实战技巧精粹[M].北京:人民邮电出版社,2008.
[9] 唐宁,王少媛.PowerPoint 2007 实用技巧百式通[M].重庆:重庆大学电子音像出版社,2007.
[10] 卞诚君,刘亚朋.Office 2007 完全应用手册[M].北京:机械工业出版社,2009.
[11] 宋翔.完全掌握 Office 2007[M].北京:人民邮电出版社,2011.
[12] 曹岩,方舟,姚慧.Visio 2007 应用教程[M].北京:化学工业出版社,2009.
[13] 杨继萍,吴华,等.Visio 2007 图形设计标准教程[M].北京:清华大学出版社,2010.
[14] 张元.多媒体技术与应用:计算机动漫设计[M].北京:科学出版社,2006.
[15] 李飞,邢晓怡,龚正良.多媒体技术与应用[M].北京:清华大学出版社,2007.
[16] 郑阿奇.多媒体实用教程[M].北京:电子工业出版社,2007.
[17] 周学广,刘艺.信息安全学[M].北京:机械工业出版社,2003.
[18] 曹天杰,张永平,苏成.计算机系统安全[M].北京:高等教育出版社,2003.
[19] 姜慧霖,徐瑞朝,李科.网页设计与制作基础教程[M].2版.北京:清华大学出版社,2010.
[20] 高永强,郭世泽,等.网络安全技术与应用大典[M].北京:人民邮电出版社,2003.
[21] 沈昕.Dreamweaver 8 和 Flash 8 案例教程[M].北京:人民邮电出版社,2006.
[22] 周立,王晓红,贺红.网页设计与制作[M].北京:清华大学出版社,2004.
[23] 胡剑锋,吴华亮.网页设计与制作[M].北京:清华大学出版社,2006.
[24] 李月,李晓春,等.Dreamweaver 网页制作标准教程[M].北京:清华大学出版社,2005.
[25] 贺晓霞,吴东伟,等.Flash 动画制作基础练习+典型案例[M].北京:清华大学出版社,2006.
[26] 刘好增,张坤,等.ASP 动态网站开发实践教程[M].北京:清华大学出版社,2007.
[27] 陈源,姚幼敏,周军,等.Dreamweaver 网页设计与制作[M].北京:地质出版社,2007.
[28] 尤晓东,闫俐,张健清,等.大学计算机应用基础[M].北京:中国人民大学出版社,2009.